文系学部のための

線形代数と微分積分

Ebihara Madoka
海老原 円

日本評論社

まえがき

本書は大学の文系学部の学生向けの数学の教科書である．最初にお断りしておくが，本書が想定する読者は，あくまでも「文系学部の学生」であって，「文系の学生」ではない．いわゆる「理系」・「文系」という用語は，教育カリキュラムに関わるものであって，人間そのものの性質を形容する言葉ではないからである．

たしかに，おしなべて，理系学部の学生のほうが数学の知識が豊富である．また，数学的な思考力についても，理系学部の学生のほうがすぐれているように見えることもある．しかし，一見，「思考力がすぐれている」と見える現象の背景を観察してみると，すでに同種の問題に取り組んだ経験が存在するなど，広い意味での「知識」や「経験」が「思考力」の源泉になっていることが多いように思われる．逆にいえば，知識や経験を補うことによって，思考力を飛躍的に伸ばすことも可能であろう，と著者はひそかに思っている．

本書を執筆するにあたって，著者はまず，「どこから書くか？」ということを検討することからはじめた．一般に，文系学部においては，学生が入学前に受けてきた数学の教育カリキュラムは均一とはいえない．そこで本書では，基本的なところからじっくりと述べることにした．すでに十分な知識をお持ちの読者にとっては，退屈に感じられる箇所もあるかもしれない．しかし，すでに身につけたと思っている知識をもう一度ブラッシュアップすることは，実はとても大切なことなのではないか？根本的な部分をしっかり理解してこそ，その後の深い学習が可能になるのではないか？ 著者はそのように考えて，基礎的な部分の解説にかなりの紙数を費やした．

次に著者が検討したのは，「どこまで書くか？」ということである．文系学部の学生が数学を学ぶことは，もちろん，非常に意義のあることである．したがって，できるだけ多くのことを学んでいただきたいのであるが，そうはいっても，種々の制約がある．そこで，基本的なことがらを軸にしつつ，目標とすべきことがらを大まかに設定することにした．

それでは実際に，どのような目標を設定し，どこからどこまで書いたか，ということを，本書の構成に沿って述べておこう．

第 1 章から第 3 章までは「大学数学への準備編」とし，本格的な線形代数や微分積分の話題に入る前の準備にあてている．

第 1 章では，三角関数について述べる．特に，「弧度法」は，三角関数の微分積分を論ずる際に必要となるので，まず最初に述べることにした．

第 2 章と第 3 章は，ベクトルを取り扱う．高等学校の新しい学習指導要領において，「ベクトル」は「数学 C」に配置されるようであるが，実際の学習場面での取り扱いについては不確定な部分があるので，基本的なところからじっくりと説明した．

第 4 章から第 9 章までは「線形代数編」である．線形代数とは，1 次式の定める図形や，連立 1 次方程式を扱う分野であり，「行列」，「ベクトル」，「連立 1 次方程式」，「行列式」などが主役を演ずる．そういう意味では，すでに第 2 章から線形代数の話題が始まっているともいえるのであるが，ここでは，「行列」の登場をもって，本格的な線形代数のはじまりと考えよう．

線形代数については，読者が到達すべき目標を次のように設定した．括弧内は，それらの目標に対応する章を表す．

(1) 行列の計算に習熟し，また，行列というものがどういうものであるか，大まかなイメージをつかむこと (第 4 章，第 5 章，第 6 章)．

(2) 行列の基本変形と連立 1 次方程式との関連を理解し，掃き出し法に習熟すること (第 7 章)．

(3) 行列式というものの大まかなイメージをつかみ，簡単な行列式の計算ができるようになること．そして，正方行列 A が正則であることの必要十分条件が $\det A \neq 0$ で与えられる，という事実を知ること (第 8 章)．

(4) 発展的な話題として，「行列の対角化」を学び，簡単な行列の対角化ができるようになること．また，対角化の応用にも触れること (第 9 章)．

高等学校の学習指導要領から「行列」が消えて久しい．学生は，大学に入ってはじめて，行列というものに触れるので，まずは「習うより慣れろ」をモットーにした．ただ，行列の乗法については，「なぜそのような方法によって行列の積を計算するのか」という理論的な基盤についても，きちんと述べた．

一方，行列の計算のメカニズムに習熟するだけでは，行列を「知った」とはいえないので，本書によって，行列のベクトルへの作用に対する視覚的・幾何学的なイメージが得られるように努めた．

掃き出し法を用いた連立 1 次方程式の解法については，問題演習を通じて，それを体験していただくことにした．欲をいえば，連立 1 次方程式の解全体を幾何学的にとらえることによって，線形代数の世界がより豊かになるのであるが，そのあたりの理論的なことがらについては割愛せざるを得なかった．

「行列式」は，初学者にとって，ややむずかしい概念である．そこで，正確な定義は省略し，行列式の幾何学的なイメージを読者に伝えることを主眼においた．その上で，行列式の計算方法を説明した．「行列式の展開」や，「クラメールの公式」などの発展的な話題は割愛した．

「行列の対角化」については，その入り口を少し覗くだけにとどめた．2 次の正方行列の対角化の方法を説明し，その応用も述べた．

第 10 章以降は「微分積分編」である．文系学部の学生の多くは，高等学校において微分積分の入門的な部分しか学んでいないので，やはり，基本をじっくり述べることにした．ここでの目標は次の通りである．

(5) 1 変数関数の導関数のさまざまな性質を知り，それを使って，いろいろな関数の導関数を計算できるようにすること (第 10 章，第 11 章).

(6) 高階導関数について学び，2 階導関数とグラフの凹凸の関係を知ること．また，テイラー展開について大まかに理解し，それを用いて関数の近似値が求められる，という知識を得ること (第 12 章).

(7) 1 変数関数の定積分の定義を大まかに理解すること．また，「連続関数の不定積分を求める操作は，導関数の計算の逆に相当する」という事実，およびその理由をあらためて理解すること (第 13 章).

(8) 部分積分法や置換積分法について理解し，それらを用いて，実際に積分の計算をしてみること．また，積分を用いて，図形の面積や回転体の体積，曲線の長さを求める方法を知ること (第 14 章，第 15 章).

(9) 発展的な話題として，多変数関数の微分積分の初歩的な部分を学ぶこと (第 16 章).

この部分では，厳密性にはこだわらず，直観的な説明を心がけた．

まず，微分の基本事項については，関数の積や商の導関数や，合成関数・逆関数の導関数などの理論的なことがらと並行して，指数関数や対数関数など，新たな関数も導入し，それらの関数の導関数について論じた．

テイラー展開については，それが「関数の多項式近似」である，ということを直観的に説明した．テイラー展開の有用性を理解していただきたくために，ネイピア数 (自然対数の底) e の近似値の計算にも言及した．

文系学部の学生の中には，「積分」に苦手意識を持つ者も多い．1 つの原因としては，「基本的なことがらの理解が欠如している」ということが考えられるので，ある程度の手間をかけて，「積分とは何か？」ということを説明した．

一方，実際の計算の際は，部分積分法と置換積分法という 2 つの手法が重要である．習熟には時間がかかるので，計算例を中心にじっくり説明した．

最後に，多変数関数の微分積分の世界をほんの少しだけ覗いてみることにした．

本格的な理論は述べられなかったが，読者が「偏微分」や「重積分」に遭遇したときに，拒絶反応を起こさないようにしておきたかったのである．

以上，本書の内容とその狙いをざっと述べたが，結局，著者の願いは，読者のみなさんが基本的なことがらをしっかりと学びながら，線形代数と微分積分のおもしろさを十分に味わっていただきたい，ということに尽きる．

最後になってしまったが，ご多忙の折，本書の出版にご尽力くださった日本評論社の大賀雅美氏には，心より感謝申し上げたい．また，もとより本書の刊行は，多くの方々に支えられたものである．お名前をここに挙げることは差し控えるが，それらの方々にも，心より感謝申し上げたい．

2021年秋　海老原 円

目　次

大学数学への準備編

第1章

三角関数

本格的な線形代数や微分積分の話題に入る前に，三角関数について，基本的なことがらをまとめておこう．まず，角度の単位として，「ラジアン」という概念を導入することから始める．

1.1　一般角と弧度法

平面上で，点 O を中心として半直線 OP を回転させることを考えよう．このとき，反時計回りの回転を**正の向き**，時計回りの回転を**負の向き**と定める．たとえば，反時計回りに $30°$ 回転させたとき，回転角は $30°$ であると考え，時計回りに $120°$ 回転させたとき，回転角は $-120°$ であると考える．

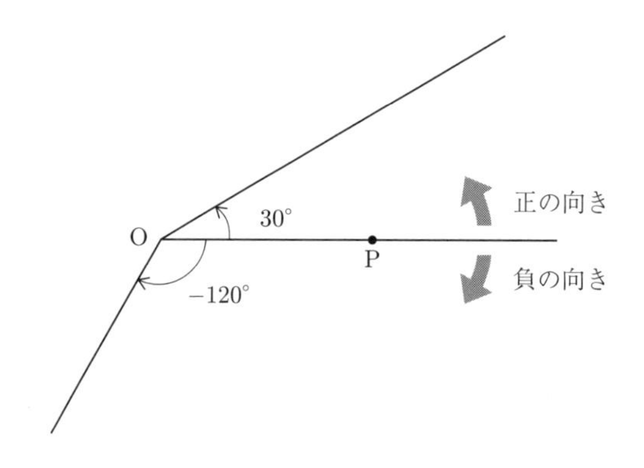

このように考えると，$360°$ より大きい角や，負の角を考えることができる．このような角を**一般角**という．

例 1.1　座標平面において，原点 O を中心とする半径 1 の円を考え，その円上

に $\mathrm{P}=(1,0)$ をとる．点 P が円周上を正の向きに 120° 回転し，さらに負の向きに 150° 回転すると，結局，点 P はもとの位置から負の向きに 30° 回転したことになる．

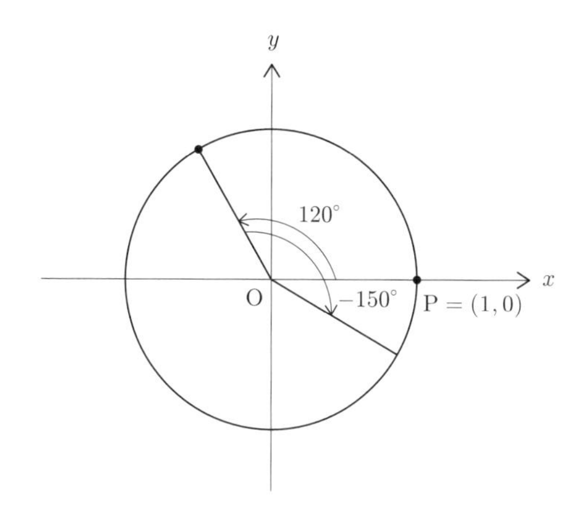

このことは

$$120^\circ + (-150^\circ) = -30^\circ$$

という式によって表される．

問 1.2　xy 平面において，原点 O を中心とする半径 1 の円周上を，点 P が点 $(1,0)$ から正の向きに 750° 回転したときの位置を図示せよ．

$30^\circ, 90^\circ, 300^\circ$ などのように，1 回転を 360 等分したものを 1° と定めて，その何倍であるか，ということによって角の大きさを表す方法を**度数法**という．1 回転を 360° と定めたのは，1 年が 365 日であることと関係が深いが，数学的には，次に述べる**弧度法** (**ラジアン**) を用いるのが便利である．

次ページの図のような半径 r のおうぎ形を考えよう．中心角を θ とし，弧の長さを l とする．r が一定ならば，中心角 θ と弧の長さ l は比例する．

例題 1.3　次ページの図のおうぎ形において，$l=r$ のときの中心角を θ° とする．θ を求めよ．

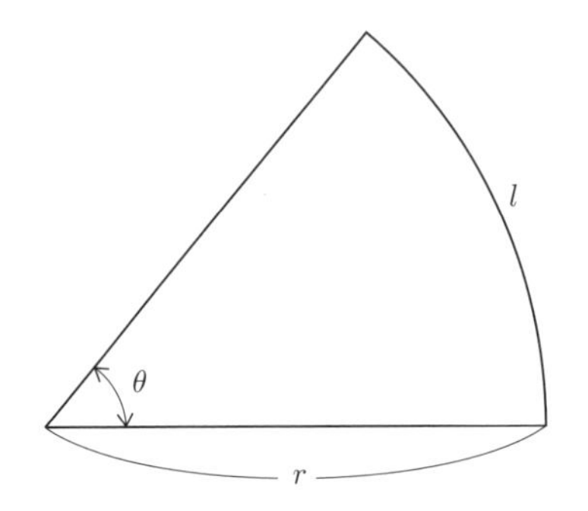

[解答]　円周の長さは $2\pi r$ である．ここで，π は円周率を表す．中心角と弧の長さは比例するので，弧の長さが r のときの中心角が θ° ならば

$$\theta^\circ : 360^\circ = r : 2\pi r$$

という式が成り立つ．したがって

$$\theta = \frac{360r}{2\pi r} = \frac{180}{\pi}$$

が得られる．　□

例題 1.3 で得た角度 θ° を **1 ラジアン (1 弧度)** とよぶ．1 ラジアンは

$$\theta^\circ = \left(\frac{180}{\pi}\right)^\circ \approx 57.3^\circ$$

である．ここで，記号「≈」は「ほぼ等しい」ことを表す．

1 ラジアンを単位として，その何倍であるか，ということによって角の大きさを表す方法を**弧度法**という．角の大きさが a ラジアンであるとき，その角を中心角とするおうぎ形を描けば，弧の長さは半径の a 倍となる．特に，半径 1 のおうぎ形を描けば，弧の長さは a である (次ページの図参照).

a° を弧度法で表すと b ラジアンであるとしよう．このとき，a と b の間に成り立つ関係式を求めてみよう．

例題 1.3 によれば，1 ラジアンは $\left(\frac{180}{\pi}\right)^\circ$ である．b ラジアンはその b 倍である

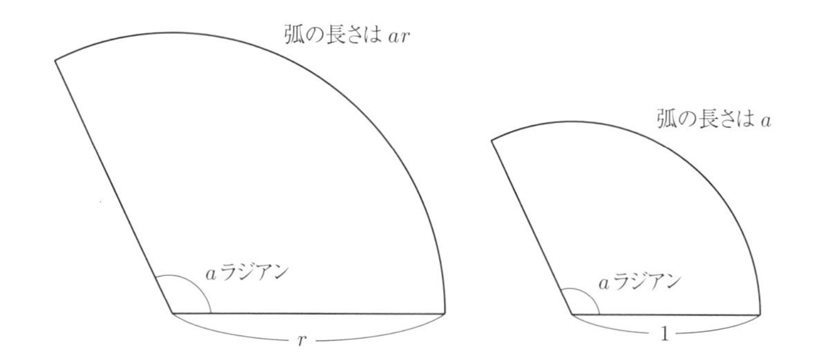

ので，$\left(\dfrac{180}{\pi}b\right)^\circ$ である．したがって

$$a = \frac{180}{\pi}b$$

が成り立つことがわかる．この式は

$$b = \frac{\pi}{180}a$$

と書き直すこともできる．こうして，次の公式が得られた．

公式 1.4　a° を弧度法で表すと b ラジアンであるとする．このとき

$$a = \frac{180}{\pi}b, \quad b = \frac{\pi}{180}a$$

が成り立つ．

例題 1.5　次の角について，度数法で表されたものは弧度法に直し，弧度法で表されたものは度数法に直せ．

(1)　3 ラジアン　(2) $\dfrac{\pi}{3}$ ラジアン　(3)　30°　(4)　45°

[解答]　公式 1.4 を用いる．

(1)　$\dfrac{180}{\pi} \cdot 3 = \dfrac{540}{\pi}$ であるので，3 ラジアンは $\left(\dfrac{540}{\pi}\right)^\circ$ である．

(2) $\dfrac{180}{\pi} \cdot \dfrac{\pi}{3} = 60$ であるので，$\dfrac{\pi}{3}$ ラジアンは $60°$ である．

(3) $\dfrac{\pi}{180} \cdot 30 = \dfrac{\pi}{6}$ であるので，$30°$ は $\dfrac{\pi}{6}$ ラジアンである．

(4) $\dfrac{\pi}{180} \cdot 45 = \dfrac{\pi}{4}$ であるので，$45°$ は $\dfrac{\pi}{4}$ ラジアンである．　□

問 1.6　次の角について，度数法で表されたものは弧度法に直し，弧度法で表されたものは度数法に直せ．

(1) 2 ラジアン　(2) $\dfrac{2\pi}{3}$ ラジアン　(3) $18°$　(4) $270°$

注意 1.7　今後，特に断らないかぎり，角の大きさは弧度法を用いて表す．その際，「ラジアン」という言葉を省く．つまり，「a ラジアン」といわずに，単に「a」と表す．たとえば，角の大きさが $30°$ であることを「角の大きさが $\dfrac{\pi}{6}$ である」といい表す．

1.2　三角関数の定義

まず，次のような直角三角形 OAB を考えよう．

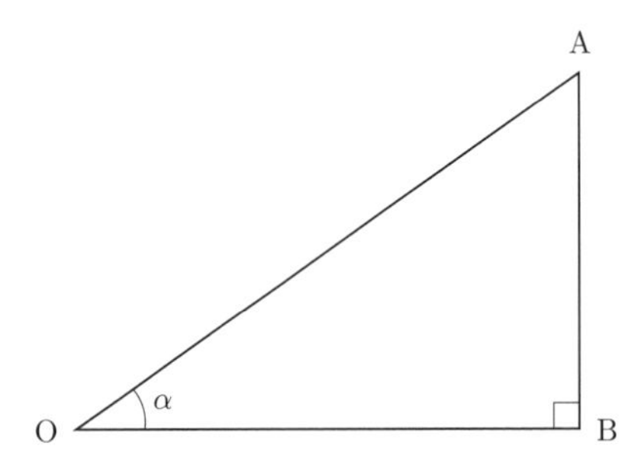

角 B (∠OBA) は直角とし，$\angle\text{AOB} = \alpha$ とする．このとき，$\sin\alpha, \cos\alpha$ を

$$\sin\alpha = \frac{\text{AB}}{\text{OA}}, \quad \cos\alpha = \frac{\text{OB}}{\text{OA}}$$

と定める．ここで，OA, AB, OB は，それぞれ辺 OA，辺 AB，辺 OB の長さを

表す．

特に，$\mathrm{OA}=1$ の場合は

$$\sin\alpha=\mathrm{AB},\quad \cos\alpha=\mathrm{OB}$$

が成り立つ．

このことを別の見方から考えてみよう．座標平面上に原点 O を中心とする半径 1 の円を描く．$0<\alpha<\dfrac{\pi}{2}$ とし，O を中心として点 $(1,0)$ を反時計回りに角度 α 回転させた円周上の点を A とする．また，点 A から x 軸に下した垂線の足を B とすると，三角形 OAB は角 B を直角とする直角三角形である．

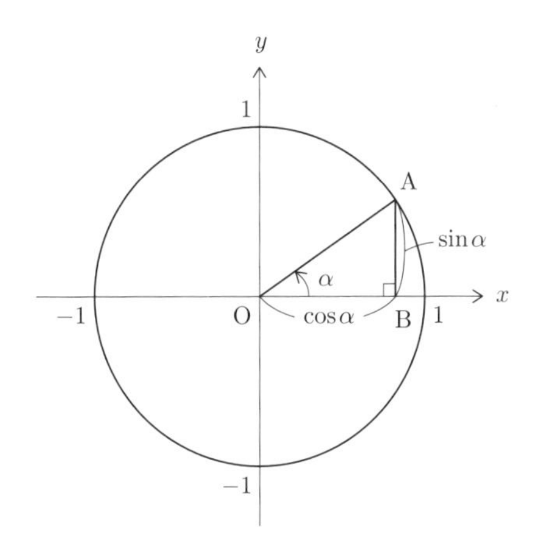

このとき，$\sin\alpha=\mathrm{AB}$ であるが，これは点 A の y 座標と等しい．また，$\cos\alpha=\mathrm{OB}$ であるが，これは点 A の x 座標と等しい．

この考え方をさらに進めると，一般角 α に対して，次のように $\sin\alpha, \cos\alpha$ を定義することができる．

原点 O を中心として点 $(1,0)$ を反時計回りに角度 α 回転させた点を A とするとき，A の x 座標を $\cos\alpha$ と定め，y 座標を $\sin\alpha$ と定める．

$$\mathrm{A}=(\cos\alpha,\sin\alpha).$$

このように定めれば，$\alpha\leq 0$ の場合や $\alpha\geq\dfrac{\pi}{2}$ の場合にも，$\cos\alpha, \sin\alpha$ が定義される．また，$\cos\alpha\neq 0$ のとき，$\tan\alpha$ を次の式によって定める．

$$\tan\alpha = \frac{\sin\alpha}{\cos\alpha}.$$

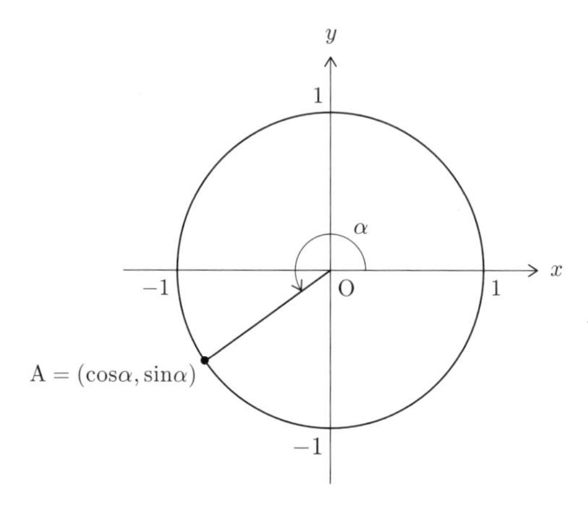

例 1.8　1 辺の長さが 1 の正三角形 ABC を考え，辺 BC の中点を D とする．このとき，$\angle\mathrm{ADB} = \dfrac{\pi}{2}$ (直角) であるので，三角形 ABD は直角三角形である．

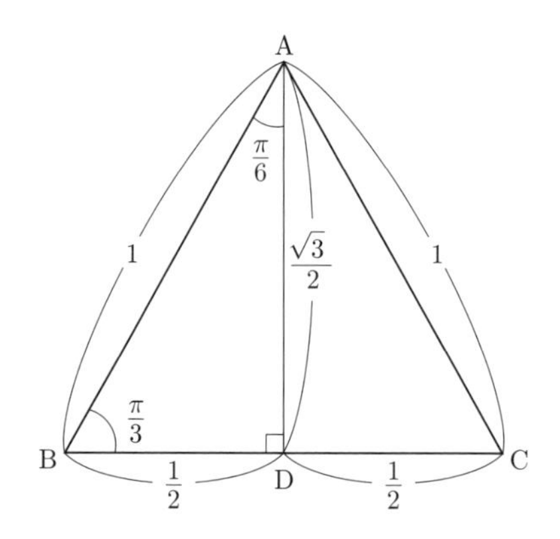

また，$\mathrm{AB} = 1$, $\mathrm{BD} = \dfrac{1}{2}$ であり，さらに，三平方の定理により

$$\mathrm{BD}^2 + \mathrm{AD}^2 = \mathrm{AB}^2$$

が成り立つので

$$\mathrm{AD} = \sqrt{\mathrm{AB}^2 - \mathrm{BD}^2} = \sqrt{1 - \left(\frac{1}{2}\right)^2} = \sqrt{\frac{3}{4}} = \frac{\sqrt{3}}{2}$$

である．ここで，$\angle\mathrm{ABD} = \dfrac{\pi}{3}\,(= 60^\circ)$ であることに着目すれば

$$\sin\frac{\pi}{3} = \frac{\mathrm{AD}}{\mathrm{AB}} = \frac{\sqrt{3}}{2}, \quad \cos\frac{\pi}{3} = \frac{\mathrm{BD}}{\mathrm{AB}} = \frac{1}{2}, \quad \tan\frac{\pi}{3} = \frac{\sin\dfrac{\pi}{3}}{\cos\dfrac{\pi}{3}} = \sqrt{3}$$

であることがわかる．また，$\angle\mathrm{BAD} = \dfrac{\pi}{6}\,(= 30^\circ)$ であることに着目すれば

$$\sin\frac{\pi}{6} = \frac{\mathrm{BD}}{\mathrm{AB}} = \frac{1}{2}, \quad \cos\frac{\pi}{6} = \frac{\mathrm{AD}}{\mathrm{AB}} = \frac{\sqrt{3}}{2}, \quad \tan\frac{\pi}{6} = \frac{\sin\dfrac{\pi}{6}}{\cos\dfrac{\pi}{6}} = \frac{1}{\sqrt{3}}$$

が得られる．

問 1.9　$\sin\dfrac{\pi}{4}, \cos\dfrac{\pi}{4}, \tan\dfrac{\pi}{4}$ の値を答えよ．

角度 α の値に応じて，$\sin\alpha, \cos\alpha, \tan\alpha$ の値が変わる．したがって，x を変数とする関数

$$\sin x, \quad \cos x, \quad \tan x$$

を考えることができる．これらの関数を**三角関数**とよぶ．

$\sin x, \cos x$ はすべての実数 x に対して定義される．また，$\tan x$ は，$\cos x \neq 0$ となる実数 x に対して定義される．

三角関数のグラフは次のようなものである．

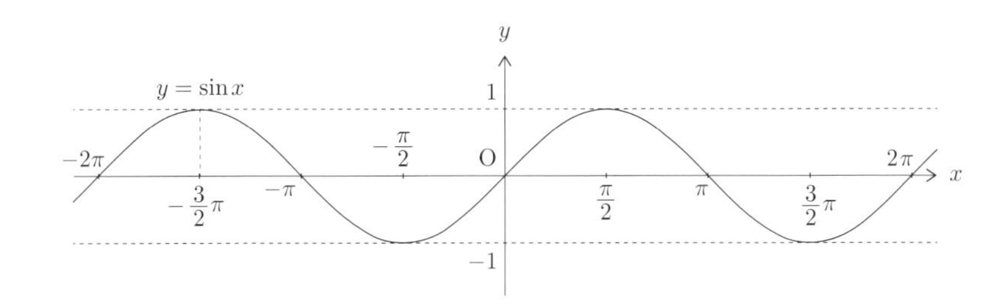

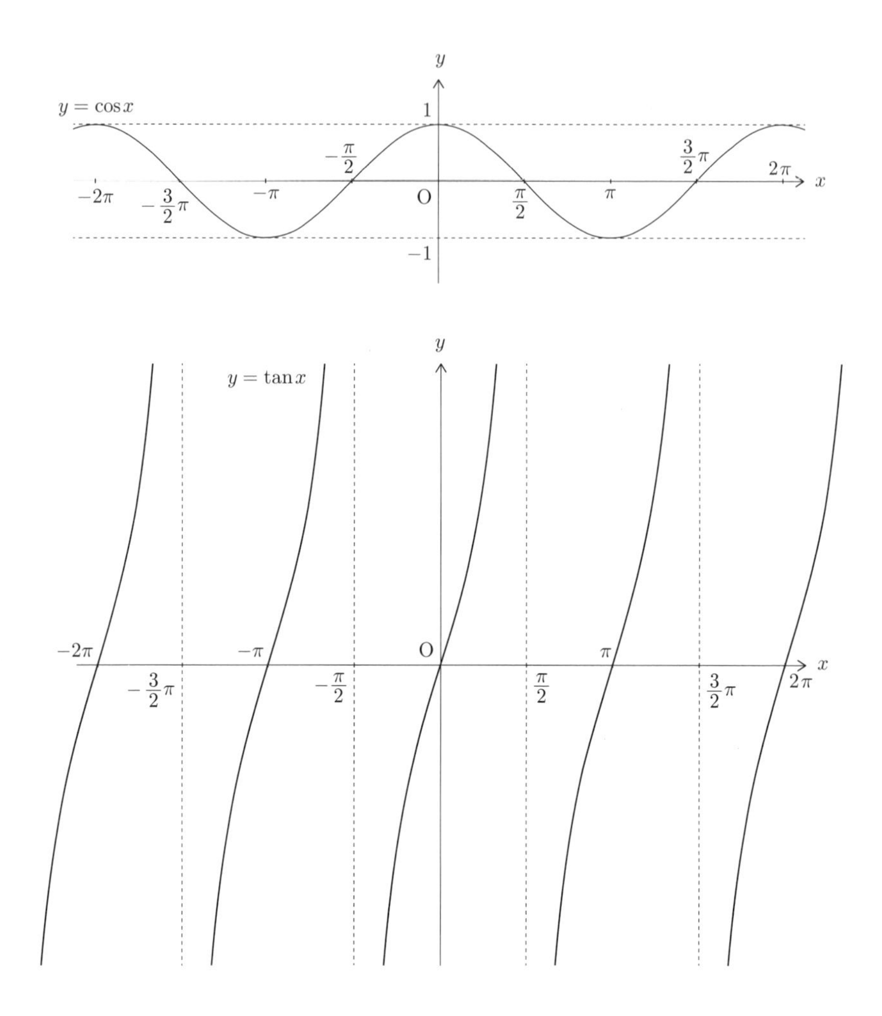

1.3　三角関数の基本的な性質

三角関数の基本的な性質をまとめておく.

角度 2π は 1 回転 (360°) を表す．したがって，原点 O を中心として点 $(1,0)$ を反時計回りに角度 α 回転させた点と，角度 $(\alpha+2\pi)$ 回転させた点は同一である．また，角度 $(\alpha+4\pi)$ 回転させた点も同一である．よって，n を整数とするとき，次のことが成り立つ.

$$\sin(\alpha+2n\pi)=\sin\alpha, \qquad \cos(\alpha+2n\pi)=\cos\alpha.$$

また，直角三角形 OAB において，$\angle\mathrm{AOB} = \alpha$, $\angle\mathrm{OBA} = \dfrac{\pi}{2}$ とする．このとき，三角形の内角の和が $\pi\,(= 180^\circ)$ であるので

$$\angle\mathrm{OAB} = \pi - \angle\mathrm{OBA} - \angle\mathrm{AOB} = \pi - \frac{\pi}{2} - \alpha = \frac{\pi}{2} - \alpha$$

となる．したがって

$$\sin\left(\frac{\pi}{2} - \alpha\right) = \frac{\mathrm{OB}}{\mathrm{OA}} = \cos\alpha, \qquad \cos\left(\frac{\pi}{2} - \alpha\right) = \frac{\mathrm{AB}}{\mathrm{OA}} = \sin\alpha$$

が成り立つことがわかる．

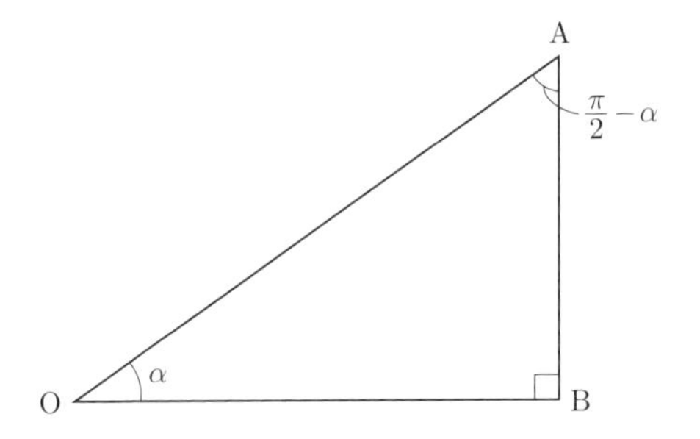

一般角 α に対しても

$$\sin\left(\frac{\pi}{2} - \alpha\right) = \cos\alpha, \qquad \cos\left(\frac{\pi}{2} - \alpha\right) = \sin\alpha$$

が成り立つ．くわしい説明は省くが，座標平面において，原点 O を中心とする半径 1 の円を考え，円周上の 2 点が直線 $y = x$ を対称軸として線対称であるときの座標の関係を調べることにより，この 2 つの関係式が成り立つことが確かめられる．

例題 1.10　$\sin(\pi - \alpha) = \sin\alpha$, $\cos(\pi - \alpha) = -\cos\alpha$ が成り立つ理由を説明せよ．ただし，簡単のため，$0 < \alpha < \dfrac{\pi}{2}$ としてよい．

[解答]　座標平面において，原点 O を中心とする半径 1 の円を考える．点 $(1, 0)$ をこの円に沿って反時計回りに角度 α 回転させた点と，角度 $(\pi - \alpha)$ 回転させた点とは，y 軸に関して線対称な位置にある．これらの点の y 座標は等しく，x 座標は

符号が逆になるので，上の関係式が成り立つ．

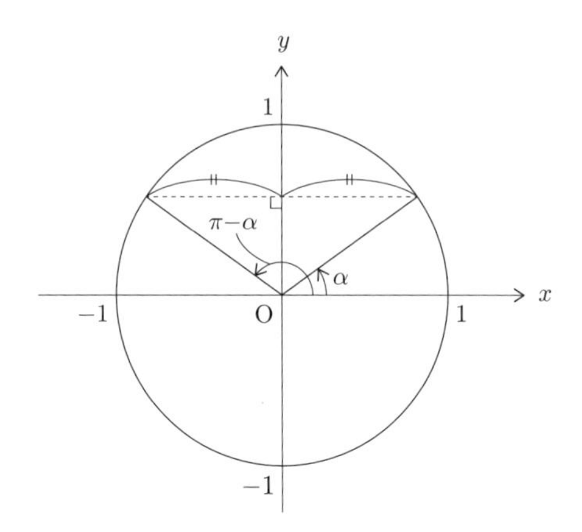

□

問 1.11　$\sin(-\alpha) = -\sin\alpha$, $\cos(-\alpha) = \cos\alpha$ が成り立つ理由を説明せよ．ただし，簡単のため，$0 < \alpha < \dfrac{\pi}{2}$ としてよい．

例題 1.12　$\sin^2\alpha + \cos^2\alpha = 1$ が成り立つ理由を説明せよ．

[解答]　座標平面において，原点 O を中心とする半径 1 の円 C を考える．C の方程式は

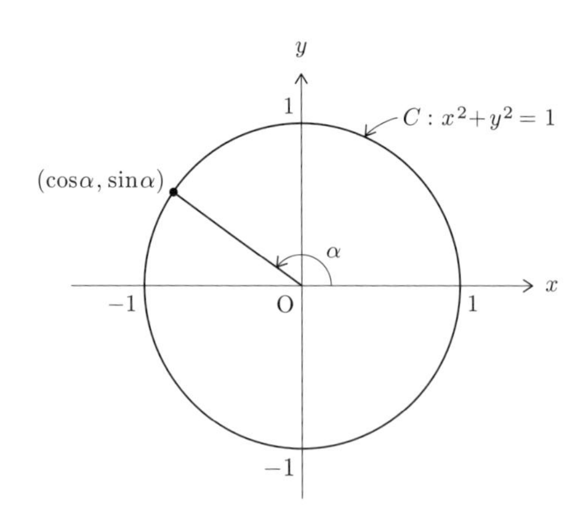

$$x^2 + y^2 = 1$$

である．点 $(1,0)$ を円 C に沿って反時計回りに角度 α 回転させた点の座標は $(\cos\alpha, \sin\alpha)$ である．この点が C 上にあることから

$$\cos^2\alpha + \sin^2\alpha = 1$$

が成り立つことがわかる． □

注意 1.13 $\sin\alpha$ の 2 乗 $(\sin\alpha)^2$ を $\sin^2\alpha$ と表す．$\cos\alpha$ や $\tan\alpha$ の 2 乗についても同様である．

問 1.14 $1 + \tan^2\alpha = \dfrac{1}{\cos^2\alpha}$ が成り立つことを示せ．

1.4　余弦定理

ここでは，**余弦定理**とよばれる次の定理を紹介する．

定理 1.15 (余弦定理) 三角形 OAB において，$\angle\mathrm{AOB} = \theta$ とする．このとき，次の式が成り立つ．

$$\mathrm{AB}^2 = \mathrm{OA}^2 + \mathrm{OB}^2 - 2\mathrm{OA}\cdot\mathrm{OB}\cos\theta.$$

証明 三角形 OAB の形はいろいろな場合があり得るが，簡単のため，下の図のような形の場合を考える．

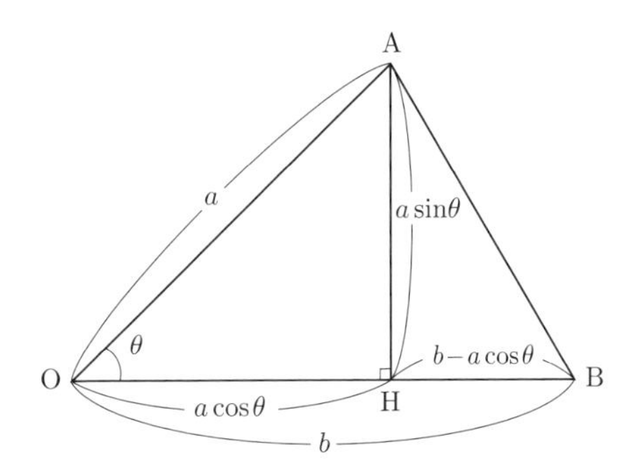

$$\mathrm{OA} = a, \quad \mathrm{OB} = b$$

とし，点 A から辺 OB に下した垂線の足を H とする．このとき

$$\mathrm{AH} = a\sin\theta, \quad \mathrm{OH} = a\cos\theta, \quad \mathrm{HB} = b - a\cos\theta$$

である．直角三角形 ABH に着目して，三平方の定理を用いれば

$$\begin{aligned}\mathrm{AB}^2 &= \mathrm{AH}^2 + \mathrm{HB}^2 = (a\sin\theta)^2 + (b - a\cos\theta)^2 \\ &= a^2(\sin^2\theta + \cos^2\theta) + b^2 - 2ab\cos\theta \\ &= a^2 + b^2 - 2ab\cos\theta \\ &= \mathrm{OA}^2 + \mathrm{OB}^2 - 2\mathrm{OA}\cdot\mathrm{OB}\cos\theta\end{aligned}$$

が得られる． □

1.5 加法定理

ここでは，**加法定理**とよばれるものを紹介しよう．

例題 1.16 次のような図形を考える．

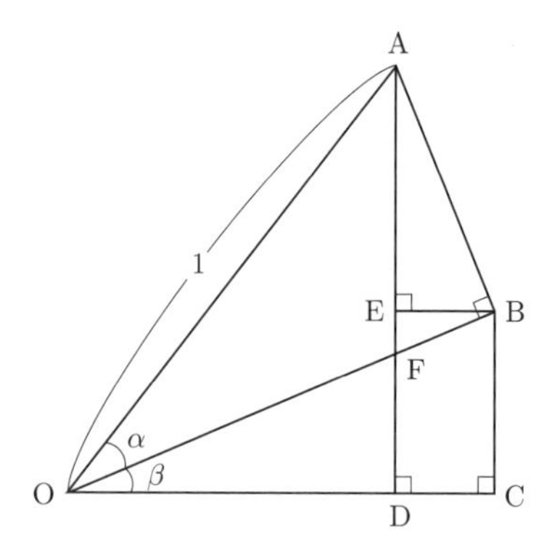

$$\mathrm{OA} = 1, \quad \angle\mathrm{OBA} = \angle\mathrm{OCB} = \frac{\pi}{2}, \quad \angle\mathrm{AOB} = \alpha, \quad \angle\mathrm{BOC} = \beta$$

$(\alpha > 0, \beta > 0, \alpha + \beta < \dfrac{\pi}{2})$ とする．点 A から直線 OC に下した垂線の足を D とし，点 B から直線 AD に下した垂線の足を E とする．また，直線 AD と直線 OB の交点を F とする．

(1)　線分 AB と線分 OB の長さをそれぞれ求めよ.

(2)　$\angle$BAF を求めよ.

(3)　線分 AE, 線分 EB, 線分 DC の長さをそれぞれ求めよ.

(4)　線分 BC, 線分 OC, 線分 ED の長さをそれぞれ求めよ.

(5)　線分 AD の長さを求めることにより

$$\sin(\alpha+\beta)=\sin\alpha\cos\beta+\cos\alpha\sin\beta$$

が成り立つことを示せ.

(6)　線分 OD の長さを求めることにより

$$\cos(\alpha+\beta)=\cos\alpha\sin\alpha-\sin\alpha\sin\beta$$

が成り立つことを示せ.

[解答]　(1)　三角形 AOB に着目する.

$$\mathrm{OA}=1,\quad \angle\mathrm{AOB}=\alpha,\quad \angle\mathrm{OBA}=\frac{\pi}{2}$$

であるので, $\mathrm{AB}=\sin\alpha$, $\mathrm{OB}=\cos\alpha$ である.

(2)　三角形 ODF に着目する. 三角形の内角の和が π であるので

$$\angle\mathrm{OFD}=\pi-\angle\mathrm{ODF}-\angle\mathrm{FOD}=\pi-\frac{\pi}{2}-\beta=\frac{\pi}{2}-\beta$$

である. よって, $\angle\mathrm{BFA}=\angle\mathrm{OFD}=\dfrac{\pi}{2}-\beta$ である. また, 三角形 ABF の内角の和も π であるので

$$\angle\mathrm{BAF}=\pi-\angle\mathrm{ABF}-\angle\mathrm{BFA}=\pi-\frac{\pi}{2}-\left(\frac{\pi}{2}-\beta\right)=\beta$$

が得られる.

(3)　三角形 ABE に着目する.

$$\mathrm{AB}=\sin\alpha,\quad \angle\mathrm{BAE}=\beta,\quad \angle\mathrm{AEB}=\frac{\pi}{2}$$

であるので, 次が得られる.

$$\begin{aligned}\mathrm{AE}&=\mathrm{AB}\cos\beta=\sin\alpha\cos\beta,\\ \mathrm{EB}&=\mathrm{AB}\sin\beta=\sin\alpha\sin\beta,\\ \mathrm{DC}&=\mathrm{EB}=\sin\alpha\sin\beta.\end{aligned}$$

(4)　三角形 OBC に着目する.

$$\mathrm{OB} = \cos\alpha, \quad \angle\mathrm{BOC} = \beta, \quad \angle\mathrm{BCO} = \frac{\pi}{2}$$

であるので，次が得られる．

$$\begin{aligned}\mathrm{BC} &= \mathrm{OB}\sin\beta = \cos\alpha\sin\beta,\\ \mathrm{OC} &= \mathrm{OB}\cos\beta = \cos\alpha\cos\beta,\\ \mathrm{ED} &= \mathrm{BC} = \cos\alpha\sin\beta.\end{aligned}$$

(5) $\mathrm{AD} = \mathrm{AE} + \mathrm{ED} = \sin\alpha\cos\beta + \cos\alpha\sin\beta$ である．一方，三角形 OAD に着目すると

$$\mathrm{OA} = 1, \quad \angle\mathrm{AOD} = \alpha + \beta, \quad \angle\mathrm{ADO} = \frac{\pi}{2}$$

であるので，$\mathrm{AD} = \sin(\alpha + \beta)$ である．よって，求める等式が成り立つ．

(6) $\mathrm{OD} = \mathrm{OC} - \mathrm{DC} = \cos\alpha\cos\beta - \sin\alpha\sin\beta$ である．一方，三角形 OAD に着目すると $\mathrm{OD} = \cos(\alpha + \beta)$ であることがわかる．よって，求める等式が成り立つ．

□

例題 1.16 では，「$\alpha > 0, \beta > 0, \alpha + \beta < \dfrac{\pi}{2}$」という仮定をおいているが，一般の角 α, β に対して，次の定理が成り立つ．この定理は，三角関数の**加法定理** (**加法公式**) とよばれる．

定理 1.17 (加法定理)　実数 α, β に対して，次のことが成り立つ．

(1) $\sin(\alpha + \beta) = \sin\alpha\cos\beta + \cos\alpha\sin\beta$.

(2) $\cos(\alpha + \beta) = \cos\alpha\cos\beta - \sin\alpha\sin\beta$.

例題 1.18　定理 1.17 を用いて，次の問いに答えよ．

(1) $\dfrac{\sin(\alpha + \beta)}{\cos\alpha\cos\beta} = \tan\alpha + \tan\beta$ を示せ．

(2) $\dfrac{\cos(\alpha + \beta)}{\cos\alpha\cos\beta} = 1 - \tan\alpha\tan\beta$ を示せ．

(3) $\tan(\alpha + \beta) = \dfrac{\tan\alpha + \tan\beta}{1 - \tan\alpha\tan\beta}$ を示せ．

[解答]　(1)　次のようにして導かれる．

$$\frac{\sin(\alpha+\beta)}{\cos\alpha\cos\beta} = \frac{\sin\alpha\cos\beta}{\cos\alpha\cos\beta} + \frac{\cos\alpha\sin\beta}{\cos\alpha\cos\beta} = \frac{\sin\alpha}{\cos\alpha} + \frac{\sin\beta}{\cos\beta} = \tan\alpha + \tan\beta.$$

(2)　$\dfrac{\cos(\alpha+\beta)}{\cos\alpha\cos\beta} = \dfrac{\cos\alpha\cos\beta}{\cos\alpha\cos\beta} - \dfrac{\sin\alpha\sin\beta}{\cos\alpha\cos\beta} = 1 - \tan\alpha\tan\beta.$

(3)　$\tan(\alpha+\beta) = \dfrac{\sin(\alpha+\beta)}{\cos(\alpha+\beta)}$ であるが，分母と分子に $\dfrac{1}{\cos\alpha\cos\beta}$ をかけて，(1), (2) を用いれば，求める等式が得られる．□

注意 1.19　例題 1.18 の式 (3) も含めて，三角関数の加法定理 (加法公式) とよぶことが多い．

例題 1.20　次の式が成り立つことを示せ．

(1)　$\sin 2\alpha = 2\sin\alpha\cos\alpha.$

(2)　$\cos 2\alpha = \cos^2\alpha - \sin^2\alpha = 2\cos^2\alpha - 1 = 1 - 2\sin^2\alpha.$

(3)　$\sin 3\alpha = 3\sin\alpha - 4\sin^3\alpha.$

(4)　$\cos 3\alpha = 4\cos^3\alpha - 3\cos\alpha.$

[解答]　(1)　$\sin 2\alpha = \sin(\alpha+\alpha) = \sin\alpha\cos\alpha + \cos\alpha\sin\alpha = 2\sin\alpha\cos\alpha.$

(2)　まず，次の式が得られる．

$$\cos 2\alpha = \cos(\alpha+\alpha) = \cos\alpha\cos\alpha - \sin\alpha\sin\alpha = \cos^2\alpha - \sin^2\alpha. \tag{1.1}$$

ここで，$\sin^2\alpha + \cos^2\alpha = 1$ より，$\sin^2\alpha = 1 - \cos^2\alpha$ である．これを上の式 (1.1) に代入すれば

$$\cos 2\alpha = \cos^2\alpha - (1 - \cos^2\alpha) = 2\cos^2\alpha - 1$$

が得られる．また，$\cos^2\alpha = 1 - \sin^2\alpha$ を式 (1.1) に代入すれば

$$\cos 2\alpha = (1 - \sin^2\alpha) - \sin^2\alpha = 1 - 2\sin^2\alpha$$

が得られる．

(3)　加法定理と (1), (2) を用いる．

$$\begin{aligned}\sin 3\alpha &= \sin(2\alpha+\alpha) = \sin 2\alpha\cos\alpha + \cos 2\alpha\sin\alpha \\ &= (2\sin\alpha\cos\alpha)\cos\alpha + (1 - 2\sin^2\alpha)\sin\alpha \\ &= 2\sin\alpha(1 - \sin^2\alpha) + (1 - 2\sin^2\alpha)\sin\alpha\end{aligned}$$

$$= 3\sin\alpha - 4\sin^3\alpha.$$

(4) 加法定理と (1), (2) を用いる.

$$\begin{aligned}\cos 3\alpha &= \cos(2\alpha+\alpha) = \cos 2\alpha\cos\alpha - \sin 2\alpha\sin\alpha \\ &= (2\cos^2\alpha - 1)\cos\alpha - (2\sin\alpha\cos\alpha)\sin\alpha \\ &= (2\cos^2\alpha - 1)\cos\alpha - 2(1-\cos^2\alpha)\cos\alpha \\ &= 4\cos^3\alpha - 3\cos\alpha.\end{aligned}$$

□

注意 1.21 (1) 例題 1.20 の (1), (2) は**倍角の公式**, (3), (4) は **3 倍角の公式**とよばれる.

(2) 例題 1.20 (2) より

$$\sin^2\alpha = \frac{1-\cos 2\alpha}{2}, \qquad \cos^2\alpha = \frac{1+\cos 2\alpha}{2}$$

が得られる. ここで, $2\alpha = \theta$ とおくと, $\alpha = \dfrac{\theta}{2}$ であり

$$\sin^2\frac{\theta}{2} = \frac{1-\cos\theta}{2}, \qquad \cos^2\frac{\theta}{2} = \frac{1+\cos\theta}{2}$$

が得られる. この式を**半角の公式**とよぶ.

問 1.22 次の式が成り立つことを示せ.

(1) $\sin(\alpha-\beta) = \sin\alpha\cos\beta - \cos\alpha\sin\beta.$

(2) $\cos(\alpha-\beta) = \cos\alpha\cos\beta + \sin\alpha\sin\beta.$

第2章 ベクトルとその演算

「ベクトル」という概念を導入し，その演算について述べる．

2.1 ベクトルの考え方

次の 3 つの場面 (【場面 1】～【場面 3】) を考えてみよう．

【場面 1】 1 つのおもりに 3 本のロープがつながっていて，A 君，B 君，C 君の 3 人がそれぞれロープの端を持って引っぱり合っているとしよう．引く向きに矢印をつけ，引く力の大きさを矢印の長さで表すと，次のような図になる．

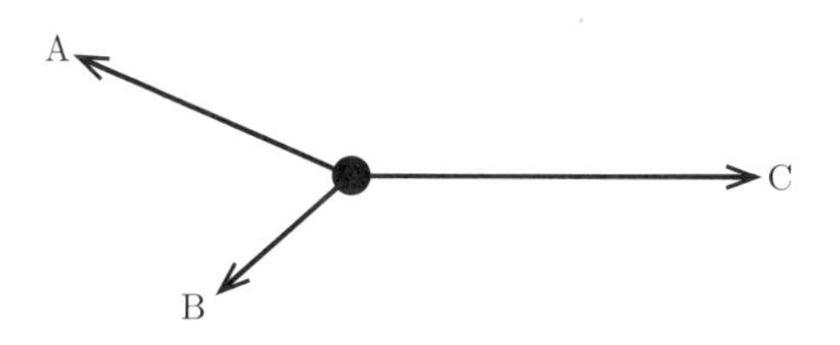

この場合，たとえば A 君がロープを引く力がどのようなものであるかを述べるには

- どの向きに引いているのか
- どのくらいの力強さ (力の大きさ) で引いているのか

という 2 点が重要である．

【場面 2】 水平なグラウンドに A 君と B 君が立っている．A 君から見て B 君がどこにいるのかを記述するのに，「北東に 35 メートル離れたところ」といえば，2 人の位置関係が明確になる．この場合も，「方向」と「長さ (距離の大きさ)」の 2 つ

がポイントとなる．さらに，C 君から見て D 君がやはり「北東に 35 メートル離れたところ」にいるとすれば，「A 君から見た B 君の位置関係」と「C 君から見た D 君の位置関係」は同じである，ということができる．このとき，四角形 ABDC を考えると，辺 AB と辺 CD は平行で長さが等しい．したがって，四角形 ABDC は平行四辺形である．

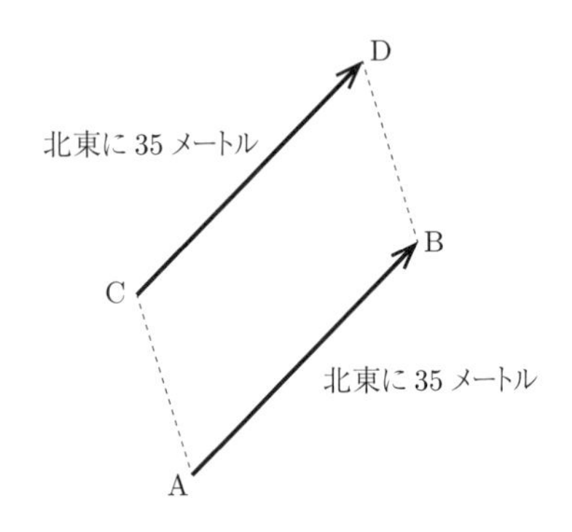

【場面 3】「移動」を表す場合も，「向き」と「長さ (大きさ)」が重要なポイントである．「今いる場所から北東に 35 メートル移動せよ」という指示を与えれば，誤解の余地なく移動することができる．ただし，この場合，移動の経路は問題にしない．

このような場面を統一的に扱うことを考えてみよう．

2 点 A, B を結ぶ線分に矢印をつけて向きを表したものを**有向線分**という．点 A から点 B に向かう有向線分を考えたとき，点 A をこの有向線分の**始点**とよび，点 B を**終点**とよぶ．

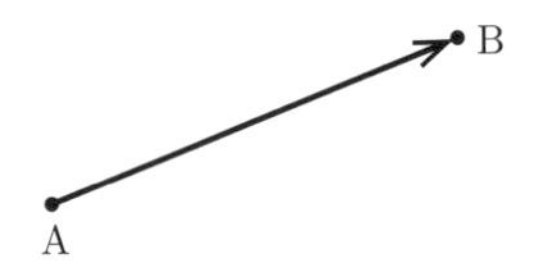

さて，【場面 2】において，「A 君から見た B 君の位置関係」と「C 君から見た D 君の位置関係」は同じである，と考えたが，この場合，始点がどこにあるかは無視して，「方向」と「長さ (距離の大きさ)」だけを考えているので，A 君から B 君へ

向かう有向線分と C 君から D 君へ向かう有向線分は，「等しい」とみなされる．

また，【場面 3】の「北東に 35 メートル移動せよ」という指示は，もとより始点を指定していない．

このように，有向線分の始点がどこにあるかを無視して，「向き」と「大きさ」だけを考えることがある．このように考えたものを**ベクトル**とよぶ．点 A から点 B へ向かう有向線分に対応するベクトルを

$$\overrightarrow{\mathrm{AB}}$$

と表す．いま，点 A から点 Bへ向かう有向線分を平行移動したら，点 C から点 D へ向かう有向線分とぴったり重なったとする．このとき，2 つの有向線分は，始点は異なっても「向き」と「大きさ」が同じであるので，ベクトルとしては「等しい」と考える．このことを

$$\overrightarrow{\mathrm{AB}} = \overrightarrow{\mathrm{CD}} \tag{2.1}$$

と表す．このとき，四角形 ABDC は平行四辺形である．

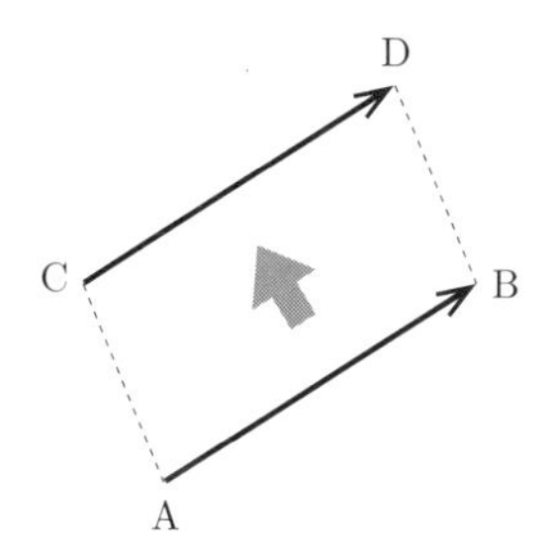

ベクトルを 1 つの文字で表すときは，アルファベット小文字を太くした $\boldsymbol{a}, \boldsymbol{b}$ などの記号，あるいは，アルファベット小文字の上に矢印をつけた $\vec{a}$, $\vec{b}$ などの記号を用いる．本書では，$\boldsymbol{a}, \boldsymbol{b}$ などの記法を用いることにする．たとえば，式 (2.1) の両辺のベクトルを $\boldsymbol{a}$ と表せば

$$\boldsymbol{a} = \overrightarrow{\mathrm{AB}} = \overrightarrow{\mathrm{CD}}$$

である．

ベクトル $\boldsymbol{a} = \overrightarrow{\mathrm{AB}}$ が与えられたとき，辺 AB の長さをベクトル $\boldsymbol{a}$ の**長さ**，あるいは，**大きさ**，**ノルム**などとよぶ．本書では，ベクトル $\boldsymbol{a}$ の長さを

$$\|\boldsymbol{a}\|$$

と表す.

注意 2.1 「ベクトル」という言葉と「有向線分」という言葉は，しばしば混同して用いられる．ベクトル $\boldsymbol{a} = \overrightarrow{\mathrm{AB}}$ が与えられたとき，点 A, B は A から B に向かう有向線分の始点および終点であるが，しばしば，ベクトル $\boldsymbol{a}$ の始点，終点などといういい方をする．また，点 A から点 B に向かう有向線分を $\overrightarrow{\mathrm{AB}}$ と表すこともある.

2.2　ベクトルの和

2 つのベクトル $\boldsymbol{a}, \boldsymbol{b}$ の「和」を考えてみたい.

「北東に 35 メートル進め」という移動指示を表すベクトルを $\boldsymbol{a}$ とし，「東に 20 メートル進め」という移動指示を表すベクトルを $\boldsymbol{b}$ とする.

いま，A 地点からベクトル $\boldsymbol{a}$ の表す指示にしたがって B 地点に移動し，さらに B 地点からベクトル $\boldsymbol{b}$ の表す指示にしたがって C 地点に移動したとする．このとき

$$\boldsymbol{a} = \overrightarrow{\mathrm{AB}}, \quad \boldsymbol{b} = \overrightarrow{\mathrm{BC}}$$

である.「北東に 35 メートル進み，引き続き，東へ 20 メートル進め」という指示の結果，A 地点から C 地点に移動したことになる．この指示を表すベクトルをベクトル $\boldsymbol{a}$ と $\boldsymbol{b}$ の和と考え，$\boldsymbol{a} + \boldsymbol{b}$ と表すことにする．すなわち

$$\boldsymbol{a} + \boldsymbol{b} = \overrightarrow{\mathrm{AB}} + \overrightarrow{\mathrm{BC}} = \overrightarrow{\mathrm{AC}}$$

であると考える.

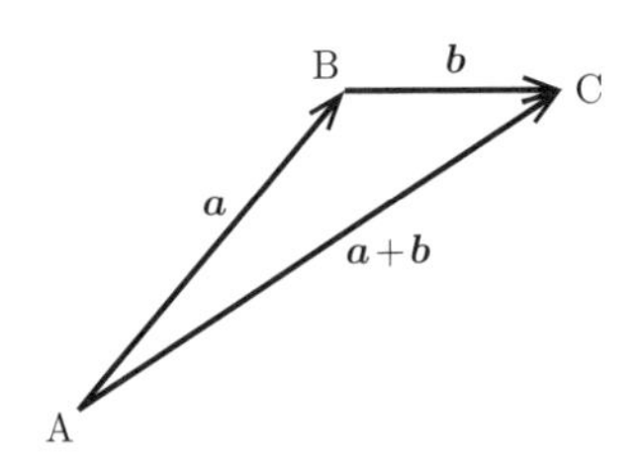

一般に，2 つのベクトル $\boldsymbol{a} = \overrightarrow{\mathrm{AB}}, \boldsymbol{b} = \overrightarrow{\mathrm{CD}}$ が与えられたとき，$\boldsymbol{a}$ と $\boldsymbol{b}$ の和 $\boldsymbol{a} + \boldsymbol{b}$ を次のように定める.

- まず，点 C から点 D へ向かう有向線分を平行移動して，始点が点 B になるようにする．そのときの終点を E とする．このとき

$$\boldsymbol{b} = \overrightarrow{\mathrm{CD}} = \overrightarrow{\mathrm{BE}}$$

が成り立つ.

- このとき, $\boldsymbol{a}+\boldsymbol{b}$ を

$$\boldsymbol{a}+\boldsymbol{b} = \overrightarrow{\mathrm{AE}}$$

と定める.

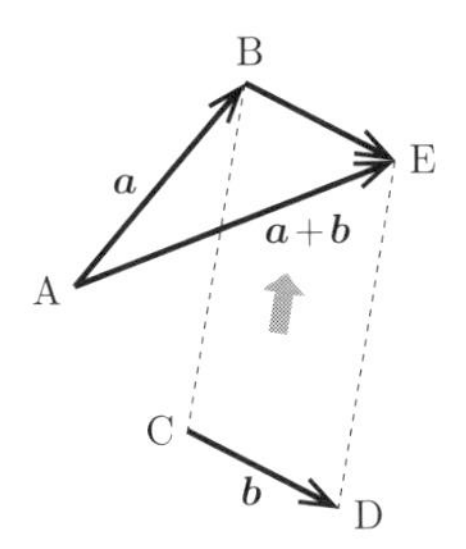

ここで, 少し見方を変えて, 同じ始点を持つ有向線分に対応するベクトルの和について考えてみよう.

次の左の図のように 3 点 O, A, B が与えられているとし

$$\boldsymbol{a} = \overrightarrow{\mathrm{OA}}, \quad \boldsymbol{b} = \overrightarrow{\mathrm{OB}}$$

とする. 有向線分 $\overrightarrow{\mathrm{OB}}$ を平行移動して, 始点が A になるようにしたときの終点を C とおくと, $\boldsymbol{a}+\boldsymbol{b} = \overrightarrow{\mathrm{OC}}$ である.

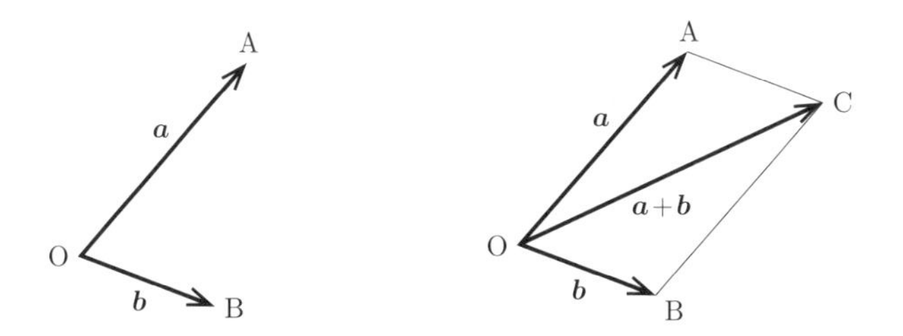

この図において, 辺 OB と辺 AC は平行で長さが等しいので, 四角形 OACB は平行四辺形である. したがって, ベクトル $\boldsymbol{a} = \overrightarrow{\mathrm{OA}}$ と $\boldsymbol{b} = \overrightarrow{\mathrm{OB}}$ の和の定め方を次のように考えることもできる.

- OA と OB を 2 辺とする平行四辺形 OACB を作ったとき
$$\boldsymbol{a}+\boldsymbol{b}=\overrightarrow{\mathrm{OC}}$$
と定める.

もう少し考察を進めよう.

前ページ右の図において，辺 OA と辺 BC も平行で長さが等しいので
$$\boldsymbol{a}=\overrightarrow{\mathrm{OA}}=\overrightarrow{\mathrm{BC}}$$
が成り立つ．したがって
$$\boldsymbol{b}+\boldsymbol{a}=\overrightarrow{\mathrm{OB}}+\overrightarrow{\mathrm{BC}}=\overrightarrow{\mathrm{OC}}$$
も成り立つことがわかる．よって，ベクトルの和については，**交換法則**
$$\boldsymbol{a}+\boldsymbol{b}=\boldsymbol{b}+\boldsymbol{a}$$
が成り立つ.

例題 2.2 次の図において，$\boldsymbol{a}=\overrightarrow{\mathrm{PQ}}, \boldsymbol{b}=\overrightarrow{\mathrm{QR}}, \boldsymbol{c}=\overrightarrow{\mathrm{RS}}$ とする.

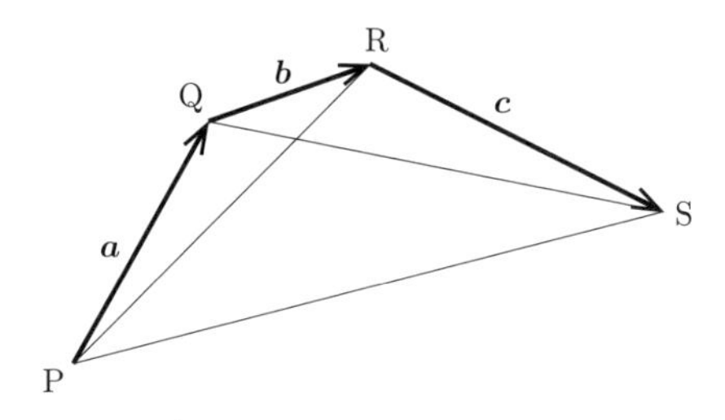

このとき，次の式が成り立つことを示せ.
$$(\boldsymbol{a}+\boldsymbol{b})+\boldsymbol{c}=\boldsymbol{a}+(\boldsymbol{b}+\boldsymbol{c}). \tag{2.2}$$

[解答] $\boldsymbol{a}+\boldsymbol{b}=\overrightarrow{\mathrm{PQ}}+\overrightarrow{\mathrm{QR}}=\overrightarrow{\mathrm{PR}}$ であるので
$$(\boldsymbol{a}+\boldsymbol{b})+\boldsymbol{c}=\overrightarrow{\mathrm{PR}}+\overrightarrow{\mathrm{RS}}=\overrightarrow{\mathrm{PS}} \tag{2.3}$$
が成り立つ．一方，$\boldsymbol{b}+\boldsymbol{c}=\overrightarrow{\mathrm{QR}}+\overrightarrow{\mathrm{RS}}=\overrightarrow{\mathrm{QS}}$ であるので
$$\boldsymbol{a}+(\boldsymbol{b}+\boldsymbol{c})=\overrightarrow{\mathrm{PQ}}+\overrightarrow{\mathrm{QS}}=\overrightarrow{\mathrm{PS}} \tag{2.4}$$
が成り立つ．式 (2.3) と式 (2.4) より，式 (2.2) が得られる. □

注意 2.3　例題 2.2 の式 (2.2) は**結合法則**とよばれる．

2.3　逆ベクトル・零ベクトル・ベクトルの差

ベクトル $\boldsymbol{a} = \overrightarrow{\mathrm{AB}}$ に対して，ベクトル $\overrightarrow{\mathrm{BA}}$ を $\boldsymbol{a}$ の**逆ベクトル**とよび，$-\boldsymbol{a}$ と表す．$-\boldsymbol{a}$ は $\boldsymbol{a}$ と長さが等しく，向きが逆のベクトルである．このとき

$$\boldsymbol{a} + (-\boldsymbol{a}) = \overrightarrow{\mathrm{AB}} + \overrightarrow{\mathrm{BA}} = \overrightarrow{\mathrm{AA}} \tag{2.5}$$

である．

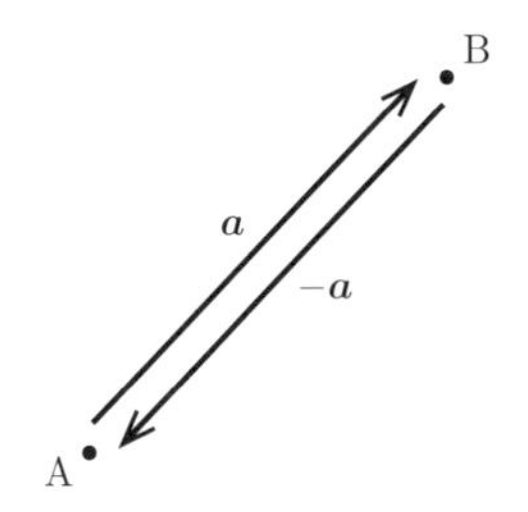

$\overrightarrow{\mathrm{AA}}$ は始点と終点が一致している．厳密にいえば，$\overrightarrow{\mathrm{AA}}$ は有向線分に対応していないが，このようなものもベクトルと考える．このようなベクトルを**零ベクトル**とよび，$\boldsymbol{0}$ と表す．零ベクトル $\boldsymbol{0}$ の長さは 0 と定める．また，零ベクトルについては，「向き」を定めない．

零ベクトル $\boldsymbol{0}$ を用いると，式 (2.5) は

$$\boldsymbol{a} + (-\boldsymbol{a}) = \boldsymbol{0}$$

と書き直すことができる．また

$$\boldsymbol{0} + \boldsymbol{a} = \boldsymbol{a}$$

も成り立つ．実際，$\boldsymbol{0} + \boldsymbol{a} = \overrightarrow{\mathrm{AA}} + \overrightarrow{\mathrm{AB}} = \overrightarrow{\mathrm{AB}} = \boldsymbol{a}$ である．

$\boldsymbol{a} + (-\boldsymbol{b})$ を $\boldsymbol{a} - \boldsymbol{b}$ と表し，$\boldsymbol{a}$ から $\boldsymbol{b}$ を引いた**差**とよぶ．

次の図のように 3 点 O, A, B があり

$$\boldsymbol{a} = \overrightarrow{\mathrm{OA}}, \quad \boldsymbol{b} = \overrightarrow{\mathrm{OB}}$$

とする．このとき，$-\boldsymbol{b} = \overrightarrow{\mathrm{BO}}$ であるので

$$\boldsymbol{a} - \boldsymbol{b} = \boldsymbol{a} + (-\boldsymbol{b}) = (-\boldsymbol{b}) + \boldsymbol{a} = \overrightarrow{\mathrm{BO}} + \overrightarrow{\mathrm{OA}} = \overrightarrow{\mathrm{BA}}$$

が成り立つ．

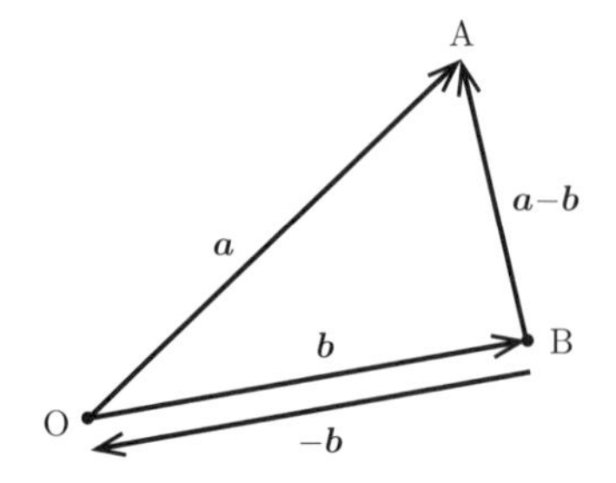

ベクトルの**加法** (和をとる操作) や**減法** (差をとる操作) の運用は，数の計算と同様である．たとえば

$$\boldsymbol{a}+\boldsymbol{b}=\boldsymbol{c}$$

ならば，$\boldsymbol{a}$ を右辺に**移項**して

$$\boldsymbol{b}=\boldsymbol{c}-\boldsymbol{a}$$

を導くことができる．また，たとえば

$$-(\boldsymbol{a}+\boldsymbol{b})=-\boldsymbol{a}-\boldsymbol{b}$$

などの式も成り立つ．

2.1 節の【場面 1】(19 ページ) を振り返ってみよう．A 君，B 君，C 君がロープを引く力をベクトルで表し，それぞれ $\boldsymbol{a}, \boldsymbol{b}, \boldsymbol{c}$ とする．3 つの力がつり合っているとき

$$\boldsymbol{a}+\boldsymbol{b}+\boldsymbol{c}=\boldsymbol{0}$$

が成り立つことが知られている．したがって，特に

$$\boldsymbol{c}=-(\boldsymbol{a}+\boldsymbol{b})$$

が成り立つので，$\boldsymbol{c}$ はベクトル $\boldsymbol{a}+\boldsymbol{b}$ の逆ベクトルである．

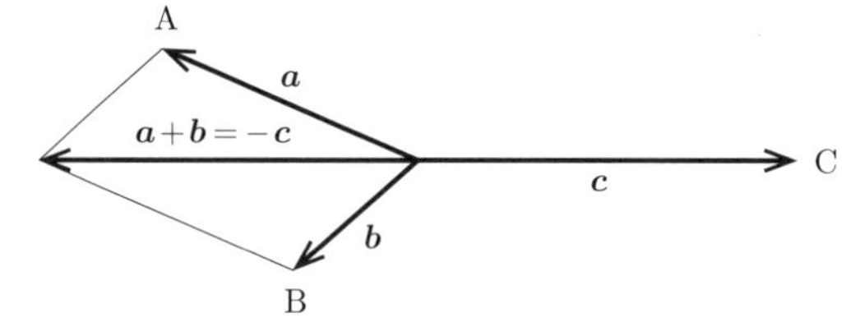

2.4　ベクトルの定数倍

次に，ベクトルの「定数倍」を考えてみたい．$\boldsymbol{a}=\overrightarrow{\mathrm{AB}}$ とする．次の図からもわかるように，ベクトル $\boldsymbol{a}+\boldsymbol{a}$ は $\boldsymbol{a}$ と向きは同じであり，長さが 2 倍である．この

ベクトルを $2\boldsymbol{a}$ と表すことにする．

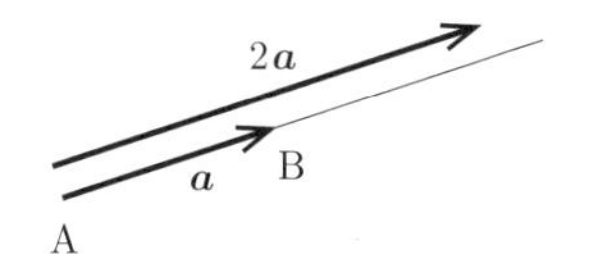

同様に，$\boldsymbol{a}+\boldsymbol{a}+\boldsymbol{a}$ は $3\boldsymbol{a}$ と表す．このベクトルは $\boldsymbol{a}$ と向きが同じであり，長さは 3 倍である．また，$-\boldsymbol{a}-\boldsymbol{a}$ を $-2\boldsymbol{a}$ と表す．これは $\boldsymbol{a}$ と向きが反対であり，長さは 2 倍である．

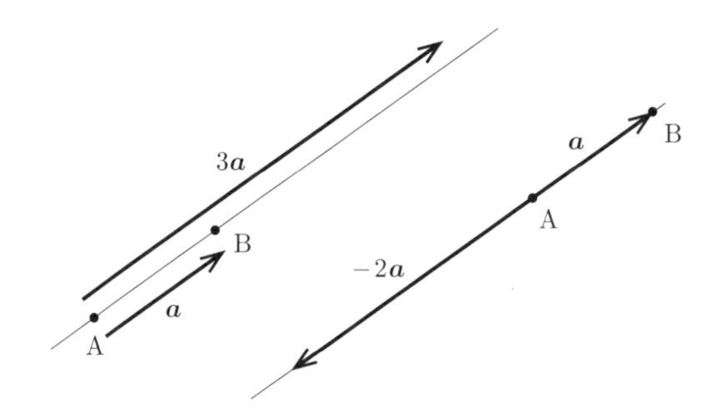

また，$\dfrac{1}{2}\boldsymbol{a}$ は，$\boldsymbol{a}$ と向きが同じであり，長さが半分のベクトルである．

一般に，実数 c に対して，$\boldsymbol{a}$ の c 倍 $c\boldsymbol{a}$ を定めることができる．$c>0$ のとき，$c\boldsymbol{a}$ は，$\boldsymbol{a}$ と向きが同じで，長さが c 倍のベクトルである．$c=0$ のとき，$c\boldsymbol{a}=\boldsymbol{0}$ である．$c<0$ のとき，$c\boldsymbol{a}$ は，$\boldsymbol{a}$ と向きが逆で，長さが $|c|$ 倍のベクトルである．ここで，$|c|$ は c の絶対値を表す．たとえば，$|3|=3$, $|-2|=2$ である．

実数 c はベクトルと区別するため，**スカラー**ともよばれる．ベクトルにスカラーをかける操作は，**スカラー乗法**とよばれる．

2.5　位置ベクトル

平面あるいは空間内に定点 O を定める．このとき，点 A に対してベクトル $\boldsymbol{a}=\overrightarrow{\mathrm{OA}}$ が決まる．このベクトル $\boldsymbol{a}$ を「点 O を基準とする点 A の**位置ベクトル**」とよぶ．混乱のおそれがない場合は，単に点 A の位置ベクトルという．

2 点 A, B が与えられ，点 O を基準とするそれらの点の位置ベクトルをそれぞれ $\boldsymbol{a}, \boldsymbol{b}$ とする．このとき

$$\overrightarrow{\mathrm{OA}} + \overrightarrow{\mathrm{AB}} = \overrightarrow{\mathrm{OB}}$$

であるので

$$\overrightarrow{\mathrm{AB}} = \overrightarrow{\mathrm{OB}} - \overrightarrow{\mathrm{OA}} = \boldsymbol{b} - \boldsymbol{a}$$

が成り立つ．

例題 2.4　点 O を基準とする点 A, B の位置ベクトルを $\boldsymbol{a}, \boldsymbol{b}$ とする．線分 AB の中点を M とするとき，点 M の位置ベクトルと $\boldsymbol{a}, \boldsymbol{b}$ を用いて表せ．

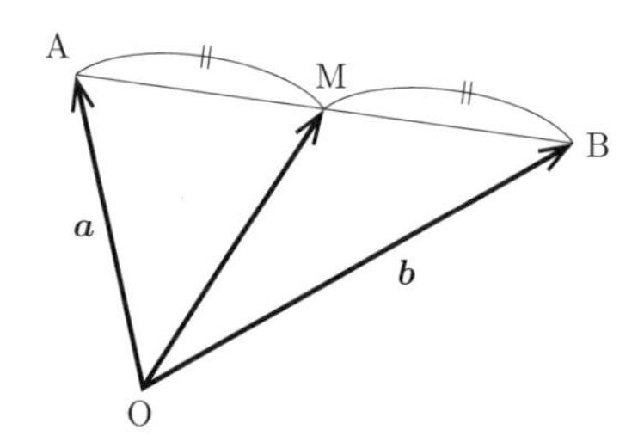

[解答]　$\overrightarrow{\mathrm{AB}} = \boldsymbol{b} - \boldsymbol{a}$ であり，M が線分 AB の中点であるので

$$\overrightarrow{\mathrm{AM}} = \frac{1}{2}\overrightarrow{\mathrm{AB}} = \frac{1}{2}(\boldsymbol{b} - \boldsymbol{a})$$

となる．したがって，M の位置ベクトルは

$$\overrightarrow{\mathrm{OM}} = \overrightarrow{\mathrm{OA}} + \overrightarrow{\mathrm{AM}} = \boldsymbol{a} + \frac{1}{2}(\boldsymbol{b} - \boldsymbol{a}) = \frac{1}{2}(\boldsymbol{a} + \boldsymbol{b})$$

と表される．　□

基準となる点 O，および 2 つの点 A, B が与えられているとし，A, B の位置ベクトルをそれぞれ $\boldsymbol{a}, \boldsymbol{b}$ とする．このとき，直線 AB 上の点 P の位置ベクトルがどのように表されるかを考えてみよう．

P が直線 AB 上にあるとき，ある実数 t に対して

$$\overrightarrow{\mathrm{AP}} = t\,\overrightarrow{\mathrm{AB}}$$

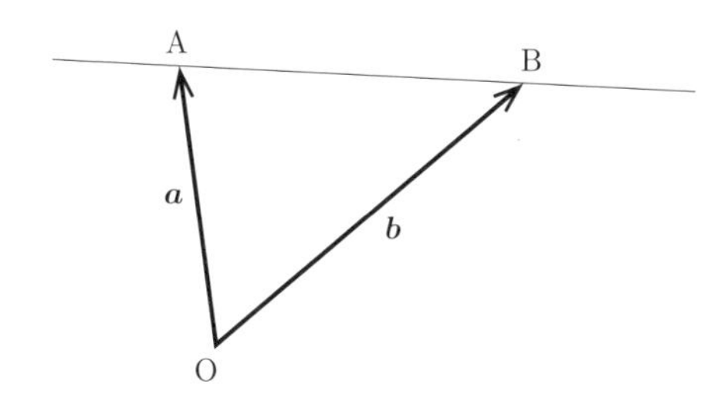

が成り立つことに注意しよう．ここで，$0 \leq t \leq 1$ のとき，ベクトル $\overrightarrow{\mathrm{AP}}$ はベクトル $\overrightarrow{\mathrm{AB}}$ と同じ向きであり，その長さは $\|\overrightarrow{\mathrm{AB}}\|$ 以下であるので，点 P は線分 AB 上 (下図の (I) の部分) にある．$t > 1$ のとき，点 P は (II) の部分にあり，$t < 0$ のときは，(III) の部分にある．

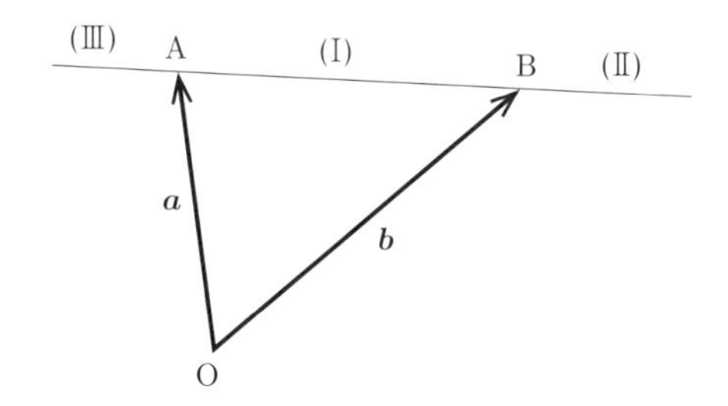

このとき，点 P の位置ベクトルは

$$\overrightarrow{\mathrm{OP}} = \overrightarrow{\mathrm{OA}} + \overrightarrow{\mathrm{AP}} = \boldsymbol{a} + t(\boldsymbol{b} - \boldsymbol{a}) = (1-t)\boldsymbol{a} + t\boldsymbol{b}$$

と表される．実数 t を動かせば，点 P は直線 AB 全体を動く．

$$\overrightarrow{\mathrm{OP}} = (1-t)\boldsymbol{a} + t\boldsymbol{b} \tag{2.6}$$

は，「t を**パラメータ (媒介変数)** とする直線 AB の方程式」とよばれる．

例題 2.5　三角形 OAB を考える．辺 OA の中点を P とし，辺 OB の中点を Q とし，線分AQと線分 PB の交点を R とする．また

$$\boldsymbol{a} = \overrightarrow{\mathrm{OA}}, \quad \boldsymbol{b} = \overrightarrow{\mathrm{OB}}$$

とする．このとき，$\boldsymbol{a}, \boldsymbol{b}$ を用いてベクトル $\overrightarrow{\mathrm{OR}}$ を表せ．

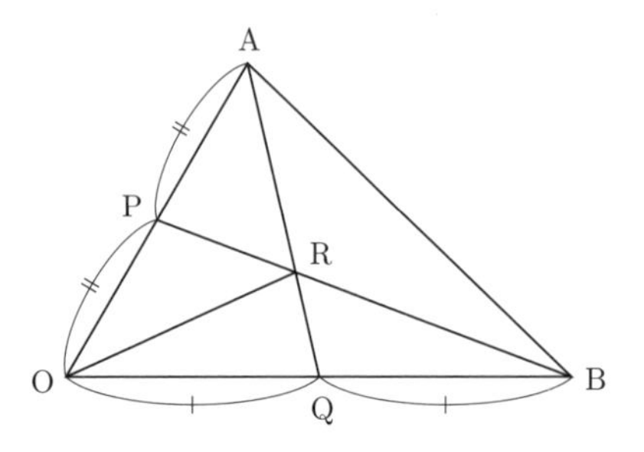

［解答］ $\overrightarrow{\mathrm{OP}} = \dfrac{1}{2}\boldsymbol{a}, \overrightarrow{\mathrm{OQ}} = \dfrac{1}{2}\boldsymbol{b}$ である．点 R が線分 AQ 上にあるので，ある実数 t に対して

$$\overrightarrow{\mathrm{OR}} = (1-t)\,\overrightarrow{\mathrm{OA}} + t\,\overrightarrow{\mathrm{OQ}} = (1-t)\boldsymbol{a} + \frac{t}{2}\boldsymbol{b} \tag{2.7}$$

が成り立つ．また，点 R が線分 PB 上にあるので，ある実数 s に対して

$$\overrightarrow{\mathrm{OR}} = (1-s)\,\overrightarrow{\mathrm{OP}} + s\,\overrightarrow{\mathrm{OB}} = \frac{1-s}{2}\boldsymbol{a} + \frac{s}{2}\boldsymbol{b} \tag{2.8}$$

が成り立つ．式 (2.7) と式 (2.8) を比べれば

$$\begin{cases} 1-t = \dfrac{1-s}{2} \\ \dfrac{t}{2} = s \end{cases}$$

が成り立つことがわかる．この連立 1 次方程式を解けば

$$t = \frac{2}{3}, \quad s = \frac{1}{3}$$

が得られる．これを式 (2.7) に代入すれば

$$\overrightarrow{\mathrm{OR}} = \frac{1}{3}\boldsymbol{a} + \frac{1}{3}\boldsymbol{b}$$

が成り立つことがわかる． □

問 2.6 例題 2.5 の状況において，辺 AR と辺 RQ の長さの比が 2 : 1 であることを示せ．

2.6　ベクトルの内積

ベクトルの長さについてはすでに述べた．ここでは，ベクトルの**内積**について述べる．内積は，ベクトルの長さや 2 つのベクトルの間の角度を論ずるときに重要な役割を果たす．

$\mathbf{0}$ でない 2 つのベクトル $\boldsymbol{a}, \boldsymbol{b}$ が与えられているとしよう．始点 O を共通に選び，$\boldsymbol{a} = \overrightarrow{\mathrm{OA}}, \boldsymbol{b} = \overrightarrow{\mathrm{OB}}$ としたときの角 $\angle\mathrm{AOB}$ を，ベクトル $\boldsymbol{a}$ と $\boldsymbol{b}$ のなす角という．

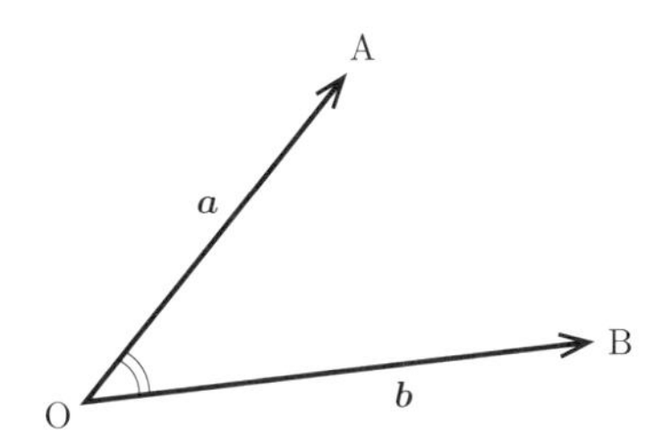

ベクトル $\boldsymbol{a}$ と $\boldsymbol{b}$ のなす角を θ とするとき

$$\|\boldsymbol{a}\|\|\boldsymbol{b}\|\cos\theta$$

を $\boldsymbol{a}$ と $\boldsymbol{b}$ の**内積**とよび，$(\boldsymbol{a}, \boldsymbol{b})$，$\boldsymbol{a} \cdot \boldsymbol{b}$ などの記号を用いて表す．本書では，記号 $(\boldsymbol{a}, \boldsymbol{b})$ を用いることにする．

$\boldsymbol{a}, \boldsymbol{b}$ のどちらか一方または両方が $\mathbf{0}$ のときは，これらのベクトルのなす角を定めることはできないが，このとき，内積は 0 と定める．

$\boldsymbol{a} = \boldsymbol{b}$ のときは，これらのベクトルのなす角は 0 である．したがって

$$(\boldsymbol{a}, \boldsymbol{a}) = \|\boldsymbol{a}\|^2$$

が成り立つ．また，$\boldsymbol{a}$ と $\boldsymbol{b}$ のなす角が $\dfrac{\pi}{2}$ (直角) のとき，$(\boldsymbol{a}, \boldsymbol{b}) = 0$ である．そこで，一般に，ベクトル $\boldsymbol{a}, \boldsymbol{b}$ が

$$(\boldsymbol{a}, \boldsymbol{b}) = 0$$

を満たすとき，$\boldsymbol{a}$ と $\boldsymbol{b}$ は**直交する**という．なお，どんなベクトル $\boldsymbol{b}$ に対しても $(\mathbf{0}, \boldsymbol{b}) = 0$ が成り立つので,「零ベクトル $\mathbf{0}$ はどんなベクトルとも直交する」と解釈する．

いま，ふたたび $\boldsymbol{a}, \boldsymbol{b}$ はいずれも $\mathbf{0}$ でないベクトルとし，$\boldsymbol{a}, \boldsymbol{b}$ のなす角が θ

$(0 \leq \theta \leq \pi)$ であるとしよう．θ が**鋭角**であるとき，すなわち，$0 \leq \theta < \dfrac{\pi}{2}$ のとき，内積 $(\boldsymbol{a}, \boldsymbol{b})$ は正の値をとる．すでに述べたように，θ が直角であるとき，すなわち，$\theta = \dfrac{\pi}{2}$ のときは $(\boldsymbol{a}, \boldsymbol{b}) = 0$ である．θ が**鈍角**であるとき，すなわち，$\dfrac{\pi}{2} < \theta \leq \pi$ のときは，$(\boldsymbol{a}, \boldsymbol{b}) < 0$ となる．

例題 2.7　1 辺の長さが 1 の正三角形 ABC がある．内積 $\left(\overrightarrow{\mathrm{AB}}, \overrightarrow{\mathrm{AC}}\right)$ を求めよ．

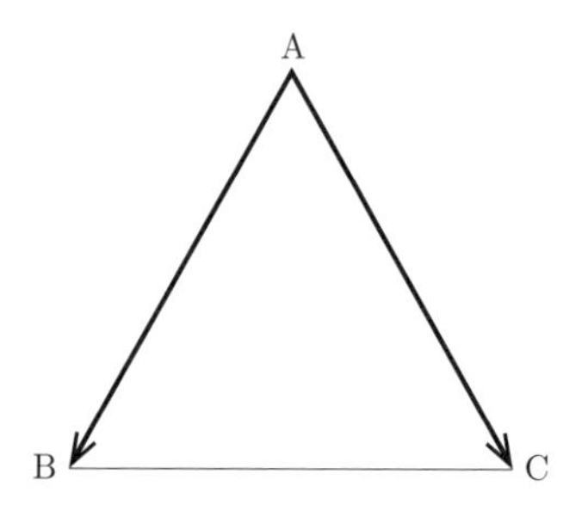

[解答]　$\|\overrightarrow{\mathrm{AB}}\| = \|\overrightarrow{\mathrm{AC}}\| = 1$ であり，$\overrightarrow{\mathrm{AB}}$ と $\overrightarrow{\mathrm{AC}}$ のなす角は $\dfrac{\pi}{3}$ であるので

$$\left(\overrightarrow{\mathrm{AB}}, \overrightarrow{\mathrm{AC}}\right) = \|\overrightarrow{\mathrm{AB}}\|\|\overrightarrow{\mathrm{AC}}\| \cos\frac{\pi}{3} = \frac{1}{2}$$

が得られる．　□

問 2.8　例題 2.7 の状況において，内積 $\left(\overrightarrow{\mathrm{AB}}, \overrightarrow{\mathrm{BC}}\right)$ を求めよ．

次に，余弦定理 (定理 1.15，13 ページ) を内積を用いた形に書き直すことを考えよう．

三角形 OAB を考え，$\boldsymbol{a} = \overrightarrow{\mathrm{OA}}, \boldsymbol{b} = \overrightarrow{\mathrm{OB}}$ とおく．このとき，$\overrightarrow{\mathrm{AB}} = \boldsymbol{b} - \boldsymbol{a}$ であるので

$$\mathrm{OA} = \|\boldsymbol{a}\|, \quad \mathrm{OB} = \|\boldsymbol{b}\|, \quad \mathrm{AB} = \|\boldsymbol{b} - \boldsymbol{a}\|$$

である．また

$$\angle\mathrm{AOB} = \theta$$

とする．

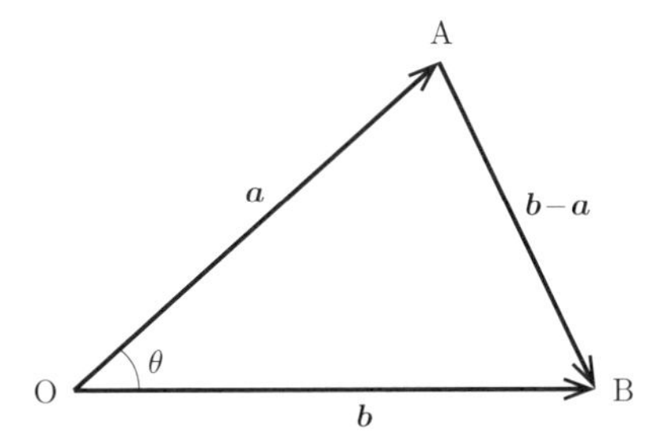

このとき，余弦定理 (定理 1.15) により，次の式が成り立つ.

$$\|\boldsymbol{b}-\boldsymbol{a}\|^2 = \|\boldsymbol{a}\|^2 + \|\boldsymbol{b}\|^2 - 2\|\boldsymbol{a}\|\|\boldsymbol{b}\|\cos\theta. \tag{2.9}$$

ここで，内積の定義により，$\|\boldsymbol{a}\|\|\boldsymbol{b}\|\cos\theta = (\boldsymbol{a},\boldsymbol{b})$ であるので，式 (2.9) は次のように書き直すことができる.

$$\|\boldsymbol{b}-\boldsymbol{a}\|^2 = \|\boldsymbol{a}\|^2 + \|\boldsymbol{b}\|^2 - 2(\boldsymbol{a},\boldsymbol{b}). \tag{2.10}$$

この式は $\boldsymbol{a}$, $\boldsymbol{b}$ のどちらかが $\boldsymbol{0}$ であるときも成り立つことに注意しよう．式 (2.10) は 3.2 節で用いるので，覚えておこう.

次の例題は，ベクトルの内積を利用して平行四辺形の面積を求める方法を示している.

例題 2.9　OA と OB を 2 つの辺とする平行四辺形 OACB の面積を S とする. $\overrightarrow{\mathrm{OA}} = \boldsymbol{a}$, $\overrightarrow{\mathrm{OB}} = \boldsymbol{b}$ とし，これらの 2 つのベクトルのなす角を θ とする $(0 < \theta < \pi)$.

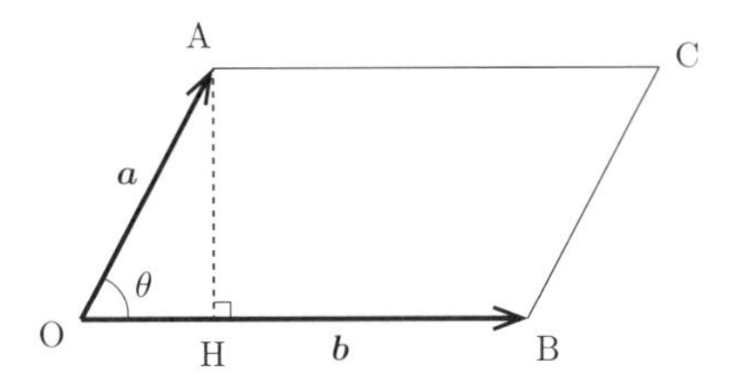

(1)　点 A から直線 OB に下した垂線の足を H とするとき，線分 AH の長さを $\|\boldsymbol{a}\|$, θ を用いて表せ.

(2)　$S = \sqrt{\|\boldsymbol{a}\|^2\|\boldsymbol{b}\|^2 - (\boldsymbol{a},\boldsymbol{b})^2}$ が成り立つことを示せ.

［解答］ (1) 三角関数の定義を用いる．

$$\mathrm{OA} = \|\boldsymbol{a}\|, \quad \angle\mathrm{AOB} = \theta$$

であるので

$$\mathrm{AH} = \|\boldsymbol{a}\| \sin\theta$$

である．ここで，$0 < \theta < \pi$ より，$\sin\theta > 0$ であることを用いた．

(2) 平行四辺形 OACB において，辺 OB を底辺とみれば，高さは AH の長さに等しい．したがって

$$S = \mathrm{OB} \cdot \mathrm{AH} = \|\boldsymbol{a}\|\|\boldsymbol{b}\| \sin\theta$$

である．一方

$$\begin{aligned} \|\boldsymbol{a}\|^2\|\boldsymbol{b}\|^2 - (\boldsymbol{a}, \boldsymbol{b})^2 &= \|\boldsymbol{a}\|^2\|\boldsymbol{b}\|^2 - (\|\boldsymbol{a}\|\|\boldsymbol{b}\| \cos\theta)^2 \\ &= \|\boldsymbol{a}\|^2\|\boldsymbol{b}\|^2(1 - \cos^2\theta) \\ &= \|\boldsymbol{a}\|^2\|\boldsymbol{b}\|^2 \sin^2\theta \end{aligned}$$

が成り立つ．ここで，$\sin\theta > 0$ であることに注意すれば

$$\sqrt{\|\boldsymbol{a}\|^2\|\boldsymbol{b}\|^2 - (\boldsymbol{a}, \boldsymbol{b})^2} = \|\boldsymbol{a}\|\|\boldsymbol{b}\| \sin\theta = S$$

が得られる．　□

第3章

ベクトルの成分表示

平面内や空間内のベクトルを，座標成分を用いて表す方法を説明する．

3.1　平面ベクトル・空間ベクトルの成分表示

xy 平面 (座標平面) において，原点 $\mathrm{O} = (0,0)$ から点 $\mathrm{P} = (a_1, a_2)$ に向かう有向線分に対応するベクトル $\boldsymbol{a}$ を

$$\boldsymbol{a} = \begin{pmatrix} a_1 \\ a_2 \end{pmatrix} \tag{3.1}$$

と表す．このようなベクトルを**平面ベクトル**とよび，式 (3.1) のような表記をベクトル $\boldsymbol{a}$ の**成分表示**という．また，このとき，a_1 を $\boldsymbol{a}$ の x 成分，または，第 1 成分とよび，a_2 を $\boldsymbol{a}$ の y 成分，または，第 2 成分とよぶ．

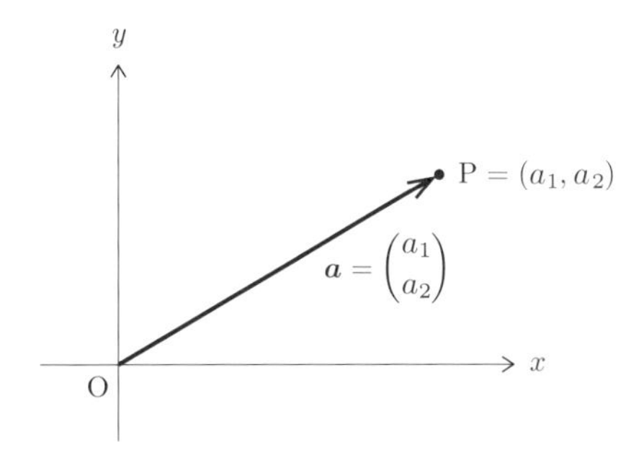

いま，平面ベクトル $\boldsymbol{a}, \boldsymbol{b}$ の成分表示が次のように与えられているとする．

$$\boldsymbol{a} = \begin{pmatrix} a_1 \\ a_2 \end{pmatrix}, \quad \boldsymbol{b} = \begin{pmatrix} b_1 \\ b_2 \end{pmatrix}.$$

このとき，$\boldsymbol{a}+\boldsymbol{b}$ は次のように成分表示される．

$$\boldsymbol{a}+\boldsymbol{b}=\begin{pmatrix} a_1+b_1 \\ a_2+b_2 \end{pmatrix}. \tag{3.2}$$

実際，点 P, Q を $\boldsymbol{a}=\overrightarrow{\mathrm{OP}}$, $\boldsymbol{b}=\overrightarrow{\mathrm{PQ}}$ となるように選ぶと

$$\mathrm{P}=(a_1,a_2)$$

である．また，$\boldsymbol{b}$ は「x 軸の正の向きに b_1，y 軸の正の向きに b_2 移動すること」に対応するベクトルであるので

$$\mathrm{Q}=(a_1+b_1,a_2+b_2)$$

となる．このことより，式 (3.2) が成り立つことがわかる．

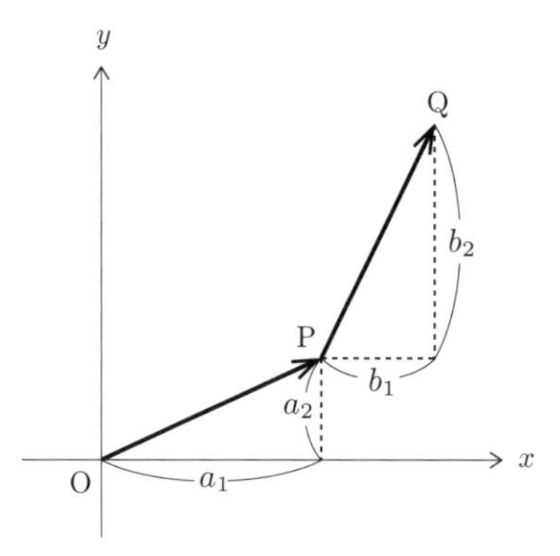

（a_1, a_2, b_1, b_2 がすべて正の場合の図）

また，説明は省略するが，実数 c に対して

$$c\boldsymbol{a}=\begin{pmatrix} ca_1 \\ ca_2 \end{pmatrix}$$

が成り立つこともわかる．特に，$-\boldsymbol{b}=\begin{pmatrix} -b_1 \\ -b_2 \end{pmatrix}$ であるので

$$\boldsymbol{a}-\boldsymbol{b}=\begin{pmatrix} a_1-b_1 \\ a_2-b_2 \end{pmatrix}$$

が成り立つ．

零ベクトル $\mathbf{0}$ の成分表示は $\begin{pmatrix} 0 \\ 0 \end{pmatrix}$ である．

xyz 空間 (座標空間) におけるベクトルも同じように考えることができる．座標空間上の点 $\mathrm{P} = (a_1, a_2, a_3)$ を考えるとき，原点 $\mathrm{O} = (0, 0, 0)$ から点 P に向かう有向線分に対応するベクトル $\boldsymbol{a}$ を

$$\boldsymbol{a} = \begin{pmatrix} a_1 \\ a_2 \\ a_3 \end{pmatrix}$$

と表す．このようなベクトルを**空間ベクトル**といい，このような表記を $\boldsymbol{a}$ の**成分表示**という．また，a_1, a_2, a_3 をそれぞれ $\boldsymbol{a}$ の x 成分 (第 1 成分)，y 成分 (第 2 成分)，z 成分 (第 3 成分) という．

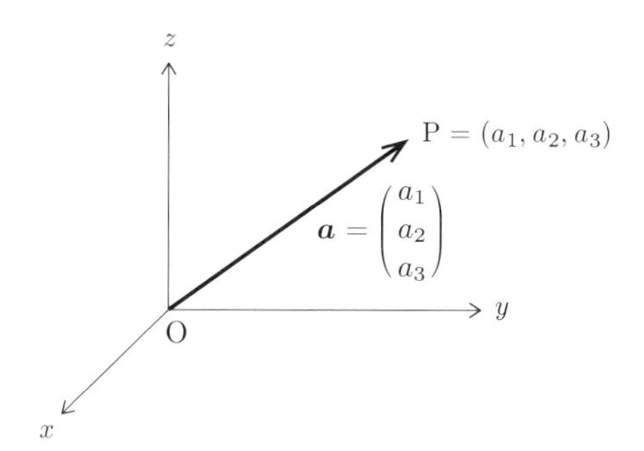

空間ベクトル

$$\boldsymbol{a} = \begin{pmatrix} a_1 \\ a_2 \\ a_3 \end{pmatrix}, \quad \boldsymbol{b} = \begin{pmatrix} b_1 \\ b_2 \\ b_3 \end{pmatrix}$$

に対して，$\boldsymbol{a} \pm \boldsymbol{b}$，および，$c\boldsymbol{a}$ (c は実数) は次のように定まる．

$$\boldsymbol{a} \pm \boldsymbol{b} = \begin{pmatrix} a_1 \pm b_1 \\ a_2 \pm b_2 \\ a_3 \pm b_3 \end{pmatrix} \quad (\text{複号同順}), \qquad c\boldsymbol{a} = \begin{pmatrix} ca_1 \\ ca_2 \\ ca_3 \end{pmatrix}.$$

また，零ベクトルは $\mathbf{0} = \begin{pmatrix} 0 \\ 0 \\ 0 \end{pmatrix}$ である．

例題 3.1　$\boldsymbol{a} = \begin{pmatrix} 2 \\ 5 \end{pmatrix}, \boldsymbol{b} = \begin{pmatrix} 3 \\ 1 \end{pmatrix}$ とするとき，$\boldsymbol{a}+\boldsymbol{b}, 3\boldsymbol{a}, 3\boldsymbol{a}-\boldsymbol{b}$ を求めよ．

[解答]　$\boldsymbol{a}+\boldsymbol{b} = \begin{pmatrix} 2+3 \\ 5+1 \end{pmatrix} = \begin{pmatrix} 5 \\ 6 \end{pmatrix}$，　$3\boldsymbol{a} = \begin{pmatrix} 3\cdot 2 \\ 3\cdot 5 \end{pmatrix} = \begin{pmatrix} 6 \\ 15 \end{pmatrix}$，　$3\boldsymbol{a}-\boldsymbol{b} = \begin{pmatrix} 6-3 \\ 15-1 \end{pmatrix} = \begin{pmatrix} 3 \\ 14 \end{pmatrix}$．　□

問 3.2　$\boldsymbol{a} = \begin{pmatrix} 2 \\ 0 \\ 3 \end{pmatrix}, \boldsymbol{b} = \begin{pmatrix} 1 \\ 2 \\ -1 \end{pmatrix}$ とするとき，$2\boldsymbol{a}-3\boldsymbol{b}$ を求めよ．

3.2　成分表示されたベクトルの長さと内積

平面ベクトル $\boldsymbol{a} = \begin{pmatrix} a_1 \\ a_2 \end{pmatrix}$ の長さ $\|\boldsymbol{a}\|$ を求めてみよう．

次ページの図のように，xy 平面内に点 $\mathrm{A} = (a_1, a_2)$ をとる．$\mathrm{O} = (0, 0)$ とするとき，$\boldsymbol{a} = \overrightarrow{\mathrm{OA}}$ である．また，$\mathrm{B} = (a_1, 0)$ とする．

このとき，$\angle\mathrm{OBA} = \dfrac{\pi}{2}$ であり

$$\mathrm{OB} = |a_1|, \quad \mathrm{AB} = |a_2|$$

である．よって，三平方の定理により

$$\|\boldsymbol{a}\|^2 = \mathrm{OB}^2 + \mathrm{AB}^2 = |a_1|^2 + |a_2|^2 = a_1^2 + a_2^2$$

が成り立つ．したがって

$$\|\boldsymbol{a}\| = \sqrt{a_1^2 + a_2^2}$$

が得られる．

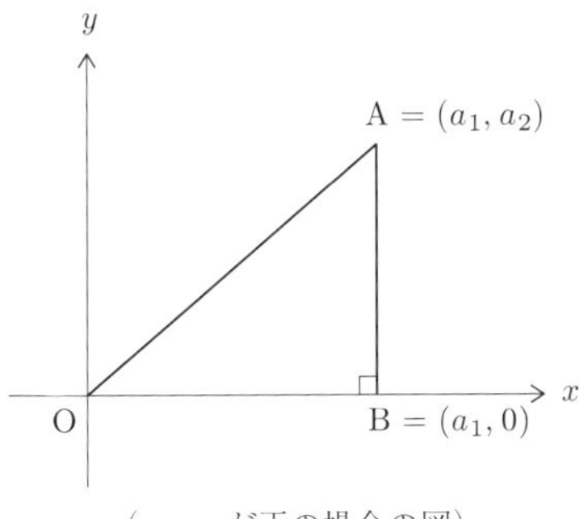

（a_1, a_2 が正の場合の図）

次に，空間ベクトル $\boldsymbol{a} = \begin{pmatrix} a_1 \\ a_2 \\ a_3 \end{pmatrix}$ の長さを求めてみよう．

xyz 空間内に点 $\mathrm{A} = (a_1, a_2, a_3)$ をとる．$\mathrm{O} = (0, 0, 0)$ とするとき，$\boldsymbol{a} = \overrightarrow{\mathrm{OA}}$ である．また，$\mathrm{A}' = (a_1, a_2, 0)$ とする．

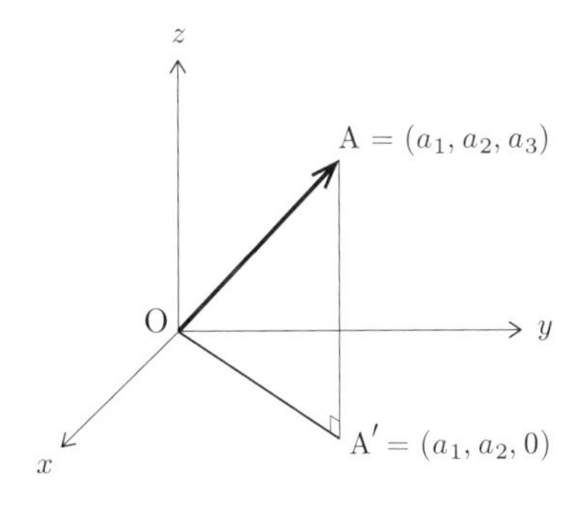

このとき，$\angle \mathrm{OA'A} = \dfrac{\pi}{2}$ である．また，平面ベクトルの長さについての上述の考察結果を用いれば

$$\mathrm{OA'} = \sqrt{a_1^2 + a_2^2}$$

であることがわかる．また，$\mathrm{A'A} = |a_3|$ であるので三平方の定理により

$$\|\boldsymbol{a}\|^2 = \mathrm{OA'}^2 + \mathrm{A'A}^2 = \left(\sqrt{a_1^2 + a_2^2}\right)^2 + |a_3|^2 = a_1^2 + a_2^2 + a_3^2$$

が成り立つ．したがって

$$\|\boldsymbol{a}\| = \sqrt{a_1^2 + a_2^2 + a_3^2}$$

が得られる．

次に，内積について考える．2.6 節の式 (2.10) を思い出そう．

$$\|\boldsymbol{b} - \boldsymbol{a}\|^2 = \|\boldsymbol{a}\|^2 + \|\boldsymbol{b}\|^2 - 2(\boldsymbol{a}, \boldsymbol{b}). \tag{2.10}$$

この式を利用して，成分表示された 2 つのベクトルの内積を求めてみよう．

例題 3.3　$\boldsymbol{a} = \begin{pmatrix} a_1 \\ a_2 \end{pmatrix}$, $\boldsymbol{b} = \begin{pmatrix} b_1 \\ b_2 \end{pmatrix}$ とするとき

$$(\boldsymbol{a}, \boldsymbol{b}) = a_1 b_1 + a_2 b_2 \tag{3.3}$$

が成り立つことを示せ．

[解答]　式 (2.10) により

$$\begin{aligned}(\boldsymbol{a}, \boldsymbol{b}) &= \frac{1}{2}(\|\boldsymbol{a}\|^2 + \|\boldsymbol{b}\|^2 - \|\boldsymbol{b} - \boldsymbol{a}\|^2) \\ &= \frac{1}{2}\left((a_1^2 + a_2^2) + (b_1^2 + b_2^2) - ((b_1 - a_1)^2 + (b_2 - a_2)^2)\right) \\ &= a_1 b_1 + a_2 b_2\end{aligned}$$

が得られる (詳細な計算は読者にゆだねる)．　□

例題 3.4　$\boldsymbol{a} = \begin{pmatrix} 2 \\ 1 \end{pmatrix}$, $\boldsymbol{b} = \begin{pmatrix} 3 \\ -1 \end{pmatrix}$ とする．

(1)　$\|\boldsymbol{a}\|$, $\|\boldsymbol{b}\|$, $(\boldsymbol{a}, \boldsymbol{b})$ をそれぞれ求めよ．

(2)　$\boldsymbol{a}$ と $\boldsymbol{b}$ のなす角を θ とする．θ を求めよ．

[解答] (1)　$\|\boldsymbol{a}\| = \sqrt{2^2 + 1^2} = \sqrt{5}$,　$\|\boldsymbol{b}\| = \sqrt{3^2 + (-1)^2} = \sqrt{10}$, $(\boldsymbol{a}, \boldsymbol{b}) = 2 \cdot 3 + 1 \cdot (-1) = 5$.

(2)　$(\boldsymbol{a}, \boldsymbol{b}) = \|\boldsymbol{a}\|\|\boldsymbol{b}\| \cos\theta$ であるので

$$\cos\theta = \frac{(\boldsymbol{a}, \boldsymbol{b})}{\|\boldsymbol{a}\|\|\boldsymbol{b}\|} = \frac{5}{\sqrt{5} \cdot \sqrt{10}} = \frac{1}{\sqrt{2}}$$

が得られる．このことより，$\theta = \dfrac{\pi}{4}$ であることがわかる． □

例題 3.3 と同様の計算により，空間ベクトル $\boldsymbol{a} = \begin{pmatrix} a_1 \\ a_2 \\ a_3 \end{pmatrix}$, $\boldsymbol{b} = \begin{pmatrix} b_1 \\ b_2 \\ b_3 \end{pmatrix}$ の内積は

$$(\boldsymbol{a}, \boldsymbol{b}) = a_1 b_1 + a_2 b_2 + a_3 b_3 \tag{3.4}$$

で与えられることがわかる (計算は省略する).

問 3.5 $\boldsymbol{a} = \begin{pmatrix} 1 \\ 1 \\ 1 \end{pmatrix}$, $\boldsymbol{b} = \begin{pmatrix} \sqrt{2}+\sqrt{3} \\ \sqrt{2}+\sqrt{3} \\ \sqrt{2}-2\sqrt{3} \end{pmatrix}$ とする．

(1) $\|\boldsymbol{a}\|$, $\|\boldsymbol{b}\|$, $(\boldsymbol{a}, \boldsymbol{b})$ をそれぞれ求めよ．

(2) $\boldsymbol{a}$ と $\boldsymbol{b}$ のなす角を θ とする．θ を求めよ．

3.3　内積の性質

ベクトルの内積については，次のことが成り立つ．ここで，$\boldsymbol{a}$, $\boldsymbol{a}'$, $\boldsymbol{b}$, $\boldsymbol{b}'$ は平面ベクトルまたは空間ベクトルとし，c は実数とする．

(1) $(\boldsymbol{a} + \boldsymbol{a}', \boldsymbol{b}) = (\boldsymbol{a}, \boldsymbol{b}) + (\boldsymbol{a}', \boldsymbol{b})$.

(2) $(c\boldsymbol{a}, \boldsymbol{b}) = c(\boldsymbol{a}, \boldsymbol{b})$.

(3) $(\boldsymbol{a}, \boldsymbol{b} + \boldsymbol{b}') = (\boldsymbol{a}, \boldsymbol{b}) + (\boldsymbol{a}, \boldsymbol{b}')$.

(4) $(\boldsymbol{a}, c\boldsymbol{b}) = c(\boldsymbol{a}, \boldsymbol{b})$.

(5) $(\boldsymbol{b}, \boldsymbol{a}) = (\boldsymbol{a}, \boldsymbol{b})$.

(6) $(\boldsymbol{a}, \boldsymbol{a}) \geq 0$ である．また，$(\boldsymbol{a}, \boldsymbol{a}) = 0$ ならば，$\boldsymbol{a} = \boldsymbol{0}$ である．

$\boldsymbol{a} = \begin{pmatrix} a_1 \\ a_2 \end{pmatrix}$, $\boldsymbol{a}' = \begin{pmatrix} a'_1 \\ a'_2 \end{pmatrix}$, $\boldsymbol{b} = \begin{pmatrix} b_1 \\ b_2 \end{pmatrix}$ とするとき，たとえば性質 (1) は次のように確かめられる．

$$\begin{aligned}(\boldsymbol{a} + \boldsymbol{a}', \boldsymbol{b}) &= (a_1 + a'_1)b_1 + (a_2 + a'_2)b_2 \\ &= (a_1 b_1 + a_2 b_2) + (a'_1 b_1 + a'_2 b_2) = (\boldsymbol{a}, \boldsymbol{b}) + (\boldsymbol{a}', \boldsymbol{b}).\end{aligned}$$

性質 (2) から性質 (5) の確認は省略し，性質 (6) について考えよう．いま

$$(\boldsymbol{a}, \boldsymbol{a}) = a_1^2 + a_2^2 \tag{3.5}$$

である．$a_1^2 \geq 0, a_2^2 \geq 0$ であるので，$(\boldsymbol{a}, \boldsymbol{a}) \geq 0$ であることがわかる．また，$(\boldsymbol{a}, \boldsymbol{a}) = 0$ のときは，$a_1^2 = 0, a_2^2 = 0$ であるので，$a_1 = a_2 = 0$，すなわち，$\boldsymbol{a} = \boldsymbol{0}$ が成り立つ．さらに，式 (3.5) の右辺が $\|\boldsymbol{a}\|^2$ であることに注意すれば

$$(\boldsymbol{a}, \boldsymbol{a}) = \|\boldsymbol{a}\|^2 \tag{3.6}$$

が成り立つことも確かめられる．

空間ベクトルについても同様である．

問 3.6　内積の性質 (1) から (6) を用いて，ベクトル $\boldsymbol{a}, \boldsymbol{b}$ に対して

$$\|\boldsymbol{a} + \boldsymbol{b}\|^2 = \|\boldsymbol{a}\|^2 + 2(\boldsymbol{a}, \boldsymbol{b}) + \|\boldsymbol{b}\|^2 \tag{3.7}$$

が成り立つことを示せ．

例題 3.7　$\boldsymbol{a} = \begin{pmatrix} a_1 \\ a_2 \end{pmatrix}, \boldsymbol{b} = \begin{pmatrix} b_1 \\ b_2 \end{pmatrix}$ とする．

(1)　$(a_1^2 + a_2^2)(b_1^2 + b_2^2) - (a_1 b_1 + a_2 b_2)^2 = (a_1 b_2 - a_2 b_1)^2$ を示し

$$\|\boldsymbol{a}\|\|\boldsymbol{b}\| \geq |(\boldsymbol{a}, \boldsymbol{b})| \tag{3.8}$$

が成り立つことを示せ．

(2)　$(\|\boldsymbol{a}\| + \|\boldsymbol{b}\|)^2 - \|\boldsymbol{a} + \boldsymbol{b}\|^2 = 2\left(\|\boldsymbol{a}\|\|\boldsymbol{b}\| - (\boldsymbol{a}, \boldsymbol{b})\right)$ を示し

$$\|\boldsymbol{a} + \boldsymbol{b}\| \leq \|\boldsymbol{a}\| + \|\boldsymbol{b}\| \tag{3.9}$$

が成り立つことを示せ．

[解答]　(1)　次の計算により，前半の主張が得られる．

$$\begin{aligned} &(a_1^2 + a_2^2)(b_1^2 + b_2^2) - (a_1 b_1 + a_2 b_2)^2 \\ &\quad = a_1^2 b_1^2 + a_1^2 b_2^2 + a_2^2 b_1^2 + a_2^2 b_2^2 - a_1^2 b_1^2 - 2a_1 b_1 a_2 b_2 - a_2^2 b_2^2 \\ &\quad = a_1^2 b_2^2 - 2a_1 b_2 a_2 b_1 + a_2^2 b_1^2 = (a_1 b_2 - a_2 b_1)^2. \end{aligned}$$

ここで，$(a_1 b_2 - a_2 b_1)^2 \geq 0$ であるので

$$(a_1^2 + a_2^2)(b_1^2 + b_2^2) \geq (a_1 b_1 + a_2 b_2)^2$$

が成り立つ．両辺の正の平方根をとれば，求める不等式が得られる．

(2)　問 3.6 の式 (3.7) を用いれば，次の計算により，前半の主張が得られる．

$$
\begin{aligned}
&(\|\boldsymbol{a}\| + \|\boldsymbol{b}\|)^2 - \|\boldsymbol{a}+\boldsymbol{b}\|^2 \\
&\quad = \|\boldsymbol{a}\|^2 + 2\|\boldsymbol{a}\|\|\boldsymbol{b}\| + \|\boldsymbol{b}\|^2 - \|\boldsymbol{a}\|^2 - 2(\boldsymbol{a},\boldsymbol{b}) - \|\boldsymbol{b}\|^2 \\
&\quad = 2\left(\|\boldsymbol{a}\|\|\boldsymbol{b}\| - (\boldsymbol{a},\boldsymbol{b})\right).
\end{aligned}
$$

さらに，小問 (1) の不等式 (3.8) により，$\|\boldsymbol{a}\|\|\boldsymbol{b}\| - (\boldsymbol{a},\boldsymbol{b}) \geq 0$ であるので

$$
(\|\boldsymbol{a}\| + \|\boldsymbol{b}\|)^2 \geq \|\boldsymbol{a}+\boldsymbol{b}\|^2
$$

が成り立つ．両辺の正の平方根をとれば，求める不等式が得られる．　□

例題 3.7 の不等式 (3.8)，(3.9) は空間ベクトルに対しても成り立つ．不等式 (3.8) は**シュワルツの不等式**とよばれ，不等式 (3.9) は**三角不等式**とよばれる．

次のような三角形 ABC を考え，$\boldsymbol{a} = \overrightarrow{\mathrm{AB}}$, $\boldsymbol{b} = \overrightarrow{\mathrm{BC}}$ とすると，$\overrightarrow{\mathrm{AC}} = \boldsymbol{a}+\boldsymbol{b}$ であり

$$
\mathrm{AB} = \|\boldsymbol{a}\|, \quad \mathrm{BC} = \|\boldsymbol{b}\|, \quad \mathrm{AC} = \|\boldsymbol{a}+\boldsymbol{b}\|
$$

が成り立つ．したがって，この場合，不等式 (3.9) は「辺 AC の長さは辺 AB の長さと辺 BC の長さの和以下である」という事実に対応している．不等式 (3.9) が三角不等式とよばれるのはそのためである．

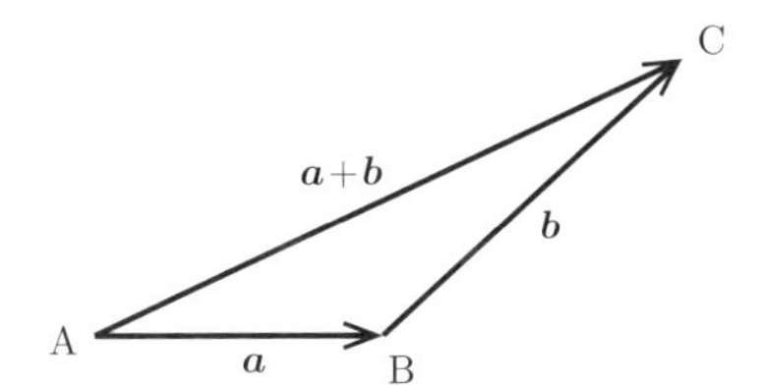

問 3.8　$\boldsymbol{a} = \begin{pmatrix} 2 \\ 2 \\ 1 \end{pmatrix}$, $\boldsymbol{b} = \begin{pmatrix} 3 \\ 4 \\ 0 \end{pmatrix}$ とする．$\|\boldsymbol{a}\|$, $\|\boldsymbol{b}\|$, $(\boldsymbol{a},\boldsymbol{b})$ をそれぞれ求め，この場合にシュワルツの不等式が成り立つことを確かめよ．

3.4　直線や平面の方程式

p, q は実数とする．xy 平面において

$$
y = px + q \tag{3.10}
$$

は直線を表す式である．この式 (3.10) は次のように変形される．

$$-px + y = q.$$

一般に，a, b, c は実数とし，a, b のうち，少なくともどちらか一方は 0 でないとする．このとき

$$ax + by = c \tag{3.11}$$

は直線を表すことが知られている．この直線を l としよう．いま，点 $\mathrm{P} = (x_0, y_0)$ がこの直線 l 上にあるとすると，x_0, y_0 は

$$ax_0 + by_0 = c \tag{3.12}$$

を満たす．式 (3.11) から式 (3.12) を辺々引いて，整理すると

$$a(x - x_0) + b(y - y_0) = 0 \tag{3.13}$$

が得られる．いま，直線 l 上の点 $\mathrm{Q} = (x, y)$ をとると

$$\overrightarrow{\mathrm{PQ}} = \begin{pmatrix} x - x_0 \\ y - y_0 \end{pmatrix}$$

である．また，$\boldsymbol{a} = \begin{pmatrix} a \\ b \end{pmatrix}$ とおく．このとき，式 (3.13) の左辺は，2 つのベクトル $\overrightarrow{\mathrm{PQ}}$ と $\boldsymbol{a}$ の内積にほかならない．それが 0 であるので，これら 2 つのベクトルは直交する．このことから，l は点 (x_0, y_0) を通り，ベクトル $\boldsymbol{a}$ と直交する直線であることがわかる．

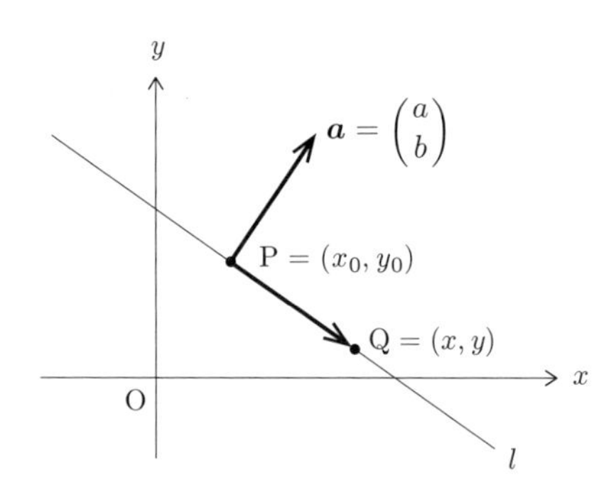

今度は，xyz 空間において，点 (x_0, y_0, z_0) を通り，$\mathbf{0}$ でないベクトル $\boldsymbol{a} = \begin{pmatrix} a \\ b \\ c \end{pmatrix}$ と直交する平面を考えてみよう．この平面を H とし，H 上の点 (x, y, z) をとると，ベクトル $\begin{pmatrix} x - x_0 \\ y - y_0 \\ z - z_0 \end{pmatrix}$ はベクトル $\boldsymbol{a}$ と直交するので

$$a(x - x_0) + b(y - y_0) + c(z - z_0) = 0 \tag{3.14}$$

が成り立つ．ここで，$ax_0 + by_0 + cz_0 = d$ とおけば，式 (3.14) は

$$ax + by + cz = d \tag{3.15}$$

と変形できる．式 (3.15) は空間内の平面の方程式の一般形である．

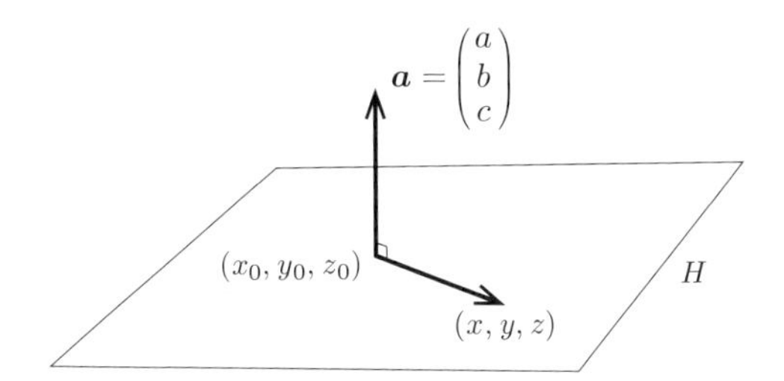

例題 3.9　xyz 空間において，点 $(2, 3, 5)$ を通り，ベクトル $\begin{pmatrix} 3 \\ 4 \\ -2 \end{pmatrix}$ と直交する平面の方程式を求めよ．

[解答]　$a = 3$, $b = 4$, $c = -2$, $x_0 = 2$, $y_0 = 3$, $z_0 = 5$ の場合，式 (3.14) は

$$3(x - 2) + 4(y - 3) - 2(z - 5) = 0$$

と表される．整理すれば

$$3x + 4y - 2z = 8$$

が得られる．これが求める平面の方程式である．　□

問 3.10　xyz 空間において，点 $(2,1,3)$ を通り，ベクトル $\begin{pmatrix} 1 \\ 1 \\ 1 \end{pmatrix}$ と直交する平面の方程式を求めよ．

3.5　n 次元ベクトル

平面ベクトル $\boldsymbol{a} = \begin{pmatrix} a_1 \\ a_2 \end{pmatrix}$ は 2 つの数 a_1, a_2 の組合せによって表すことができた．また，空間ベクトル $\boldsymbol{b} = \begin{pmatrix} b_1 \\ b_2 \\ b_3 \end{pmatrix}$ は 3 つの数 b_1, b_2, b_3 の組合せである．一般に，n を自然数とするとき，n 個の数

$$a_1,\ a_2,\ \cdots,\ a_n$$

の組合せを 1 つの「もの」として取り扱い

$$\boldsymbol{a} = \begin{pmatrix} a_1 \\ a_2 \\ \vdots \\ a_n \end{pmatrix}$$

と表すとき，これを **n 次元ベクトル**という．「ベクトル」といっても，図に表すことはできないが，平面ベクトルや空間ベクトルと同じような演算を考えることができる．いま，2 つの n 次元ベクトル

$$\boldsymbol{a} = \begin{pmatrix} a_1 \\ a_2 \\ \vdots \\ a_n \end{pmatrix}, \quad \boldsymbol{b} = \begin{pmatrix} b_1 \\ b_2 \\ \vdots \\ b_n \end{pmatrix}$$

を考える．このとき，$\boldsymbol{a}$ と $\boldsymbol{b}$ の和 $\boldsymbol{a}+\boldsymbol{b}$，および差 $\boldsymbol{a}-\boldsymbol{b}$ を

$$\boldsymbol{a} \pm \boldsymbol{b} = \begin{pmatrix} a_1 \pm b_1 \\ a_2 \pm b_2 \\ \vdots \\ a_n \pm b_n \end{pmatrix} \quad (\text{複号同順})$$

と定める．また，実数 c に対して，$c\boldsymbol{a}$ を

$$c\boldsymbol{a} = \begin{pmatrix} ca_1 \\ ca_2 \\ \vdots \\ ca_n \end{pmatrix}$$

と定める．さらに，$\boldsymbol{a}$ と $\boldsymbol{b}$ の**内積** $(\boldsymbol{a}, \boldsymbol{b})$ を

$$(\boldsymbol{a}, \boldsymbol{b}) = a_1b_1 + a_2b_2 + \cdots + a_nb_n$$

と定める．$(\boldsymbol{a}, \boldsymbol{b}) = 0$ のとき，$\boldsymbol{a}$ と $\boldsymbol{b}$ は**直交**する，という．また，$\boldsymbol{a}$ の**長さ** $\|\boldsymbol{a}\|$ を

$$\|\boldsymbol{a}\| = \sqrt{(\boldsymbol{a}, \boldsymbol{a})} = \sqrt{a_1^2 + a_2^2 + \cdots + a_n^2}$$

と定める．

n 次元ベクトルの加法，減法，スカラー乗法，内積は，平面ベクトル (2 次元ベクトル) や空間ベクトル (3 次元ベクトル) の場合と同様の性質を持つ．

例 3.11　ある工場では，4 種類の製品 A, B, C, D を製造・販売している．ある年の 4 月の製品 A, B, C, D の売り上げがそれぞれ a 円，b 円，c 円，d 円であったとする．これら 4 つのデータをまとめて 1 つのものとして取り扱いたいとき，4 次元ベクトル

$$\boldsymbol{a} = \begin{pmatrix} a \\ b \\ c \\ d \end{pmatrix}$$

を考えると便利なことがある．たとえば，前の月，3 月の製品 A, B, C, D の売り上げがそれぞれ a' 円，b' 円，c' 円，d' 円であったとする．これらの製品の売り上げをベクトルで表すと

$$\boldsymbol{a}' = \begin{pmatrix} a' \\ b' \\ c' \\ d' \end{pmatrix}$$

となる．2 つの月の売り上げの合計を考えると，製品 A, B, C, D の売り上げは，それぞれ $(a+a')$ 円，$(b+b')$ 円，$(c+c')$ 円，$(d+d')$ 円である．これをベクトルで表すと

$$\boldsymbol{a} + \boldsymbol{a}' = \begin{pmatrix} a+a' \\ b+b' \\ c+c' \\ d+d' \end{pmatrix}$$

となる．また，5 月の売り上げをすべての製品について，4 月の 2 倍にしようという目標を立てたとすると，その売り上げ目標をベクトルで表せば

$$2\boldsymbol{a} = \begin{pmatrix} 2a \\ 2b \\ 2c \\ 2d \end{pmatrix}$$

となる．

問 3.12　$\boldsymbol{a} = \begin{pmatrix} 2 \\ 3 \\ -1 \\ 0 \end{pmatrix}$, $\boldsymbol{b} = \begin{pmatrix} 1 \\ 2 \\ 4 \\ 3 \end{pmatrix}$ とするとき，$\boldsymbol{a}+\boldsymbol{b}$, $3\boldsymbol{a}$, $(\boldsymbol{a}, \boldsymbol{b})$, $\|\boldsymbol{a}\|$ をそれぞれ求めよ．

線形代数編

第4章 行列とその計算

「行列」という概念をここで導入し,「線形代数」の世界に本格的に足を踏み入れる. 線形代数とは, 1 次式が関わる数学の理論の総称である. それらの理論を記述するにあたっては, これまでに述べたベクトルと, これから述べる行列が重要な役割を演ずる.

まず, 行列の計算に慣れることからはじめよう.

4.1 行列の定義

次の例のように, 数を縦横に並べて括弧でくくったものを**行列**とよぶ. 行列を 1 つの文字で表すときは, アルファベットの大文字を使うのが通例である.

例 4.1 次の A, B, C, D はすべて行列である.

$$A = \begin{pmatrix} 2 & 3 \\ 1 & 3 \end{pmatrix}, \qquad B = \begin{pmatrix} 1 & 0 & 2 \\ 3 & -7 & 2 \end{pmatrix},$$

$$C = \begin{pmatrix} 1 & 4 \\ 2 & 5 \\ 3 & 6 \end{pmatrix}, \qquad D = \begin{pmatrix} 3 & 4 & 5 & 7 \\ 2 & 1 & 4 & 9 \\ -1 & -2 & 0 & 0 \end{pmatrix}.$$

このように数を並べたとき, 横の並びを**行**とよぶ. いちばん上の行を第 1 行という. 上から 2 番目, 3 番目, …の行をそれぞれ第 2 行, 第 3 行, …という. また, 縦の並びを**列**とよぶ. いちばん左の列を第 1 列という. 左から 2 番目, 3 番目, …の列をそれぞれ第 2 列, 第 3 列, …という.

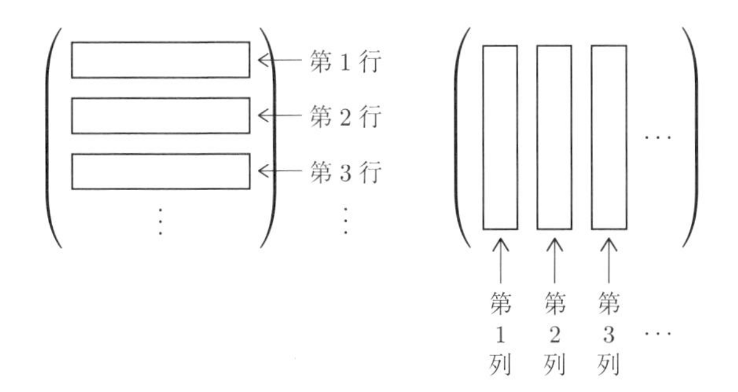

また，行列の中に並んでいる数を行列の**成分**とよぶ．上から i 番目，左から j 番目に位置する成分を (i,j) 成分とよぶ．(i,j) 成分は，第 i 行と第 j 列が交わったところの成分である．

たとえば，例 4.1 の行列 A の第 1 行は $\begin{pmatrix} 2 & 3 \end{pmatrix}$，第 2 行は $\begin{pmatrix} 1 & 3 \end{pmatrix}$ である．A の $(1,1)$ 成分，$(1,2)$ 成分，$(2,1)$ 成分，$(2,2)$ 成分は，それぞれ 2, 3, 1, 3 である．

例 4.1 の行列 A は 2 本の行と 2 本の列を持つ．このような行列を 2 行 2 列行列，あるいは，2×2 行列，もしくは，$(2,2)$ 型行列とよぶ．

一般に，m 本の行，n 本の列を持つ行列を $\boldsymbol{m}$ **行** $\boldsymbol{n}$ **列行列**，$\boldsymbol{m} \times \boldsymbol{n}$ **行列**，$(\boldsymbol{m}, \boldsymbol{n})$ **型行列**などとよぶ．本書では今後「(m,n) 型行列」という用語を用いることにする．

また，$(2,2)$ 型，$(2,3)$ 型などという区別を行列の**型**とよぶ．たとえば，例 4.1 の行列 B の型について考えよう．B は 2 本の行，3 本の列を持つので，$(2,3)$ 型行列である．C は $(3,2)$ 型行列である．

問 4.2　例 4.1 の行列 D について，次の問いに答えよ．

(1)　D の型を答えよ．

(2)　D の第 2 行は何か．

(3)　D の第 3 列は何か．

(4)　D の $(2,3)$ 成分は何か．

4.2　行列の和・差・スカラー倍

同じ型の 2 つの行列は足したり引いたりすることができる．たとえば

$$A = \begin{pmatrix} 6 & 7 \\ 5 & 3 \end{pmatrix}, \quad B = \begin{pmatrix} 1 & 3 \\ 4 & 2 \end{pmatrix}$$

とするとき

$$A+B=\begin{pmatrix} 7 & 10 \\ 9 & 5 \end{pmatrix}, \quad A-B=\begin{pmatrix} 5 & 4 \\ 1 & 1 \end{pmatrix}$$

であるが，これは，同じ位置にある成分同士を足したり引いたりして得られる．たとえば，A の $(1,2)$ 成分は 7，B の $(1,2)$ 成分は 3 であるので，$A+B$ の $(1,2)$ 成分は $7+3=10$ である．$A-B$ の $(1,2)$ 成分は $7-3=4$ である．

例 4.3 $A=\begin{pmatrix} 2 & 1 & 3 \\ 1 & 5 & 7 \end{pmatrix}$, $B=\begin{pmatrix} 3 & 2 & 1 \\ 4 & 3 & 6 \end{pmatrix}$ とすると

$$A+B=\begin{pmatrix} 2+3 & 1+2 & 3+1 \\ 1+4 & 5+3 & 7+6 \end{pmatrix}=\begin{pmatrix} 5 & 3 & 4 \\ 5 & 8 & 13 \end{pmatrix},$$

$$A-B=\begin{pmatrix} 2-3 & 1-2 & 3-1 \\ 1-4 & 5-3 & 7-6 \end{pmatrix}=\begin{pmatrix} -1 & -1 & 2 \\ -3 & 2 & 1 \end{pmatrix}$$

である．

また，c をスカラー (実数) とするとき，行列 A の c 倍 cA を考えることができる．たとえば，$A=\begin{pmatrix} 1 & 2 \\ 5 & 3 \end{pmatrix}$ に対して，$2A=\begin{pmatrix} 2 & 4 \\ 10 & 6 \end{pmatrix}$ であるが，これは各成分をすべて 2 倍したものである．

一般に，行列 A の c 倍は，A の各成分を一斉に c 倍したものである．

例 4.4 例 4.3 の行列 A を 3 倍した行列は

$$3A=\begin{pmatrix} 3\cdot 2 & 3\cdot 1 & 3\cdot 3 \\ 3\cdot 1 & 3\cdot 5 & 3\cdot 7 \end{pmatrix}=\begin{pmatrix} 6 & 3 & 9 \\ 3 & 15 & 21 \end{pmatrix}$$

である．

問 4.5 例 4.3 の行列 A, B に対して，次の行列を求めよ．

(1) $2B$　(2) $3A+2B$　(3) $A-4B$

すべての成分が 0 である行列を**零行列**とよび，O と表す．(m,n) 型行列 A と

(m,n) 型の零行列 O に対して

$$A+O=O+A=A$$

が成り立つ.

4.3　(m,n) 型行列の表記法

$(2,2)$ 型行列は 4 個の成分を持っているので，その一般形は，たとえば

$$A=\begin{pmatrix} a & b \\ c & d \end{pmatrix} \qquad (a,\, b,\, c,\, d \text{ は実数})$$

と表される．しかし，このような表し方では，一般の (m,n) 型行列を表記することができない．そこで，(m,n) 型行列 A の (i,j) 成分を表すのに，2 重の添字を用いた a_{ij} という記号を用いることが多い $(1 \leq i \leq m,\ 1 \leq j \leq n)$．このように表すとき，$a_{ij}$ は「上から i 番目，左から j 番目の成分」であり

$$A=\begin{pmatrix} a_{11} & a_{12} & \cdots & a_{1n} \\ a_{21} & a_{22} & \cdots & a_{2n} \\ \vdots & \vdots & \ddots & \vdots \\ a_{m1} & a_{m2} & \cdots & a_{mn} \end{pmatrix} \tag{4.1}$$

である．このような表記法に慣れていただきたい.

例題 4.6　$(3,3)$ 型行列 B の (i,j) 成分を b_{ij} と表すとき，B を式 (4.1) のような形に表せ.

[解答]　$B=\begin{pmatrix} b_{11} & b_{12} & b_{13} \\ b_{21} & b_{22} & b_{23} \\ b_{31} & b_{32} & b_{33} \end{pmatrix}$.　□

問 4.7　$(2,4)$ 型行列 C の (i,j) 成分を c_{ij} と表すとき，C を式 (4.1) のような形に表せ.

4.4　行列をベクトルにかける

$A = \begin{pmatrix} a_{11} & a_{12} \\ a_{21} & a_{22} \end{pmatrix}$, $\boldsymbol{x} = \begin{pmatrix} x_1 \\ x_2 \end{pmatrix}$ に対して，$A\boldsymbol{x}$ を

$$A\boldsymbol{x} = \begin{pmatrix} a_{11}x_1 + a_{12}x_2 \\ a_{21}x_1 + a_{22}x_2 \end{pmatrix}$$

と定める．すなわち

$$\begin{pmatrix} a_{11} & a_{12} \\ a_{21} & a_{22} \end{pmatrix}\begin{pmatrix} x_1 \\ x_2 \end{pmatrix} = \begin{pmatrix} a_{11}x_1 + a_{12}x_2 \\ a_{21}x_1 + a_{22}x_2 \end{pmatrix}$$

と定める．このとき，「$(2,2)$ 型行列 A を 2 次元ベクトル $\boldsymbol{x}$ にかけることによって，新しい 2 次元ベクトル $A\boldsymbol{x}$ が得られた」と考える．

例題 4.8　$A = \begin{pmatrix} 2 & 3 \\ 4 & 5 \end{pmatrix}$, $\boldsymbol{x} = \begin{pmatrix} x_1 \\ x_2 \end{pmatrix}$, $\boldsymbol{b} = \begin{pmatrix} 6 \\ 8 \end{pmatrix}$ とする．

(1)　$A\boldsymbol{x}$ を求めよ．

(2)　$A\boldsymbol{b}$ を求めよ．

[解答]　(1)　$A\boldsymbol{x} = \begin{pmatrix} 2 & 3 \\ 4 & 5 \end{pmatrix}\begin{pmatrix} x_1 \\ x_2 \end{pmatrix} = \begin{pmatrix} 2x_1 + 3x_2 \\ 4x_1 + 5x_2 \end{pmatrix}$.

(2)　$A\boldsymbol{b} = \begin{pmatrix} 2 \cdot 6 + 3 \cdot 8 \\ 4 \cdot 6 + 5 \cdot 8 \end{pmatrix} = \begin{pmatrix} 36 \\ 64 \end{pmatrix}$.　□

$(2,2)$ 型行列 A と 2 次元ベクトル $\boldsymbol{x}$ が与えられたとき，$A\boldsymbol{x}$ の第 1 成分を求めるには，A の第 1 行の成分を左から順に，$\boldsymbol{x}$ の成分を上から順に選び，対応する成分同士の積をとり，それらの総和をとればよい．$A\boldsymbol{x}$ の第 2 成分を求めるには，A の第 2 行の成分を左から順に，$\boldsymbol{x}$ の成分を上から順に選び，対応する成分同士の積をとり，それらの総和をとればよい (下図参照).

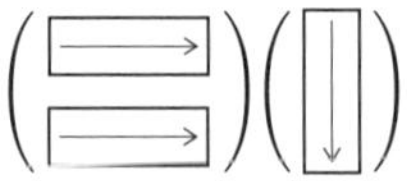

問 4.9　次の計算をせよ.

(1) $\begin{pmatrix} 2 & -1 \\ -4 & 7 \end{pmatrix}\begin{pmatrix} x_1 \\ x_2 \end{pmatrix}$　　(2) $\begin{pmatrix} 2 & -1 \\ -4 & 7 \end{pmatrix}\begin{pmatrix} 3 \\ 1 \end{pmatrix}$

(3) $\begin{pmatrix} 1 & 0 \\ 0 & 1 \end{pmatrix}\begin{pmatrix} x_1 \\ x_2 \end{pmatrix}$　　(4) $\begin{pmatrix} 10 & 3 \\ 5 & -2 \end{pmatrix}\begin{pmatrix} 2 \\ -3 \end{pmatrix}$

例題 4.10　$A = \begin{pmatrix} 1 & 1 \\ 2 & 4 \end{pmatrix}$, $\boldsymbol{x} = \begin{pmatrix} x_1 \\ x_2 \end{pmatrix}$, $\boldsymbol{b} = \begin{pmatrix} 8 \\ 22 \end{pmatrix}$ とする.

$$A\boldsymbol{x} = \boldsymbol{b}$$

が成り立つとき, x_1, x_2 を求めよ.

[解答]　$A\boldsymbol{x} = \begin{pmatrix} x_1 + x_2 \\ 2x_1 + 4x_2 \end{pmatrix}$ であるので

$$\begin{cases} x_1 + x_2 = 8 \\ 2x_1 + 4x_2 = 22 \end{cases}$$

が成り立つ. これを連立 1 次方程式とみて解けば

$$x_1 = 5, \quad x_2 = 3$$

が得られる (詳細な計算は各自で確認されたい). □

ここまで, $(2, 2)$ 型行列を 2 次元ベクトルにかけることを考えてきたが, $(2, 3)$ 型行列を 3 次元ベクトルにかけることもできる.

$$A = \begin{pmatrix} a_{11} & a_{12} & a_{13} \\ a_{21} & a_{22} & a_{23} \end{pmatrix}, \quad \boldsymbol{x} = \begin{pmatrix} x_1 \\ x_2 \\ x_3 \end{pmatrix}$$

とするとき, $A\boldsymbol{x}$ を次のように定める.

$$A\boldsymbol{x} = \begin{pmatrix} a_{11}x_1 + a_{12}x_2 + a_{13}x_3 \\ a_{21}x_1 + a_{22}x_2 + a_{23}x_3 \end{pmatrix}.$$

この場合も, $A\boldsymbol{x}$ の第 1 成分を求めるには, A の第 1 行の成分を左から順に, $\boldsymbol{x}$ の成分を上から順に選び，対応する成分同士の積をとり，それらの総和をとればよい．$A\boldsymbol{x}$ の第 2 成分を求めるには，A の第 2 行の成分を左から順に，$\boldsymbol{x}$ の成分を上から順に選び，対応する成分同士の積をとり，それらの総和をとればよい (下図参照).

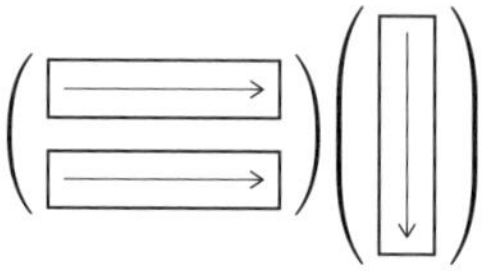

例題 4.11　$A = \begin{pmatrix} 2 & 3 & 5 \\ 1 & 0 & 2 \end{pmatrix}$, $\boldsymbol{b} = \begin{pmatrix} 2 \\ 1 \\ 4 \end{pmatrix}$ とする．

(1)　$A\boldsymbol{b}$ の第 1 成分を求めよ．

(2)　$A\boldsymbol{b}$ を求めよ．

[解答]　(1)　$2 \cdot 2 + 3 \cdot 1 + 5 \cdot 4 = 27$ である．

(2)　$A\boldsymbol{b}$ の第 2 成分は $1 \cdot 2 + 0 \cdot 1 + 2 \cdot 4 = 10$ であるので，$A\boldsymbol{b} = \begin{pmatrix} 27 \\ 10 \end{pmatrix}$ である．

□

一般に，(m, n) 型行列 $A = \begin{pmatrix} a_{11} & a_{12} & \cdots & a_{1n} \\ a_{21} & a_{22} & \cdots & a_{2n} \\ \vdots & \vdots & \ddots & \vdots \\ a_{m1} & a_{m2} & \cdots & a_{mn} \end{pmatrix}$ と n 次元ベクトル $\boldsymbol{x} = \begin{pmatrix} x_1 \\ x_2 \\ \vdots \\ x_n \end{pmatrix}$ に対して，m 次元ベクトル $A\boldsymbol{x}$ を

$$
A\boldsymbol{x} = \begin{pmatrix} a_{11}x_1 + a_{12}x_2 + \cdots + a_{1n}x_n \\ a_{21}x_1 + a_{22}x_2 + \cdots + a_{2n}x_n \\ \vdots \\ a_{m1}x_1 + a_{m2}x_2 + \cdots + a_{mn}x_n \end{pmatrix}
$$

と定める.

$A\boldsymbol{x}$ の第 i 成分を求めるには, A の第 i 行の成分を左から順に, $\boldsymbol{x}$ の成分を上から順に選び, 対応する成分同士の積をとり, それらの総和をとればよい $(1 \leq i \leq m)$.

注意 4.12　A は (l, m) 型行列とし, $\boldsymbol{x}$ は n 次元ベクトルとする. $m \neq n$ のときは, $A\boldsymbol{x}$ は定義されない.

例題 4.13　次の計算をせよ.

(1) $\begin{pmatrix} 1 & 3 & 2 \\ 4 & 7 & -3 \\ 2 & -1 & 5 \end{pmatrix}\begin{pmatrix} 3 \\ 1 \\ 2 \end{pmatrix}$　　(2) $\begin{pmatrix} -2 & -1 & 5 & 3 \\ 1 & -2 & 1 & -2 \\ 3 & 4 & 2 & -5 \end{pmatrix}\begin{pmatrix} 1 \\ 2 \\ -1 \\ -2 \end{pmatrix}$

[解答]　(1) $\begin{pmatrix} 1 \cdot 3 + 3 \cdot 1 + 2 \cdot 2 \\ 4 \cdot 3 + 7 \cdot 1 + (-3) \cdot 2 \\ 2 \cdot 3 + (-1) \cdot 1 + 5 \cdot 2 \end{pmatrix} = \begin{pmatrix} 10 \\ 13 \\ 15 \end{pmatrix}.$

(2) $\begin{pmatrix} (-2) \cdot 1 + (-1) \cdot 2 + 5 \cdot (-1) + 3 \cdot (-2) \\ 1 \cdot 1 + (-2) \cdot 2 + 1 \cdot (-1) + (-2) \cdot (-2) \\ 3 \cdot 1 + 4 \cdot 2 + 2 \cdot (-1) + (-5) \cdot (-2) \end{pmatrix} = \begin{pmatrix} -15 \\ 0 \\ 19 \end{pmatrix}.$　□

問 4.14　次の計算をせよ.

(1) $\begin{pmatrix} 1 & 1 & 2 & 3 \\ 2 & 0 & 4 & 1 \end{pmatrix} \begin{pmatrix} 3 \\ 1 \\ 2 \\ 5 \end{pmatrix}$　　(2) $\begin{pmatrix} 3 & -1 \\ -2 & 5 \\ 4 & 2 \end{pmatrix} \begin{pmatrix} 6 \\ 2 \end{pmatrix}$

例題 4.15　連立 1 次方程式

$$\begin{cases} x_1 + \ \ x_2 + \ \ x_3 = 10 \\ x_1 + 2x_2 + 2x_3 = 17 \\ 2x_1 + \ \ x_2 + 2x_3 = 18 \end{cases} \tag{4.2}$$

を考える．未知数 x_1, x_2, x_3 を成分とするベクトル $\boldsymbol{x} = \begin{pmatrix} x_1 \\ x_2 \\ x_3 \end{pmatrix}$，$(3,3)$ 型行列 A，および 3 次元ベクトル $\boldsymbol{b}$ を用いて，連立 1 次方程式 (4.2) は

$$A\boldsymbol{x} = \boldsymbol{b}$$

という形に書き直すことができる．$A, \boldsymbol{b}$ を求めよ．

[解答]　$A = \begin{pmatrix} 1 & 1 & 1 \\ 1 & 2 & 2 \\ 2 & 1 & 2 \end{pmatrix}$, $\boldsymbol{b} = \begin{pmatrix} 10 \\ 17 \\ 18 \end{pmatrix}$ とすればよい．　□

4.5　行列の積 ($(2,2)$ 型行列の場合)

前節では，行列をベクトルにかける，ということについて説明した．このような行列の作用を続けて行うとどうなるかを考えてみたい．

例題 4.16　$A = \begin{pmatrix} 1 & 2 \\ 3 & 4 \end{pmatrix}$, $B = \begin{pmatrix} 3 & 1 \\ 2 & 5 \end{pmatrix}$, $\boldsymbol{x} = \begin{pmatrix} x_1 \\ x_2 \end{pmatrix}$ とする．

(1)　$B\boldsymbol{x}$ を求めよ．

(2)　$A(B\boldsymbol{x})$ を求めよ．

(3)　すべての 2 次元ベクトル $\boldsymbol{x}$ に対して

$$A(B\boldsymbol{x}) = C\boldsymbol{x}$$

が成り立つような $(2,2)$ 型行列 C を求めよ．

[解答]　(1)　$B\boldsymbol{x} = \begin{pmatrix} 3x_1 + x_2 \\ 2x_1 + 5x_2 \end{pmatrix}$.

(2)　
$$A(B\boldsymbol{x}) = \begin{pmatrix} 1 & 2 \\ 3 & 4 \end{pmatrix}\begin{pmatrix} 3x_1 + x_2 \\ 2x_1 + 5x_2 \end{pmatrix} = \begin{pmatrix} 3x_1 + x_2 + 2(2x_1 + 5x_2) \\ 3(3x_1 + x_2) + 4(2x_1 + 5x_2) \end{pmatrix} = \begin{pmatrix} 7x_1 + 11x_2 \\ 17x_1 + 23x_2 \end{pmatrix}.$$

(3)　$C = \begin{pmatrix} 7 & 11 \\ 17 & 23 \end{pmatrix}$ とすればよい．　□

例題 4.16 において，ベクトル $\boldsymbol{x}$ に行列 B をかけ，引き続き A をかけて得られるベクトル $A(B\boldsymbol{x})$ は，ベクトル $\boldsymbol{x}$ に行列 C をかけて得られるベクトル $C\boldsymbol{x}$ に等しい．

$$A(B\boldsymbol{x}) = C\boldsymbol{x}.$$

このようなとき，C を A と B の**積**といい，AB と表す．このとき，C を AB に置き換えて上の式を書き直せば，次の式が得られる．

$$A(B\boldsymbol{x}) = (AB)\boldsymbol{x}.$$

もう少し一般的に考えよう．

例題 4.17　$A = \begin{pmatrix} a_{11} & a_{12} \\ a_{21} & a_{22} \end{pmatrix}$, $B = \begin{pmatrix} b_{11} & b_{12} \\ b_{21} & b_{22} \end{pmatrix}$ とする．すべての 2 次元ベクトル $\boldsymbol{x} = \begin{pmatrix} x_1 \\ x_2 \end{pmatrix}$ に対して

$$A(B\boldsymbol{x}) = C\boldsymbol{x}$$

が成り立つような $(2,2)$ 型行列 C を求めよ．

[解答]
$$
\begin{aligned}
A(B\boldsymbol{x}) &= \begin{pmatrix} a_{11} & a_{12} \\ a_{21} & a_{22} \end{pmatrix}\begin{pmatrix} b_{11}x_1 + b_{12}x_2 \\ b_{21}x_1 + b_{22}x_2 \end{pmatrix} \\
&= \begin{pmatrix} a_{11}(b_{11}x_1 + b_{12}x_2) + a_{12}(b_{21}x_1 + b_{22}x_2) \\ a_{21}(b_{11}x_1 + b_{12}x_2) + a_{22}(b_{21}x_1 + b_{22}x_2) \end{pmatrix} \\
&= \begin{pmatrix} (a_{11}b_{11} + a_{12}b_{21})x_1 + (a_{11}b_{12} + a_{12}b_{22})x_2 \\ (a_{21}b_{11} + a_{22}b_{21})x_1 + (a_{21}b_{12} + a_{22}b_{22})x_2 \end{pmatrix}
\end{aligned}
$$
であるので，$C = \begin{pmatrix} a_{11}b_{11} + a_{12}b_{21} & a_{11}b_{12} + a_{12}b_{22} \\ a_{21}b_{11} + a_{22}b_{21} & a_{21}b_{12} + a_{22}b_{22} \end{pmatrix}$ とすればよい． □

例題 4.16 と 4.17 より，$A = \begin{pmatrix} a_{11} & a_{12} \\ a_{21} & a_{22} \end{pmatrix}$, $B = \begin{pmatrix} b_{11} & b_{12} \\ b_{21} & b_{22} \end{pmatrix}$ に対して，**積** AB を
$$
AB = \begin{pmatrix} a_{11}b_{11} + a_{12}b_{21} & a_{11}b_{12} + a_{12}b_{22} \\ a_{21}b_{11} + a_{22}b_{21} & a_{21}b_{12} + a_{22}b_{22} \end{pmatrix} \tag{4.3}
$$
と定める．このとき，すべての 2 次元ベクトル $\boldsymbol{x}$ に対して
$$
A(B\boldsymbol{x}) = (AB)\boldsymbol{x} \tag{4.4}
$$
が成り立つ．

式 (4.3) を少し観察してみよう．AB の $(1,1)$ 成分は，A の第 1 行の成分を左から順に，B の第 1 列の成分を上から順に選び，対応する成分同士の積をとり，それらの総和をとることによって得られている．

$$
\begin{pmatrix} a_{11} & a_{12} \\ a_{21} & a_{22} \end{pmatrix}\begin{pmatrix} b_{11} & b_{12} \\ b_{21} & b_{22} \end{pmatrix}
$$

同様に，AB の $(1,2)$ 成分は，A の第 1 行の成分を左から順に，B の第 2 列の成分を上から順に選び，対応する成分同士の積をとり，それらの総和をとることによって得られている．

$$\begin{pmatrix} a_{11} & a_{12} \\ a_{21} & a_{22} \end{pmatrix}\begin{pmatrix} b_{11} & b_{12} \\ b_{21} & b_{22} \end{pmatrix}$$

同様のことを A の第 2 行と B の第 1 列に対して行えば，AB の $(2,1)$ 成分が得られる．また，A の第 2 行と B の第 2 列に対して行えば，AB の $(2,2)$ 成分が得られる．

例題 4.18　例題 4.16 (58 ページ) と同様に，$A = \begin{pmatrix} 1 & 2 \\ 3 & 4 \end{pmatrix}$, $B = \begin{pmatrix} 3 & 1 \\ 2 & 5 \end{pmatrix}$ とする．

(1)　式 (4.3) にしたがって，AB の $(1,1)$ 成分を求めよ．

(2)　AB の $(1,2)$ 成分を求めよ．

(3)　AB の $(2,1)$ 成分を求めよ．

(4)　AB の $(2,2)$ 成分を求めよ．

(5)　AB を求め，これが例題 4.16 の行列 C と一致することを確かめよ．

[解答]　(1)　$1 \cdot 3 + 2 \cdot 2 = 7$.

(2)　$1 \cdot 1 + 2 \cdot 5 = 11$.

(3)　$3 \cdot 3 + 4 \cdot 2 = 17$.

(4)　$3 \cdot 1 + 4 \cdot 5 = 23$.

(5)　$AB = \begin{pmatrix} 7 & 11 \\ 17 & 23 \end{pmatrix}$ であり，例題 4.16 の行列 C と一致する．　□

問 4.19　$A = \begin{pmatrix} 4 & 3 \\ 5 & 7 \end{pmatrix}$, $B = \begin{pmatrix} 1 & 0 \\ 2 & 1 \end{pmatrix}$ とする．

(1)　AB を求めよ．

(2)　BA を求めよ．

問 4.19 からもわかるように，$(2,2)$ 型行列 A, B に対して，AB と BA は一般には異なるものである．

一方，3 つの $(2,2)$ 型行列 A, B, C に対して

$$A(BC) = (AB)C \tag{4.5}$$

が成り立つ.

式 (4.5) が成り立つ理由を考えてみよう.

2 次元ベクトル $\boldsymbol{x}$ に行列 C をかけて，ベクトル $\boldsymbol{y}$ が得られたとする.

$$\boldsymbol{y} = C\boldsymbol{x}.$$

さらに，$\boldsymbol{y}$ に行列 B をかけて，ベクトル $\boldsymbol{z}$ が得られ，そしてさらに A をかけて，$\boldsymbol{w}$ が得られたとする.

$$\boldsymbol{z} = B\boldsymbol{y}, \quad \boldsymbol{w} = A\boldsymbol{z}.$$

このとき，ベクトル $\boldsymbol{x}$ に BC をかければ $\boldsymbol{z}$ が得られる.

$$\boldsymbol{z} = B(C\boldsymbol{x}) = (BC)\boldsymbol{x}.$$

このベクトル $\boldsymbol{z}$ にさらに A をかければ $\boldsymbol{w}$ が得られるので

$$\boldsymbol{w} = A((BC)\boldsymbol{x}) = (A(BC))\boldsymbol{x} \tag{4.6}$$

が成り立つ.

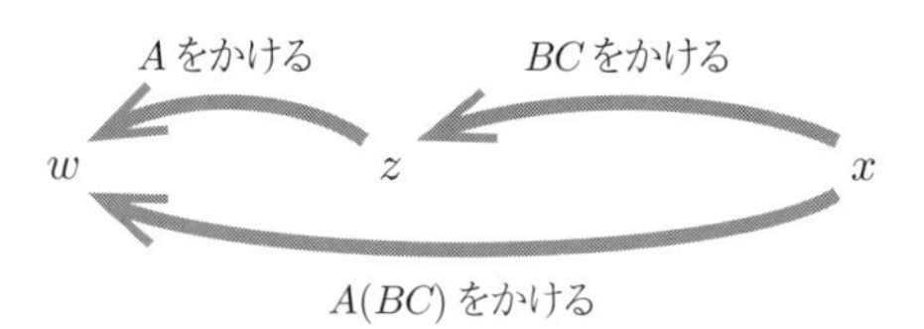

一方，$\boldsymbol{y}$ に AB をかければ $\boldsymbol{w}$ が得られる.

$$\boldsymbol{w} = A(B\boldsymbol{y}) = (AB)\boldsymbol{y}.$$

$\boldsymbol{x}$ に C をかければ $\boldsymbol{y}$ が得られ，さらに AB をかければ $\boldsymbol{w}$ が得られるので

$$\boldsymbol{w} = AB(C\boldsymbol{x}) = ((AB)C)\boldsymbol{x} \tag{4.7}$$

が成り立つ.

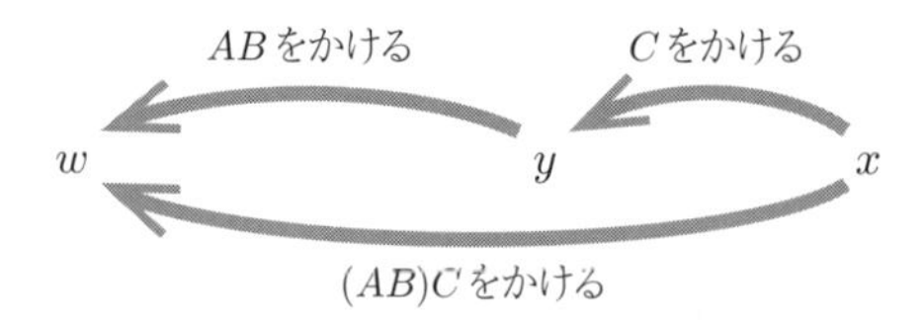

式 (4.6) と式 (4.7) を比べれば，式 (4.5) が成り立つことが見てとれる．式 (4.5) は**結合法則**とよばれる．

問 4.20　A, B は問 4.19 の行列とし，$C = \begin{pmatrix} c_{11} & c_{12} \\ c_{21} & c_{22} \end{pmatrix}$ とするとき，式 (4.5) が成り立つことを計算によって確かめよ．

4.6　行列の積 (一般の場合)

これまで，$(2,2)$ 型行列同士の積を考えてきたが，たとえば，$(2,3)$ 型行列と $(3,2)$ 型行列の積を考えることもできる．

$$A = \begin{pmatrix} a_{11} & a_{12} & a_{13} \\ a_{21} & a_{22} & a_{23} \end{pmatrix}, \quad B = \begin{pmatrix} b_{11} & b_{12} \\ b_{21} & b_{22} \\ b_{31} & b_{32} \end{pmatrix}$$

とするとき，積 AB を次のように定める．

$$AB = \begin{pmatrix} a_{11}b_{11} + a_{12}b_{21} + a_{13}b_{31} & a_{11}b_{12} + a_{12}b_{22} + a_{13}b_{32} \\ a_{21}b_{11} + a_{22}b_{21} + a_{23}b_{31} & a_{21}b_{12} + a_{22}b_{22} + a_{23}b_{32} \end{pmatrix}.$$

たとえば，AB の $(1,2)$ 成分は，A の第 1 行の成分を左から順に，B の第 2 列の成分を上から順に選び，対応する成分同士の積をとり，それらの総和をとることによって得られる．

$$\begin{pmatrix} a_{11}\ a_{12}\ a_{13} \\ a_{21}\ a_{22}\ a_{23} \end{pmatrix} \begin{pmatrix} b_{11} & b_{12} \\ b_{21} & b_{22} \\ b_{31} & b_{32} \end{pmatrix}$$

一般に，A は (l,m) 型行列とし，B は (m,n) 型行列とする．A, B の (i,j) 成分をそれぞれ a_{ij}, b_{ij} とする．このとき，A の列と B の行は，ともに m 本ずつであり，その本数が一致している．このような場合，積 AB を考えることができる．AB は (l,n) 型行列であって，その (i,j) 成分を c_{ij} とすれば

$$c_{ij} = a_{i1}b_{1j} + a_{i2}b_{2j} + \cdots + a_{im}b_{mj} = \sum_{k=1}^{m} a_{ik}b_{kj}$$

である $(1 \leq i \leq l,\ 1 \leq j \leq n)$．

ここで，**シグマ記号**

$$\sum_{k=1}^{m} a_{ik}b_{kj}$$

について，簡単に説明しておこう．$k=1$ のとき，$a_{ik}b_{kj}=a_{i1}b_{ij}$ である．$k=2$ のとき，$a_{ik}b_{kj}=a_{i2}b_{2j}$ である．このようにして，k が 1 から m までの値をとるとき，$a_{ik}b_{kj}$ は，それぞれの k の値に応じて

$$a_{i1}b_{1j},\ a_{i2}b_{2j},\ \ldots,\ a_{im}b_{mj}$$

となる．これらをすべて足し合わせたものが $\sum\limits_{k=1}^{m} a_{ik}b_{kj}$ である．すなわち

$$\sum_{k=1}^{m} a_{ik}b_{kj} = a_{i1}b_{1j}+a_{i2}b_{2j}+\cdots+a_{im}b_{mj}$$

である．今後，必要に応じて，このようなシグマ記号を用いることにする．

いまの場合，$a_{i1}, a_{i2}, \ldots, a_{im}$ は A の第 i 行の成分であり，$b_{1j}, b_{2j}, \ldots, b_{mj}$ は B の第 j 列の成分である．AB の (i,j) 成分は，A の第 i 行の成分を左から順に，B の第 j 列の成分を上から順に選び，対応する成分同士の積をとり，それらの総和をとることによって得られる．

注意 4.21　A は (k,l) 型行列とし，B は (m,n) 型行列とする．$l \neq m$ のときは，積 AB は定義されない．

例題 4.22　$A=\begin{pmatrix} 2 & 3 & 1 \\ 4 & 0 & -2 \end{pmatrix}$, $B=\begin{pmatrix} 1 & 2 \\ 2 & 1 \\ 3 & 0 \end{pmatrix}$ とする．

(1)　AB の $(1,1)$ 成分を求めよ．

(2)　AB の $(1,2)$ 成分を求めよ．

(3)　AB を求めよ．

[解答]　(1)　$2 \cdot 1 + 3 \cdot 2 + 1 \cdot 3 = 11$.

(2)　$2 \cdot 2 + 3 \cdot 1 + 1 \cdot 0 = 7$.

(3)　AB の $(2,1)$ 成分は，$4 \cdot 1 + 0 \cdot 2 + (-2) \cdot 3 = -2$ である．また，$(2,2)$ 成分は，$4 \cdot 2 + 0 \cdot 1 + (-2) \cdot 0 = 8$ である．よって

$$AB = \begin{pmatrix} 11 & 7 \\ -2 & 8 \end{pmatrix}$$

である．□

問 4.23　例題 4.22 の行列 A, B について，次の問いに答えよ．

(1)　行列 BA の型を答えよ．

(2)　BA の $(1,1)$ 成分を求めよ．

(3)　BA の $(2,3)$ 成分を求めよ．

(4)　BA を求めよ．

問 4.24　次の計算をせよ．

(1)　$\begin{pmatrix} 3 & 2 & 5 & 1 \\ 6 & 4 & 1 & 0 \end{pmatrix} \begin{pmatrix} 0 & 2 & 3 \\ 1 & 1 & 5 \\ -1 & 4 & -5 \\ 2 & 1 & 8 \end{pmatrix}$

(2)　$\begin{pmatrix} 1 & 2 & 3 \\ 0 & 1 & 2 \\ 1 & 3 & 1 \end{pmatrix} \begin{pmatrix} a_{11} & a_{12} & a_{13} \\ a_{21} & a_{22} & a_{23} \\ a_{31} & a_{32} & a_{33} \end{pmatrix}$

(3)　$\begin{pmatrix} 1 & 0 & 0 \\ 0 & 1 & 0 \\ 0 & 0 & 1 \end{pmatrix} \begin{pmatrix} a_{11} & a_{12} & a_{13} \\ a_{21} & a_{22} & a_{23} \\ a_{31} & a_{32} & a_{33} \end{pmatrix}$

(4)　$\begin{pmatrix} a_{11} & a_{12} & a_{13} \\ a_{21} & a_{22} & a_{23} \\ a_{31} & a_{32} & a_{33} \end{pmatrix} \begin{pmatrix} 1 & 0 & 0 \\ 0 & 1 & 0 \\ 0 & 0 & 1 \end{pmatrix}$

一般に，(k,l) 型行列 A，(l,m) 型行列 B，(m,n) 型行列 C に対して，**結合法則**

$$A(BC) = (AB)C$$

が成り立つ．しかし，AB が定義されても，BA が定義されるとは限らないし，AB, BA が定義されたとしても，それらは等しいとは限らない．

第5章 正方行列

ここでは，正方行列という概念を導入し，数の「1」にあたる行列 (単位行列) や，「逆数」にあたる行列 (逆行列) について述べる．行列の演算には数の演算と異なる部分があるということも述べる．

5.1 単位行列

n は自然数とする．$(1,1)$ 成分，$(2,2)$ 成分，$\cdots$，(n,n) 成分がすべて 1 であり，その他の成分がすべて 0 であるような (n,n) 型行列を n 次**単位行列**とよび，E_n と表す．たとえば

$$E_2 = \begin{pmatrix} 1 & 0 \\ 0 & 1 \end{pmatrix}, \quad E_3 = \begin{pmatrix} 1 & 0 & 0 \\ 0 & 1 & 0 \\ 0 & 0 & 1 \end{pmatrix}$$

である．一般に，n 次単位行列 E_n は次のようなものである．

$$E_n = \begin{pmatrix} 1 & 0 & \cdots & 0 \\ 0 & 1 & \cdots & 0 \\ \vdots & \vdots & \ddots & \vdots \\ 0 & 0 & \cdots & 1 \end{pmatrix}.$$

単位行列は，行列の乗法において，「1」にあたる役割を果たす．すなわち，(m,n) 型行列 A に対して

$$E_m A = A, \quad AE_n = A$$

が成り立つ (詳細な検討は読者にゆだねる．$m = n = 3$ の場合は，問 4.24 (3), (4) (65 ページ) 参照)．また，n 次元ベクトル $\boldsymbol{x}$ に対して

$$E_n\boldsymbol{x} = \boldsymbol{x}$$

が成り立つ (詳細な検討は読者にゆだねる).

次に,「逆数」にあたる行列を考えるために, まず, 次の例題を解いてみよう.

例題 5.1　例題 4.15 (58 ページ) を思い出そう. A, $\boldsymbol{b}$ を例題 4.15 の解答 $A = \begin{pmatrix} 1 & 1 & 1 \\ 1 & 2 & 2 \\ 2 & 1 & 2 \end{pmatrix}$, $\boldsymbol{b} = \begin{pmatrix} 10 \\ 17 \\ 18 \end{pmatrix}$ とすると, 連立 1 次方程式

$$\begin{cases} x_1 + \ \ x_2 + \ \ x_3 = 10 \\ x_1 + 2x_2 + 2x_3 = 17 \\ 2x_1 + \ \ x_2 + 2x_3 = 18 \end{cases}$$

は

$$A\boldsymbol{x} = \boldsymbol{b} \tag{5.1}$$

と書き直すことができた. いま

$$B = \begin{pmatrix} 2 & -1 & 0 \\ 2 & 0 & -1 \\ -3 & 1 & 1 \end{pmatrix}$$

とおく.

(1)　$BA = AB = E_3$ が成り立つことを計算によって確かめよ.

(2)　(1) の結果を用いて, 式 (5.1) から $\boldsymbol{x} = B\boldsymbol{b}$ を導け.

(3)　(2) を利用して, 連立 1 次方程式 (4.2) を解け.

[解答]　(1)　$BA = \begin{pmatrix} 2 & -1 & 0 \\ 2 & 0 & -1 \\ -3 & 1 & 1 \end{pmatrix} \begin{pmatrix} 1 & 1 & 1 \\ 1 & 2 & 2 \\ 2 & 1 & 2 \end{pmatrix} = \begin{pmatrix} 1 & 0 & 0 \\ 0 & 1 & 0 \\ 0 & 0 & 1 \end{pmatrix}$.

$AB = \begin{pmatrix} 1 & 1 & 1 \\ 1 & 2 & 2 \\ 2 & 1 & 2 \end{pmatrix} \begin{pmatrix} 2 & -1 & 0 \\ 2 & 0 & -1 \\ -3 & 1 & 1 \end{pmatrix} = \begin{pmatrix} 1 & 0 & 0 \\ 0 & 1 & 0 \\ 0 & 0 & 1 \end{pmatrix}$.

(2)　式 (5.1) の両辺に左から B をかけると

$$B(A\boldsymbol{x}) = B\boldsymbol{b}$$

が得られる．ここで，(1) の結果を用いれば，上の式の左辺は

$$B(A\boldsymbol{x}) = (BA)\boldsymbol{x} = E_3\boldsymbol{x} = \boldsymbol{x}$$

と変形できる．このことより，$\boldsymbol{x} = B\boldsymbol{b}$ が導かれる．

(3)　連立 1 次方程式 (4.2) の解は

$$\boldsymbol{x} = B\boldsymbol{b} = \begin{pmatrix} 2 & -1 & 0 \\ 2 & 0 & -1 \\ -3 & 1 & 1 \end{pmatrix} \begin{pmatrix} 10 \\ 17 \\ 18 \end{pmatrix} = \begin{pmatrix} 3 \\ 2 \\ 5 \end{pmatrix}$$

で与えられる．すなわち，$x_1 = 3, x_2 = 2, x_3 = 5$ が解である．　□

ここで，1 個の未知数 x に関する 1 次方程式

$$2x = 3 \tag{5.2}$$

を解いてみよう．両辺に $\dfrac{1}{2}$ をかけると

$$\frac{1}{2}(2x) = \frac{1}{2} \cdot 3$$

が得られるが，この式の左辺は

$$\frac{1}{2}(2x) = \left(\frac{1}{2} \cdot 2\right)x = 1 \cdot x = x$$

であるので

$$x = \frac{3}{2}$$

が得られる．

この解法と例題 5.1 の解法を比べてみよう．2 の逆数 $\dfrac{1}{2}$ を両辺にかけることによって，1 個の未知数に関する 1 次方程式 (5.2) を解くことができた．一方，例題 5.1 の連立 1 次方程式 (4.2) を式 (5.1) の形に表すと，あたかも 1 個の未知数 $\boldsymbol{x}$ に関する 1 次方程式のように扱うことができる．このとき，行列 B は行列 A の「逆数」のようなはたらきをする．

問 5.2　$A, \boldsymbol{x}, \boldsymbol{b}$ は例題 4.10 (55 ページ) と同様，$A = \begin{pmatrix} 1 & 1 \\ 2 & 4 \end{pmatrix}$，$\boldsymbol{x} = \begin{pmatrix} x_1 \\ x_2 \end{pmatrix}$，
$\boldsymbol{b} = \begin{pmatrix} 8 \\ 22 \end{pmatrix}$ とし，$B = \begin{pmatrix} 2 & -\dfrac{1}{2} \\ -1 & \dfrac{1}{2} \end{pmatrix}$ とおく．

(1)　$BA = AB = E_2$ が成り立つことを示せ．

(2)　(1) を利用して，$A\boldsymbol{x} = \boldsymbol{b}$ を満たすベクトル $\boldsymbol{x}$ を求めよ．

5.2　正方行列・正則行列・逆行列

$(2,2)$ 型行列，$(3,3)$ 型行列，$(4,4)$ 型行列など，行と列の本数が等しい行列を**正方行列**とよぶ．一般に，(n,n) 型行列を n 次正方行列とよぶ．

A, B が n 次正方行列であるとき，AB も n 次正方行列である．A と A 自身の積を A^2 と表す．また，A^2 と A との積を A^3 と表す．これは A を 3 回かけあわせたものである．同様にして，$A^4, A^5, \cdots$ が定義される．

n 次正方行列 A に対して

$$AZ = ZA = E_n$$

を満たす n 次正方行列 Z が存在するとき，A は**正則行列**であるという．このとき，Z を A の**逆行列**とよび，A^{-1} と表す．

A の逆行列は，もしそれが存在するならば，ただ 1 つしかないことが知られている．また，n 次正方行列 X であって

$$AX = E_n$$

を満たすものがあれば，実は $XA = E_n$ も成り立ち，$X = A^{-1}$ であることが知られている．同様に，n 次正方行列 Y であって

$$YA = E_n$$

を満たすものがあれば，実は $AY = E_n$ も成り立ち，$Y = A^{-1}$ であることも知られている．

例 5.3　(1)　例題 5.1 (68 ページ) において，$B = A^{-1}$ である．

(2)　問 5.2 において，$B = A^{-1}$ である．

逆行列は，数の世界における「逆数」にあたるものである．数の世界では 0 でない数には逆数があるが，正方行列の世界では零行列でない行列であっても，逆行列が存在しないことがある．

例題 5.4　$A = \begin{pmatrix} a_{11} & 0 \\ a_{21} & 0 \end{pmatrix}$ とする．

(1)　2 次正方行列 X に対して，XA の $(2,2)$ 成分は 0 であることを示せ．

(2)　A には逆行列が存在せず，A は正則行列でないことを示せ．

[解答]　(1)　A の $(1,2)$ 成分，$(2,2)$ 成分をそれぞれ a_{12}, a_{22} とすると

$$a_{12} = a_{22} = 0$$

である．いま，$X = \begin{pmatrix} x_{11} & x_{12} \\ x_{21} & x_{22} \end{pmatrix}$ とすると，XA の $(2,2)$ 成分は

$$x_{21}a_{12} + x_{22}a_{22} = x_{21} \cdot 0 + x_{22} \cdot 0 = 0$$

である．

(2)　単位行列 E_2 の $(2,2)$ 成分は 1 であり，XA の $(2,2)$ 成分は 0 であるので，$XA \neq E_2$ である．どんな 2 次正則行列 X を選んでも $XA = E_2$ が成り立たないので，A には逆行列が存在せず，A は正則行列ではない．　□

2 次正方行列の逆行列については，次の定理が知られている．

定理 5.5　$A = \begin{pmatrix} a_{11} & a_{12} \\ a_{21} & a_{22} \end{pmatrix}$ とする．

(1)　$a_{11}a_{22} - a_{21}a_{12} \neq 0$ のとき，A は正則行列であり

$$A^{-1} = \frac{1}{a_{11}a_{22} - a_{21}a_{12}} \begin{pmatrix} a_{22} & -a_{12} \\ -a_{21} & a_{11} \end{pmatrix} \tag{5.3}$$

である．

(2)　$a_{11}a_{22} - a_{21}a_{12} = 0$ のとき，A には逆行列が存在しない．

証明　(2) の証明は省略し，ここでは (1) のみ証明する．

$$d = a_{11}a_{22} - a_{21}a_{12},\ B = \begin{pmatrix} a_{22} & -a_{12} \\ -a_{21} & a_{11} \end{pmatrix},\ C = \frac{1}{d}B \text{ とおくと}$$

$$AB = BA = \begin{pmatrix} d & 0 \\ 0 & d \end{pmatrix} = dE_2$$

が成り立つことが計算によって確かめられる (詳細は省略). したがって

$$AC = CA = E_2$$

が成り立つので, C は A の逆行列である. □

問 5.6 例題 4.10 (55 ページ) の行列 $A = \begin{pmatrix} 1 & 1 \\ 2 & 4 \end{pmatrix}$ について, 定理 5.5 の式 (5.3) を用いて A^{-1} を求め, それが問 5.2 (70 ページ) の行列 B と一致していることを確かめよ.

また, 次の命題も重要である.

命題 5.7 A, B は n 次正則行列とする.

(1) A^{-1} も正則行列であり, $(A^{-1})^{-1} = A$ である.

(2) 積 AB も正則行列であり

$$(AB)^{-1} = B^{-1}A^{-1} \tag{5.4}$$

が成り立つ.

証明 (1) の証明は省略し, (2) のみ示す.

$C = B^{-1}A^{-1}$ とおくと

$$(AB)C = (AB)(B^{-1}A^{-1}) = A(BB^{-1})A^{-1} = AE_nA^{-1} = AA^{-1} = E_n,$$

$$C(AB) = (B^{-1}A^{-1})(AB) = B^{-1}(A^{-1}A)B = B^{-1}E_nB = B^{-1}B = E_n$$

が成り立つ. これは, C が AB の逆行列であることを意味する. □

問 5.8 $A = \begin{pmatrix} 2 & 3 \\ 3 & 4 \end{pmatrix},\ B = \begin{pmatrix} 1 & 1 \\ 0 & 1 \end{pmatrix}$ とする.

(1) AB を求めよ．

(2) 定理 5.5 の式 (5.3) を用いて，A^{-1}, B^{-1}, $(AB)^{-1}$ を求め，命題 5.7 の式 (5.4) がこの場合に成り立つことを確かめよ．

5.3　対角行列

n 次正方行列の $(1,1)$ 成分，$(2,2)$ 成分，$\cdots$，(n,n) 成分を**対角成分**とよぶ．対角成分以外の成分がすべて 0 である正方行列を**対角行列**とよぶ．たとえば，次の行列はすべて対角行列である．ここで，対角成分が 0 であってもかまわないことに注意しよう．

$$\begin{pmatrix} 2 & 0 \\ 0 & -1 \end{pmatrix}, \quad \begin{pmatrix} 3 & 0 & 0 \\ 0 & 2 & 0 \\ 0 & 0 & 2 \end{pmatrix}, \quad \begin{pmatrix} 0 & 0 & 0 \\ 0 & 2 & 0 \\ 0 & 0 & 2 \end{pmatrix}.$$

例題 5.9　次の計算をせよ．

(1) $\begin{pmatrix} 2 & 0 \\ 0 & 3 \end{pmatrix}\begin{pmatrix} 4 & 0 \\ 0 & 5 \end{pmatrix}$　　(2) $\begin{pmatrix} a & 0 & 0 \\ 0 & b & 0 \\ 0 & 0 & c \end{pmatrix}\begin{pmatrix} p & 0 & 0 \\ 0 & q & 0 \\ 0 & 0 & r \end{pmatrix}$

[解答]　(1) $\begin{pmatrix} 8 & 0 \\ 0 & 15 \end{pmatrix}$.　(2) $\begin{pmatrix} ap & 0 & 0 \\ 0 & bq & 0 \\ 0 & 0 & cr \end{pmatrix}$.　□

一般に，2 つの n 次対角行列

$$A = \begin{pmatrix} a_{11} & 0 & \cdots & 0 \\ 0 & a_{22} & \cdots & 0 \\ \vdots & \vdots & \ddots & \vdots \\ 0 & 0 & \cdots & a_{nn} \end{pmatrix}, \quad B = \begin{pmatrix} b_{11} & 0 & \cdots & 0 \\ 0 & b_{22} & \cdots & 0 \\ \vdots & \vdots & \ddots & \vdots \\ 0 & 0 & \cdots & b_{nn} \end{pmatrix}$$

の積 AB もまた対角行列であり

$$AB = \begin{pmatrix} a_{11}b_{11} & 0 & \cdots & 0 \\ 0 & a_{22}b_{22} & \cdots & 0 \\ \vdots & \vdots & \ddots & \vdots \\ 0 & 0 & \cdots & a_{nn}b_{nn} \end{pmatrix}$$

が成り立つ．特に

$$A^2 = \begin{pmatrix} a_{11}^2 & 0 & \cdots & 0 \\ 0 & a_{22}^2 & \cdots & 0 \\ \vdots & \vdots & \ddots & \vdots \\ 0 & 0 & \cdots & a_{nn}^2 \end{pmatrix}, \quad A^3 = \begin{pmatrix} a_{11}^3 & 0 & \cdots & 0 \\ 0 & a_{22}^3 & \cdots & 0 \\ \vdots & \vdots & \ddots & \vdots \\ 0 & 0 & \cdots & a_{nn}^3 \end{pmatrix}$$

などが得られる．また，$a_{11} \neq 0, a_{22} \neq 0, \cdots, a_{nn} \neq 0$ ならば

$$A^{-1} = \begin{pmatrix} \dfrac{1}{a_{11}} & 0 & \cdots & 0 \\ 0 & \dfrac{1}{a_{22}} & \cdots & 0 \\ \vdots & \vdots & \ddots & \vdots \\ 0 & 0 & \cdots & \dfrac{1}{a_{nn}} \end{pmatrix}$$

が成り立つ．

問 5.10 $\begin{pmatrix} 3 & 0 & 0 \\ 0 & 2 & 0 \\ 0 & 0 & 2 \end{pmatrix}$ の逆行列を求めよ．

例題 5.11 A は n 次正方行列とし，P は n 次正則行列とし，$B = P^{-1}AP$ とする．

(1) 自然数 k に対して

$$B^k = P^{-1}A^kP \tag{5.5}$$

が成り立つことを数学的帰納法によって証明せよ．

(2) (1) の状況において

$$A^k = PB^kP^{-1} \tag{5.6}$$

が成り立つことを示せ．

(3)　$n=2$ とし，$A=\begin{pmatrix} 5 & -1 \\ -1 & 5 \end{pmatrix}$, $P=\begin{pmatrix} 1 & -1 \\ 1 & 1 \end{pmatrix}$ とするとき，B を求めよ．

(4)　(3) の状況において，A^k を求めよ (k は自然数)．

[解答]　(1)　$B=P^{-1}AP$ であるので，$k=1$ のときには式 (5.5) が成り立つ．次に，自然数 l に対して，$B^l=P^{-1}A^lP$ が成り立つとすると

$$\begin{aligned} B^{l+1} &= BB^l = (P^{-1}AP)(P^{-1}A^lP) = P^{-1}A(PP^{-1})A^lP \\ &= P^{-1}AE_nA^lP = P^{-1}AA^lP = P^{-1}A^{l+1}P \end{aligned}$$

が成り立つ．よって，すべての自然数 k に対して式 (5.5) が成り立つ．

(2)　式 (5.5) の両辺に左から P をかけ，右から P^{-1} をかければ

$$PB^kP^{-1} = P(P^{-1}A^kP)P^{-1} = (PP^{-1})A^k(PP^{-1}) = E_nA^kE_n = A^k$$

が得られる．

(3)　$P^{-1}=\dfrac{1}{2}\begin{pmatrix} 1 & 1 \\ -1 & 1 \end{pmatrix}$, $B=P^{-1}AP=\begin{pmatrix} 4 & 0 \\ 0 & 6 \end{pmatrix}$ である．

(4)　$B^k=\begin{pmatrix} 4^k & 0 \\ 0 & 6^k \end{pmatrix}$ であるので，式 (5.6) により

$$A^k = PB^kP^{-1} = \frac{1}{2}\begin{pmatrix} 4^k+6^k & 4^k-6^k \\ 4^k-6^k & 4^k+6^k \end{pmatrix}$$

が得られる．　□

注意 5.12　すべての自然数 k に対して，ある命題が正しいことを証明するには，次の 2 つのことを証明すればよい．

(1)　$k=1$ のときは正しい．

(2)　l は自然数とし，$k=l$ のとき正しいと仮定すれば，$k=l+1$ のときも正しい．

このような証明法を**数学的帰納法**という．

問 5.13　$A=\begin{pmatrix} 1 & -2 \\ 0 & -1 \end{pmatrix}$, $P=\begin{pmatrix} 1 & 1 \\ 0 & 1 \end{pmatrix}$, $B=P^{-1}AP$ とする．

(1) P^{-1}, B を求めよ．

(2) 自然数 k に対して A^k を求めよ．

5.4 零因子

数の世界では，$ab = 0$ ならば，a と b の少なくとも一方は 0 である．しかし，正方行列の世界では，必ずしもそうではない．たとえば

$$A = \begin{pmatrix} 1 & 2 \\ 2 & 4 \end{pmatrix}, \quad B = \begin{pmatrix} 2 & -4 \\ -1 & 2 \end{pmatrix}$$

とすると，$A \neq O, B \neq O$ であるが，$AB = O$ である．

一般に，$A \neq O, B \neq O$ であるのに $AB = O$ となるとき，行列 A, B を**零因子**とよぶ．

例題 5.14 n 次正方行列 A, B はいずれも零行列ではないとし

$$AB = O \tag{5.7}$$

を満たすとする．このとき，A は正則行列でないことを示せ．

[解答] A が正則行列であると仮定して矛盾を導く．A が正則行列ならば，逆行列 A^{-1} が存在する．それを式 (5.7) の両辺に左からかけると，左辺は

$$A^{-1}(AB) = (A^{-1}A)B = E_nB = B$$

となり，右辺は

$$A^{-1}O = O$$

となるので，$B = O$ が成り立つ．これは B が零行列でないという仮定に反する．したがって，A は正則行列でない．□

注意 5.15 例題 5.14 の解答は，「結論が成り立たないと仮定すると矛盾が生じることを示す」という方法を用いている．このような方法を**背理法**とよぶ．

問 5.16 例題 5.14 の状況において，B も正則行列でないことを示せ．

第 6 章

行列の作用の幾何学的考察

この章では，行列をベクトルにかけることによって新しいベクトルを得る操作について，幾何学的な考察を加える．簡単のため，2 次正方行列の作用に限定して考える．

6.1　正方形が平行四辺形にうつる

はじめに，次の例題を考えてみよう．

例題 6.1　$A = \begin{pmatrix} 3 & 2 \\ 1 & 5 \end{pmatrix}$, $\boldsymbol{x} = \begin{pmatrix} x_1 \\ x_2 \end{pmatrix}$, $\boldsymbol{y} = \begin{pmatrix} y_1 \\ y_2 \end{pmatrix}$ とし，c は実数とする．

(1)　$A(\boldsymbol{x}+\boldsymbol{y}) = A\boldsymbol{x} + A\boldsymbol{y}$ が成り立つことを示せ．

(2)　$A(c\boldsymbol{x}) = c(A\boldsymbol{x})$ が成り立つことを示せ．

[解答]　(1)　$\boldsymbol{x}+\boldsymbol{y} = \begin{pmatrix} x_1+y_1 \\ x_2+y_2 \end{pmatrix}$ であるので

$$
\begin{aligned}
A(\boldsymbol{x}+\boldsymbol{y}) &= \begin{pmatrix} 3 & 2 \\ 1 & 5 \end{pmatrix}\begin{pmatrix} x_1+y_1 \\ x_2+y_2 \end{pmatrix} \\
&= \begin{pmatrix} 3(x_1+y_1)+2(x_2+y_2) \\ (x_1+y_1)+5(x_2+y_2) \end{pmatrix} \\
&= \begin{pmatrix} (3x_1+2x_2)+(3y_1+2y_2) \\ (x_1+5x_2)+(y_1+5y_2) \end{pmatrix} \\
&= \begin{pmatrix} 3x_1+2x_2 \\ x_1+5x_2 \end{pmatrix} + \begin{pmatrix} 3y_1+2y_2 \\ y_1+5y_2 \end{pmatrix}
\end{aligned}
$$

$$= \begin{pmatrix} 3 & 2 \\ 1 & 5 \end{pmatrix}\begin{pmatrix} x_1 \\ x_2 \end{pmatrix} + \begin{pmatrix} 3 & 2 \\ 1 & 5 \end{pmatrix}\begin{pmatrix} y_1 \\ y_2 \end{pmatrix} = A\boldsymbol{x} + A\boldsymbol{y}.$$

(2)　$c\boldsymbol{x} = \begin{pmatrix} cx_1 \\ cx_2 \end{pmatrix}$ であるので

$$A(c\boldsymbol{x}) = \begin{pmatrix} 3 & 2 \\ 1 & 5 \end{pmatrix}\begin{pmatrix} cx_1 \\ cx_2 \end{pmatrix} = \begin{pmatrix} 3cx_1 + 2cx_2 \\ cx_1 + 5cx_2 \end{pmatrix}$$

$$= c\begin{pmatrix} 3x_1 + 2x_2 \\ x_1 + 5x_2 \end{pmatrix} = c(A\boldsymbol{x}).$$

□

一般に，A は (m, n) 型行列とし，$\boldsymbol{x}$, $\boldsymbol{y}$ は n 次元ベクトルとし，c は実数とするとき，次のことが成り立つ．

$$A(\boldsymbol{x} + \boldsymbol{y}) = A\boldsymbol{x} + A\boldsymbol{y}, \quad A(c\boldsymbol{x}) = c(A\boldsymbol{x}). \tag{6.1}$$

この性質 (6.1) は**線形性**とよばれる．この性質を幾何学的に考えてみよう．

例題 6.2　xy 平面上の 4 点

$$\mathrm{O} = (0, 0), \quad \mathrm{P} = (1, 0), \quad \mathrm{Q} = (1, 1), \quad \mathrm{R} = (0, 1)$$

を頂点とする正方形を考える．$\boldsymbol{e}_1 = \overrightarrow{\mathrm{OP}}$, $\boldsymbol{e}_2 = \overrightarrow{\mathrm{OR}}$ とする．また，A は例題 6.1 の行列とする．

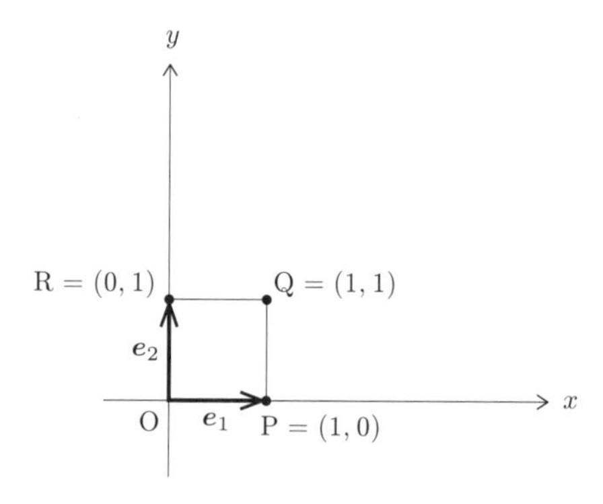

(1)　$\overrightarrow{\mathrm{OQ}} = \boldsymbol{c}_1 + \boldsymbol{e}_2$ であることを確かめよ．

(2) Ae_1, Ae_2, $A(e_1+e_2)$ をそれぞれ求め，

$$A(\boldsymbol{e}_1+\boldsymbol{e}_2)=A\boldsymbol{e}_1+A\boldsymbol{e}_2$$

が成り立つことを確かめよ．

(3) xy 平面上に 3 点 P', Q', R' を

$$\overrightarrow{\mathrm{OP}'}=A\,\overrightarrow{\mathrm{OP}},\quad \overrightarrow{\mathrm{OQ}'}=A\,\overrightarrow{\mathrm{OQ}},\quad \overrightarrow{\mathrm{OR}'}=A\,\overrightarrow{\mathrm{OR}}$$

となるように選ぶ．3 点 P', Q', R' の座標をそれぞれ求めよ．

(4) 四角形 $\mathrm{OP}'\mathrm{Q}'\mathrm{R}'$ は平行四辺形であることを示せ．

[解答] (1) $\boldsymbol{e}_1=\overrightarrow{\mathrm{OP}}=\begin{pmatrix}1\\0\end{pmatrix}$, $\boldsymbol{e}_2=\overrightarrow{\mathrm{OR}}=\begin{pmatrix}0\\1\end{pmatrix}$ であるので

$$\overrightarrow{\mathrm{OQ}}=\begin{pmatrix}1\\1\end{pmatrix}=\begin{pmatrix}1\\0\end{pmatrix}+\begin{pmatrix}0\\1\end{pmatrix}=\boldsymbol{e}_1+\boldsymbol{e}_2$$

が成り立つ．

(2) $A\boldsymbol{e}_1=\begin{pmatrix}3\\1\end{pmatrix}$, $A\boldsymbol{e}_2=\begin{pmatrix}2\\5\end{pmatrix}$, $A(\boldsymbol{e}_1+\boldsymbol{e}_2)=\begin{pmatrix}5\\6\end{pmatrix}$ であるので

$$A(\boldsymbol{e}_1+\boldsymbol{e}_2)=\begin{pmatrix}5\\6\end{pmatrix}=\begin{pmatrix}3\\1\end{pmatrix}+\begin{pmatrix}2\\5\end{pmatrix}=A\boldsymbol{e}_1+A\boldsymbol{e}_2$$

が成り立つ．

(3) $\overrightarrow{\mathrm{OP}'}=A\boldsymbol{e}_1=\begin{pmatrix}3\\1\end{pmatrix}$, $\overrightarrow{\mathrm{OQ}'}=A(\boldsymbol{e}_1+\boldsymbol{e}_2)=\begin{pmatrix}5\\6\end{pmatrix}$, $\overrightarrow{\mathrm{OQ}'}=A\boldsymbol{e}_2=\begin{pmatrix}2\\5\end{pmatrix}$ であるので

$$\mathrm{P}'=(3,1),\quad \mathrm{Q}'=(5,6),\quad \mathrm{R}'=(2,5)$$

である．

(4) $\overrightarrow{\mathrm{OQ}'}=A(\boldsymbol{e}_1+\boldsymbol{e}_2)=A\boldsymbol{e}_1+A\boldsymbol{e}_2=\overrightarrow{\mathrm{OP}'}+\overrightarrow{\mathrm{OQ}'}$ が成り立つので，四角形 $\mathrm{OP}'\mathrm{Q}'\mathrm{R}'$ は平行四辺形である．

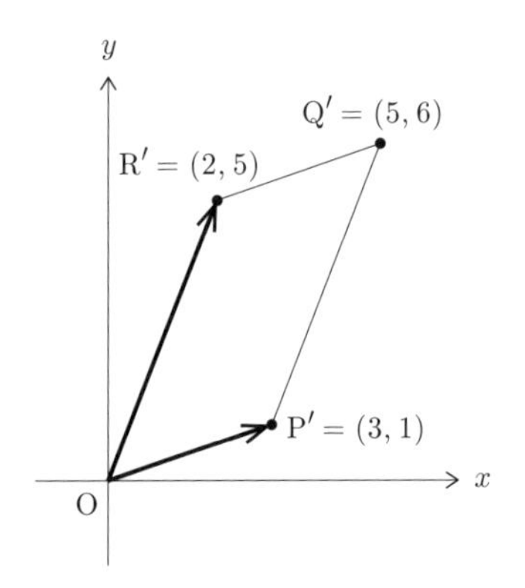

□

問 6.3　O, P, Q, R は例題 6.2 (78 ページ) のものとし，$B = \begin{pmatrix} 1 & 4 \\ 3 & 1 \end{pmatrix}$ とする．xy 平面上に 3 点 P″, Q″, R″ を

$$\overrightarrow{\mathrm{OP''}} = B\,\overrightarrow{\mathrm{OP}}, \quad \overrightarrow{\mathrm{OQ''}} = B\,\overrightarrow{\mathrm{OQ}}, \quad \overrightarrow{\mathrm{OR''}} = B\,\overrightarrow{\mathrm{OR}}$$

となるように選ぶ．

(1)　3 点 P″, Q″, R″ の座標をそれぞれ求めよ．

(2)　四角形 OP″Q″R″ は平行四辺形であることを示し，それを図示せよ．

ここで，xy 平面上の点 P に対して，原点 O を基準とする位置ベクトル $\overrightarrow{\mathrm{OP}}$ を対応させて考えてみよう．例題 6.2 では，行列 A がベクトル $\overrightarrow{\mathrm{OP}}$ に作用してベクトル $\overrightarrow{\mathrm{OP'}}$ が得られているが，このことは，「行列 A をかけることによって，点 P が点 P′ にうつされた」と解釈できる．このように考えると，例題 6.2 や問 6.3 では，「正方形 OPQR に行列 A, B が作用することによって，平行四辺形 OP′Q′R′, OP″Q″R″ にうつされた」とみることができる．

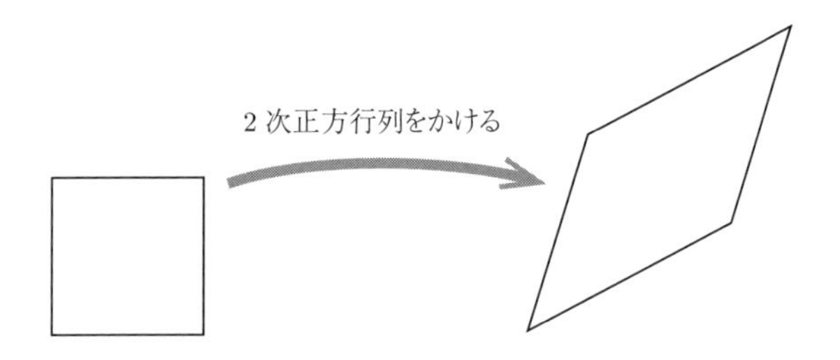

一般に，2 次正方行列が正方形に作用すると，平行四辺形が得られる．ただし，次の例のような場合もあり得る．

例 6.4　O, P, Q, R は例題 6.2 のものとする．行列 $C = \begin{pmatrix} 2 & 6 \\ 1 & 3 \end{pmatrix}$ をかけることによって，点 P, Q, R がそれぞれ $\widehat{\mathrm{P}}$, $\widehat{\mathrm{Q}}$, $\widehat{\mathrm{R}}$ にうつったとすると

$$\widehat{\mathrm{P}} = (2,1), \quad \widehat{\mathrm{Q}} = (8,4), \quad \widehat{\mathrm{R}} = (6,3)$$

である．4 点 O, $\widehat{\mathrm{P}}$, $\widehat{\mathrm{Q}}$, $\widehat{\mathrm{R}}$ は一直線上に並ぶ．正方形 OPQR に C をかけると，平行四辺形が「つぶれた」図形にうつされる，と考えることができる．

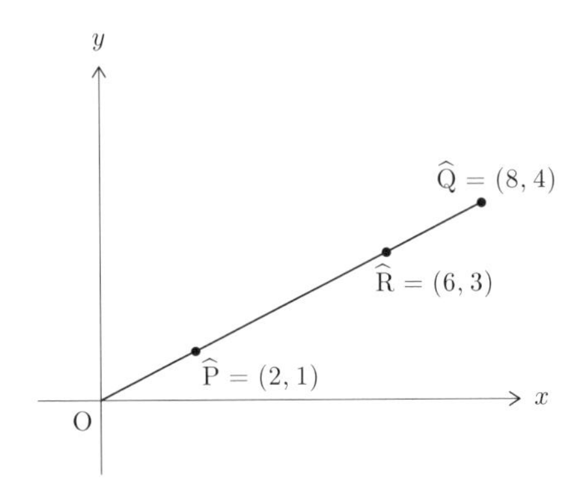

問 6.5　対角行列 $A = \begin{pmatrix} 3 & 0 \\ 0 & 2 \end{pmatrix}$ を考える．行列 A をかけると，例題 6.2 (78 ページ) の正方形 OPQR はどのような図形にうつされるか．

6.2　格子模様と座標の変換

$A = \begin{pmatrix} a_{11} & a_{12} \\ a_{21} & a_{22} \end{pmatrix}$，$\boldsymbol{e}_1 = \begin{pmatrix} 1 \\ 0 \end{pmatrix}$，$\boldsymbol{e}_2 = \begin{pmatrix} 0 \\ 1 \end{pmatrix}$ とする．このとき，$\boldsymbol{a}_1 = A\boldsymbol{e}_1$，$\boldsymbol{a}_2 = A\boldsymbol{e}_2$ とおくと

$$\boldsymbol{a}_1 = \begin{pmatrix} a_{11} \\ a_{21} \end{pmatrix}, \quad \boldsymbol{a}_2 = \begin{pmatrix} a_{12} \\ a_{22} \end{pmatrix}$$

が成り立つ．ここで，$\boldsymbol{a}_1 \neq \boldsymbol{0}$, $\boldsymbol{a}_2 \neq \boldsymbol{0}$ とし，$\boldsymbol{a}_2$ は $\boldsymbol{a}_1$ の定数倍とは一致しないとする．くわしくは述べないが，このような場合，2 つのベクトル $\boldsymbol{a}_1$, $\boldsymbol{a}_2$ は **1 次独立 (線形独立)** である，という．

ここで，$\boldsymbol{e}_1$ と $\boldsymbol{e}_2$ を用いて，次のような格子状の模様を描いてみよう．

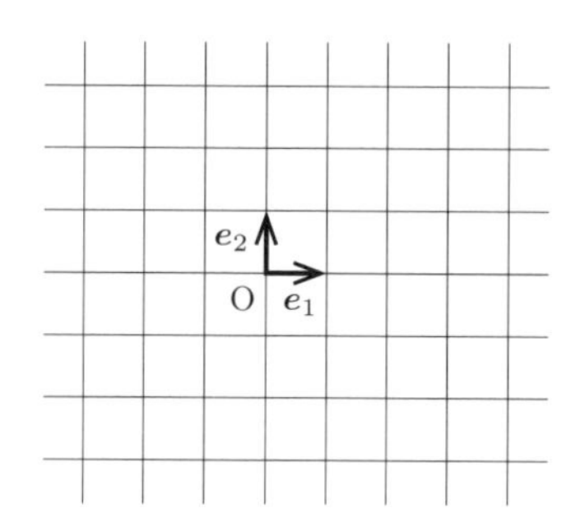

この場合，格子の 1 区画は正方形である．この図形に行列 A をかけると，各区画が $\boldsymbol{a}_1$ と $\boldsymbol{a}_2$ によって作られる平行四辺形にうつされるので，次のような模様が得られる．

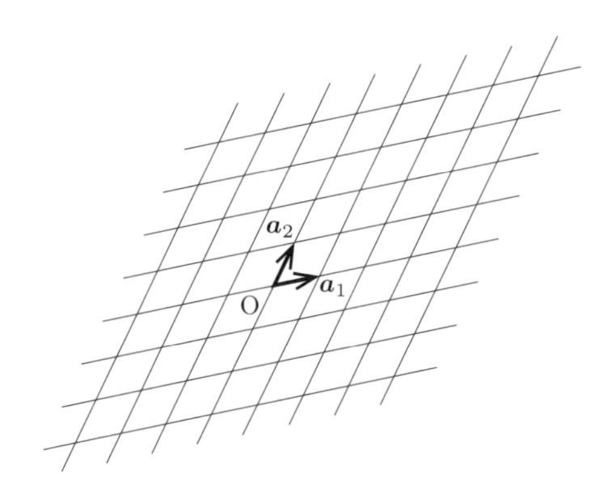

ここで，点 P を

$$\overrightarrow{\mathrm{OP}} = 3\boldsymbol{e}_1 + 2\boldsymbol{e}_2$$

となるようにとる．行列 A をかけることによって，点 P が点 P$'$ にうつるとすると

$$\overrightarrow{\mathrm{OP'}} = A(3\boldsymbol{e}_1 + 2\boldsymbol{e}_2) = 3(A\boldsymbol{e}_1) + 2(A\boldsymbol{e}_2) = 3\boldsymbol{a}_1 + 2\boldsymbol{a}_2$$

が成り立つ (下図参照).

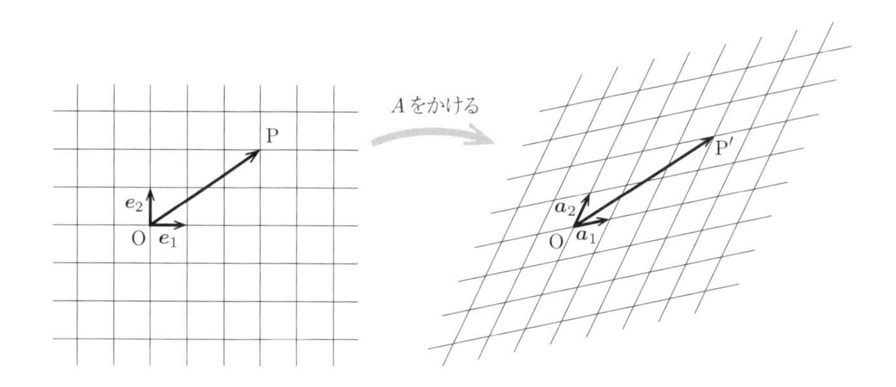

この図の左の模様を直交座標と考えれば，行列 A をかけることによって，斜めの座標 (これを**斜交座標**とよぶ) にうつされることが見てとれるであろう.

6.3　正射影を表す行列

$A = \begin{pmatrix} 1 & 0 \\ 0 & 0 \end{pmatrix}$ とする．A をかけたとき，xy 平面上の点 $\mathrm{P} = (a_1, a_2)$ が点 P' にうつるとすると

$$\overrightarrow{\mathrm{OP}'} = A\,\overrightarrow{\mathrm{OP}} = \begin{pmatrix} 1 & 0 \\ 0 & 0 \end{pmatrix}\begin{pmatrix} a_1 \\ a_2 \end{pmatrix} = \begin{pmatrix} a_1 \\ 0 \end{pmatrix}$$

であるので，$\mathrm{P}' = (a_1, 0)$ である．点 P と点 P' の関係については，「点 P に真上から光を当てたときに，x 軸にうつる影が P' である」と考えることができる．そこで，この行列 A による作用を x 軸への**正射影**とよぶ.

同様に，$B = \begin{pmatrix} 0 & 0 \\ 0 & 1 \end{pmatrix}$ をかけたとき，点 P が点 P'' にうつるとすると

$$\overrightarrow{\mathrm{OP}''} = B\,\overrightarrow{\mathrm{OP}} = \begin{pmatrix} 0 & 0 \\ 0 & 1 \end{pmatrix}\begin{pmatrix} a_1 \\ a_2 \end{pmatrix} = \begin{pmatrix} 0 \\ a_2 \end{pmatrix}$$

であるので，$\mathrm{P}' = (0, a_2)$ である．点 P に真横から光を当てたときに，y 軸にうつる影が P' であると考えることができる．そこで，この行列 B による作用を y 軸へ

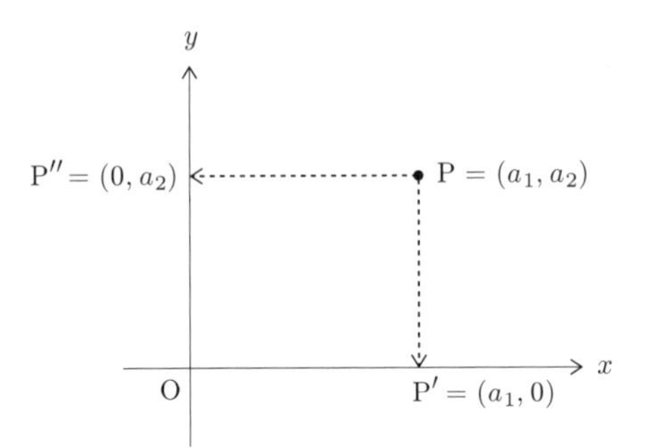

の正射影とよぶ.

6.4　回転行列

原点を基準とする位置ベクトルを回転させる作用を行列で表してみよう.

r は正の実数とする. xy 平面上で, 原点 O を中心とし, 半径 r の円周に沿って, 点 $(r, 0)$ を正の向き (反時計回り) に角度 θ 回転させた位置にある点を $\mathrm{P} = (X, Y)$ とする. このとき

$$X = r\cos\theta, \quad Y = r\sin\theta$$

が成り立つ.

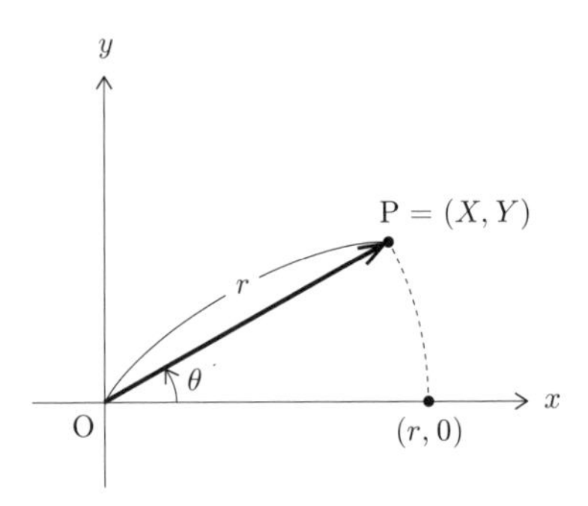

いま, 点 P を原点を中心として, さらに正の向きに角度 α 回転させた点を $\mathrm{P}' = (X', Y')$ とすると

$$X' = r\cos(\theta + \alpha), \quad Y' = r\sin(\theta + \alpha)$$

が成り立つ．

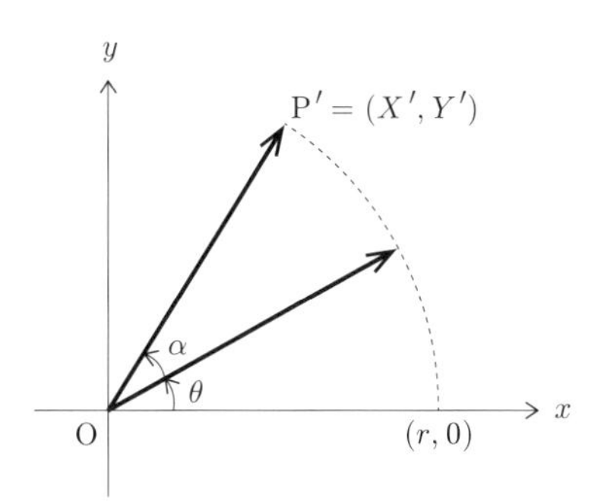

このとき，ベクトル $\begin{pmatrix} X \\ Y \end{pmatrix}$ と $\begin{pmatrix} X' \\ Y' \end{pmatrix}$ の関係を調べてみよう．

三角関数の加法定理 (定理 1.17，16 ページ) を用いれば

$$
\begin{aligned}
X' &= r(\cos\theta\cos\alpha - \sin\theta\sin\alpha) = (\cos\alpha)r\cos\theta - (\sin\alpha)r\sin\theta \\
&= (\cos\alpha)X - (\sin\alpha)Y, \\
Y' &= r(\sin\theta\cos\alpha + \cos\theta\sin\alpha) = (\sin\alpha)r\cos\theta + (\cos\alpha)r\sin\theta \\
&= (\sin\alpha)X + (\cos\alpha)Y
\end{aligned}
$$

が得られる．このことは，ベクトルと行列を用いて，次のように表される．

$$
\begin{pmatrix} X' \\ Y' \end{pmatrix} = \begin{pmatrix} \cos\alpha & -\sin\alpha \\ \sin\alpha & \cos\alpha \end{pmatrix} \begin{pmatrix} X \\ Y \end{pmatrix}. \tag{6.2}
$$

$\begin{pmatrix} \cos\alpha & -\sin\alpha \\ \sin\alpha & \cos\alpha \end{pmatrix}$ はベクトルを反時計回りに角度 α 回転させる作用を持つ行列であるので，**回転行列**とよばれる．

例題 6.6　$\boldsymbol{x} = \begin{pmatrix} 3 \\ 1 \end{pmatrix}$ とする．

(1)　$\boldsymbol{x}$ を反時計回りに角度 $\dfrac{\pi}{4}$ 回転させて得られるベクトル $\boldsymbol{x}'$ を求めよ．

(2)　$\boldsymbol{x}$ を時計回りに角度 $\dfrac{\pi}{6}$ 回転させて得られるベクトル $\boldsymbol{x}''$ を求めよ．

［解答］ (1) 回転行列を用いて，次のように求められる．

$$\boldsymbol{x}' = \begin{pmatrix} \cos\dfrac{\pi}{4} & -\sin\dfrac{\pi}{4} \\ \sin\dfrac{\pi}{4} & \cos\dfrac{\pi}{4} \end{pmatrix} \begin{pmatrix} 3 \\ 1 \end{pmatrix} = \begin{pmatrix} \dfrac{1}{\sqrt{2}} & -\dfrac{1}{\sqrt{2}} \\ \dfrac{1}{\sqrt{2}} & \dfrac{1}{\sqrt{2}} \end{pmatrix} \begin{pmatrix} 3 \\ 1 \end{pmatrix} = \begin{pmatrix} \sqrt{2} \\ 2\sqrt{2} \end{pmatrix}.$$

(2) 時計回りに角度 $\dfrac{\pi}{6}$ 回転させることは，反時計回りに角度 $-\dfrac{\pi}{6}$ 回転させることである，と解釈する．

$$\boldsymbol{x}'' = \begin{pmatrix} \cos\left(-\dfrac{\pi}{6}\right) & -\sin\left(-\dfrac{\pi}{6}\right) \\ \sin\left(-\dfrac{\pi}{6}\right) & \cos\left(-\dfrac{\pi}{6}\right) \end{pmatrix} \begin{pmatrix} 3 \\ 1 \end{pmatrix} \tag{6.3}$$

$$= \begin{pmatrix} \dfrac{\sqrt{3}}{2} & \dfrac{1}{2} \\ -\dfrac{1}{2} & \dfrac{\sqrt{3}}{2} \end{pmatrix} \begin{pmatrix} 3 \\ 1 \end{pmatrix} = \begin{pmatrix} \dfrac{3\sqrt{3}+1}{2} \\ \dfrac{-3+\sqrt{3}}{2} \end{pmatrix}.$$

□

問 6.7 $\boldsymbol{y} = \begin{pmatrix} 1 \\ 1 \end{pmatrix}$ を反時計回りに角度 $\dfrac{\pi}{3}$ 回転させて得られるベクトル $\boldsymbol{y}'$ を求めよ．

6.5　鏡映行列

xy 平面において，原点 O を中心として x 軸を正の向きに角度 α 回転させた直線を l とする．また，ベクトル $\boldsymbol{x} = \begin{pmatrix} X \\ Y \end{pmatrix}$ はベクトル $\begin{pmatrix} r \\ 0 \end{pmatrix}$ を正の向きに角度 θ 回転させたベクトルとする $(r > 0)$．

いま，直線 l を対称軸として，$\boldsymbol{x}$ と線対称になるように $\boldsymbol{x}$ を折り返して得られるベクトルを $\boldsymbol{x}' = \begin{pmatrix} X' \\ Y' \end{pmatrix}$ とする．

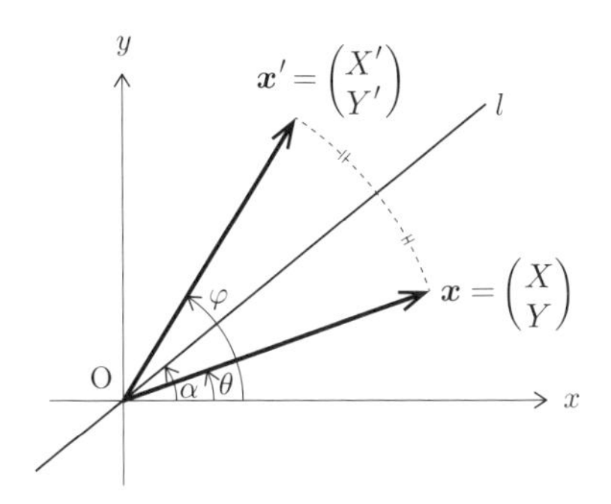

ベクトル $\boldsymbol{x}'$ がベクトル $\begin{pmatrix} r \\ 0 \end{pmatrix}$ を正の向きに角度 φ 回転させたものであるとすると，θ と φ の平均値が α である．すなわち

$$\alpha = \frac{\theta + \varphi}{2}$$

が成り立つと考えられる．したがって

$$\varphi = 2\alpha - \theta$$

である．いま

$$X = r\cos\theta, \quad Y = r\sin\theta, \quad X' = r\cos\varphi, \quad Y' = r\sin\varphi$$

であることに注意すれば

$$\begin{aligned} X' &= r\cos(2\alpha - \theta) = r(\cos 2\alpha\cos\theta + \sin 2\alpha\sin\theta) \\ &= (\cos 2\alpha)r\cos\theta + (\sin 2\alpha)r\sin\theta \\ &= (\cos 2\alpha)X + (\sin 2\alpha)Y, \\ Y' &= r\sin(2\alpha - \theta) = r(\sin 2\alpha\cos\theta - \cos 2\alpha\sin\theta) \\ &= (\sin 2\alpha)r\cos\theta - (\cos 2\alpha)r\sin\theta \\ &= (\sin 2\alpha)X - (\cos 2\alpha)Y \end{aligned}$$

が成り立つことがわかる．したがって

$$\begin{pmatrix} X' \\ Y' \end{pmatrix} = \begin{pmatrix} \cos 2\alpha & \sin 2\alpha \\ \sin 2\alpha & -\cos 2\alpha \end{pmatrix} \begin{pmatrix} X \\ Y \end{pmatrix}$$

が成り立つ. $\begin{pmatrix} \cos 2\alpha & \sin 2\alpha \\ \sin 2\alpha & -\cos 2\alpha \end{pmatrix}$ を**鏡映行列**とよぶ.

例題 6.8　ベクトル $\boldsymbol{x} = \begin{pmatrix} 3 \\ 1 \end{pmatrix}$ を直線 $l:\ y = \dfrac{1}{\sqrt{3}}x$ を対称軸として折り返して得られるベクトル $\boldsymbol{x}'$ を求めよ.

[解答]　直線 l は x 軸を反時計回りに角度 $\dfrac{\pi}{6}$ 回転させた直線である (詳細な検討は読者にゆだねる).

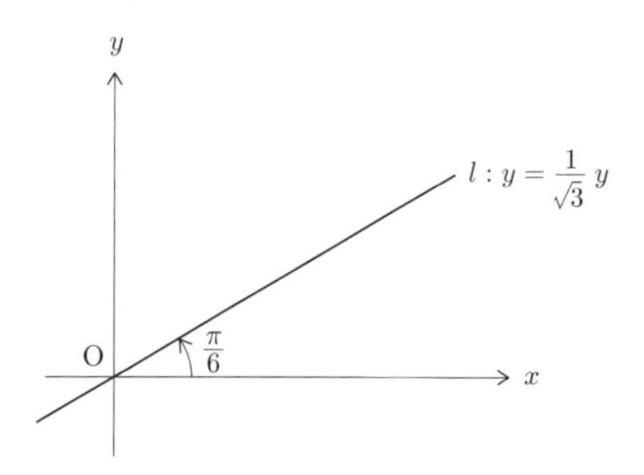

ここで, $\alpha = \dfrac{\pi}{6}$ とおけば, $2\alpha = \dfrac{\pi}{3}$ であるので

$$
\begin{aligned}
\boldsymbol{x}' &= \begin{pmatrix} \cos 2\alpha & \sin 2\alpha \\ \sin 2\alpha & -\cos 2\alpha \end{pmatrix} \begin{pmatrix} 3 \\ 1 \end{pmatrix} \\
&= \begin{pmatrix} \dfrac{1}{2} & \dfrac{\sqrt{3}}{2} \\ \dfrac{\sqrt{3}}{2} & -\dfrac{1}{2} \end{pmatrix} \begin{pmatrix} 3 \\ 1 \end{pmatrix} = \begin{pmatrix} \dfrac{3+\sqrt{3}}{2} \\ \dfrac{3\sqrt{3}-1}{2} \end{pmatrix}
\end{aligned}
$$

が得られる. □

問 6.9　A を鏡映行列とするとき, $A^2 = E_2$ が成り立つことを示せ.

第7章 行列の基本変形と連立1次方程式

この章では，行列の基本変形について述べ，それが連立 1 次方程式の消去法による解法と深く結びついていることを説明する．また，その応用として，正方行列の逆行列の計算法について述べる．

7.1 係数行列と拡大係数行列

例題 4.15 (58 ページ) の連立 1 次方程式 (4.2)

$$\begin{cases} x_1 + x_2 + x_3 = 10 \\ x_1 + 2x_2 + 2x_3 = 17 \\ 2x_1 + x_2 + 2x_3 = 18 \end{cases}$$

を考える．

$$A = \begin{pmatrix} 1 & 1 & 1 \\ 1 & 2 & 2 \\ 2 & 1 & 2 \end{pmatrix}, \quad \boldsymbol{x} = \begin{pmatrix} x_1 \\ x_2 \\ x_3 \end{pmatrix}, \quad \boldsymbol{b} = \begin{pmatrix} 10 \\ 17 \\ 18 \end{pmatrix}$$

とおくと，上の連立 1 次方程式は

$$A\boldsymbol{x} = \boldsymbol{b}$$

と表すことができる．このとき，A をこの連立 1 次方程式の**係数行列**とよぶ．係数行列は，連立 1 次方程式の未知数の係数を並べた行列である．

未知数の係数だけでなく，定数項も並べた行列を考えることがある．そのような行列を**拡大係数行列**とよぶ．拡大係数行列は，係数行列の右隣に定数項を書き加えたものである．上の連立 1 次方程式の拡大係数行列は

$$\begin{pmatrix} 1 & 1 & 1 & 10 \\ 1 & 2 & 2 & 17 \\ 2 & 1 & 2 & 18 \end{pmatrix}$$

である．係数行列の右隣に定数項が付け加わっている．

例題 7.1 連立 1 次方程式

$$\begin{cases} x_1 + \ \ x_2 = 8 \\ 2x_1 + 4x_2 = 22 \end{cases} \tag{7.1}$$

の係数行列と拡大係数行列を答えよ (例題 4.10 (55 ページ) 参照).

[解答] 係数行列は $\begin{pmatrix} 1 & 1 \\ 2 & 4 \end{pmatrix}$，拡大係数行列は $\begin{pmatrix} 1 & 1 & 8 \\ 2 & 4 & 22 \end{pmatrix}$. □

問 7.2 次の連立 1 次方程式の係数行列と拡大係数行列を答えよ．

(1) $\begin{cases} x_1 + 2x_2 + \ \ x_3 = 7 \\ 2x_1 + 5x_2 + 3x_3 = 18 \\ x_1 + \ \ x_2 + \ \ x_3 = 6 \end{cases}$

(2) $\begin{cases} x_1 - \ \ x_2 - x_3 = -1 \\ 2x_1 - 2x_2 - x_3 = 1 \\ x_1 - \ \ x_2 + x_3 = 5 \end{cases}$

(3) $\begin{cases} x_1 + \ \ x_2 - 3x_3 - \ \ x_4 = 5 \\ -2x_1 - \ \ x_2 + 6x_3 + 3x_4 = -4 \\ 2x_2 + 3x_4 = 14 \end{cases}$

7.2 消去法と拡大係数行列

例題 7.1 の連立 1 次方程式 (7.1) を消去法によって解いてみよう．

$$\begin{cases} x_1 + \ \ x_2 = 8 & \cdots (1) \\ 2x_1 + 4x_2 = 22 & \cdots (2) \end{cases}$$

第 2 式の未知数 x_1 を消去するために，第 2 式から第 1 式の 2 倍を辺々引けば

$$2x_2 = 6 \quad \cdots (2')$$

が得られる．これは，式 (1) と式 (2′) を連立させて

$$\begin{cases} x_1 + x_2 = 8 & \cdots (1) \\ 2x_2 = 6 & \cdots (2') \end{cases} \tag{7.2}$$

という連立 1 次方程式を考えていることになる．つまり，「第 2 式から第 1 式の 2 倍を辺々引く」という操作によって，方程式を変形していることになる．

このとき，拡大係数行列に着目すると，最初の方程式の拡大係数行列の第 2 行から第 1 行の 2 倍を引いたものが，新しい方程式 (7.2) の拡大係数行列であることがわかる．

$$\begin{pmatrix} 1 & 1 & 8 \\ 2 & 4 & 22 \end{pmatrix} \longrightarrow \begin{pmatrix} 1 & 1 & 8 \\ 0 & 2 & 6 \end{pmatrix}.$$

次に，式 (2′) の代わりに，この式の両辺を $\dfrac{1}{2}$ 倍したものを用いれば

$$\begin{cases} x_1 + x_2 = 8 & \cdots (1) \\ x_2 = 3 & \cdots (2'') \end{cases}$$

が得られる．対応する拡大係数行列は，第 2 行が $\dfrac{1}{2}$ 倍される．

$$\begin{pmatrix} 1 & 1 & 8 \\ 0 & 2 & 6 \end{pmatrix} \longrightarrow \begin{pmatrix} 1 & 1 & 8 \\ 0 & 1 & 3 \end{pmatrix}.$$

次に，式 (1) の代わりに，式 (1) から式 (2″) を辺々引いて得られる式 (1′) を用いると，もともとの方程式の解が得られる．すなわち

$$\begin{cases} x_1 = 5 & \cdots (1') \\ x_2 = 3 & \cdots (2'') \end{cases}$$

が解である．このとき，拡大係数行列は，第 1 行から第 2 行を引いたものに変化する．

$$\begin{pmatrix} 1 & 1 & 8 \\ 0 & 1 & 3 \end{pmatrix} \longrightarrow \begin{pmatrix} 1 & 0 & 5 \\ 0 & 1 & 3 \end{pmatrix}.$$

このように考えると，消去法によって連立 1 次方程式を解く操作は，拡大係数行

列を変形して簡単な形にする過程に対応することがわかる．

一般に，行列に対して次の 3 種類の操作を考える．これを行列の**行基本変形**とよぶ．

(I)　2 つの行を入れかえる．第 i 行と第 j 行を入れかえる操作を「$R_i \leftrightarrow R_j$」と表すことにする ($i \neq j$)．ここで，「R_i」は「第 i 行」を表す (「行」は英語で「row」という)．

(II)　ある行に定数 c をかける．ただし，c は 0 でない実数である．第 i 行を c 倍する操作を「$R_i \times c$」と表すことにする．

(III)　ある行に別の行の c 倍を加える．ただし，c は実数である．第 i 行に第 j 行の c 倍を加える操作を「$R_i + cR_j$」と表すことにする ($i \neq j$)．

拡大係数行列に対する行基本変形は，次のような式変形と対応する．

(1) 「$R_i \leftrightarrow R_j$」: 第 i 式と第 j 式を入れかえる．

(2) 「$R_i \times c$」: 第 i 式の両辺を c 倍する．

(3) 「$R_i + cR_j$」: 第 i 式に第 j 式の c 倍を辺々加える．

例題 7.1 の連立 1 次方程式 (7.1) を消去法によって解く過程に対応する拡大係数行列の変形は次のようにまとめられる．

$$
\begin{aligned}
\begin{pmatrix} 1 & 1 & 8 \\ 2 & 4 & 22 \end{pmatrix} &\xrightarrow{R_2 - 2R_1} \begin{pmatrix} 1 & 1 & 8 \\ 0 & 2 & 6 \end{pmatrix} \\
&\xrightarrow{R_1 \times \frac{1}{2}} \begin{pmatrix} 1 & 1 & 8 \\ 0 & 1 & 3 \end{pmatrix} \\
&\xrightarrow{R_1 - R_2} \begin{pmatrix} 1 & 0 & 5 \\ 0 & 1 & 3 \end{pmatrix}.
\end{aligned}
\tag{7.3}
$$

もう少し複雑な連立 1 次方程式を解いてみよう．

次のような連立 1 次方程式を考える．

$$
\begin{cases}
\ \ x_1 + 2x_2 - 2x_3 = -1 & \cdots (1) \\
2x_1 + 4x_2 - \ \ x_3 = 7 & \cdots (2) \\
-x_1 - 2x_2 + \ \ x_3 = -2 & \cdots (3)
\end{cases}
\tag{7.4}
$$

式 (2) から式 (1) の 2 倍を辺々引いて得られる式を (2′) とし，式 (3) に式 (1) を辺々加えて得られる式を (3′) とする．このとき，方程式 (7.4) は次の方程式 (7.5)

に同値変形される.

$$\begin{cases} x_1 + 2x_2 - 2x_3 = -1 & \cdots (1) \\ \qquad\qquad 3x_3 = 9 & \cdots (2') \\ \qquad\quad -\ x_3 = -3 & \cdots (3') \end{cases} \tag{7.5}$$

次に，方程式 (7.5) の式 $(2')$ の両辺を $\dfrac{1}{3}$ 倍した式を $(2'')$ とすれば，方程式は

$$\begin{cases} x_1 + 2x_2 - 2x_3 = -1 & \cdots (1) \\ \qquad\qquad x_3 = 3 & \cdots (2'') \\ \qquad\quad -\ x_3 = -3 & \cdots (3') \end{cases} \tag{7.6}$$

と変形される．さらに，式 (1) に式 $(2'')$ の 2 倍を辺々加えた式を $(1')$ とし，式 $(3')$ に式 $(2'')$ を辺々加えた式を $(3'')$ とすると，方程式は次のように変形される.

$$\begin{cases} x_1 + 2x_2 \qquad\ = 5 & \cdots (1') \\ \qquad\qquad x_3 = 3 & \cdots (2'') \\ \qquad\qquad\ 0 = 0 & \cdots (3'') \end{cases} \tag{7.7}$$

注意 7.3　ここで，式 $(3'')$ は「$0 = 0$」となっている．これは,「もともとの 3 本の式のうち，1 本は残りの 2 本の式から得られるので，方程式は実質的に 2 本で十分であった」ということを意味する.

例題 7.4　上述の連立 1 次方程式 (7.4) について，次の問いに答えよ.

(1)　方程式 (7.4) を順次変形して，方程式 (7.7) にいたる過程に対応する拡大係数行列の変形を記せ.

(2)　連立 1 次方程式 (7.4) の解をすべて求めよ.

[解答]　(1)　対応する変形は以下のようなものである.

$$\begin{pmatrix} 1 & 2 & -2 & -1 \\ 2 & 4 & -1 & 7 \\ -1 & -2 & 1 & -2 \end{pmatrix} \xrightarrow[R_3+R_1]{R_2-2R_1} \begin{pmatrix} 1 & 2 & -2 & -1 \\ 0 & 0 & 3 & 9 \\ 0 & 0 & -1 & -3 \end{pmatrix}$$

$$\xrightarrow{R_2 \times \frac{1}{3}} \begin{pmatrix} 1 & 2 & -2 & -1 \\ 0 & 0 & 1 & 3 \\ 0 & 0 & -1 & -3 \end{pmatrix}$$

$$\xrightarrow[R_3+R_2]{R_1+2R_2} \begin{pmatrix} 1 & 2 & 0 & 5 \\ 0 & 0 & 1 & 3 \\ 0 & 0 & 0 & 0 \end{pmatrix}. \tag{7.8}$$

(2)　連立 1 次方程式 (7.7) の解を求めればよい．方程式 (7.7) において，x_2 は任意の値 α をとることが可能であり，それに対応して x_1 の値が定まる．したがって，解は

$$x_1 = 5 - 2\alpha, \quad x_2 = \alpha, \quad x_3 = 3 \qquad (\alpha \text{ は実数}) \tag{7.9}$$

と表されるものすべてである．□

例題 7.4 の解答の式 (7.9) のような形の解をを**一般解**とよび，α を**任意定数**とよぶ．

7.3　階段行列

ここで，「階段行列」という概念を定義しよう．

定義 7.5　次の 3 つの条件をすべて満たす行列を**階段行列**という．

(1)　各行は，左端から 0 がいくつか連続して並び，そのすぐ右の成分が 1 となる．ただし，0 がまったく並ばず，左端の成分が 1 となることもある．また，行のすべての成分が 0 となることもある．

(2)　行が下にいくにつれて，左端から連続して並ぶ 0 の個数が増えていく．

(3)　左端から連続して並んだ 0 のすぐ右の成分 1 に着目すると，その成分 1 の上下の成分はすべて 0 である．

たとえば，式 (7.8) の最後に得られた行列は階段行列である．実際，第 1 行は左端が 1 であり，その下の成分はすべて 0 である．第 2 行は左から 0 が 2 つ並び，その右が 1 である．その成分 1 の上下は 0 である．第 3 行はすべての成分が 0 である．

$$\begin{pmatrix} ① & 2 & 0 & 5 \\ 0 & 0 & ① & 3 \\ 0 & 0 & 0 & 0 \end{pmatrix}.$$

例題 7.6 次の行列 A, B, C, D のうち，階段行列はどれか．すべて選べ．

$$A = \begin{pmatrix} 1 & 0 & 0 & 5 \\ 0 & 1 & 0 & 3 \\ 0 & 0 & 1 & 2 \end{pmatrix}, \qquad B = \begin{pmatrix} 1 & 0 & 0 \\ 0 & 0 & 1 \\ 0 & 1 & 0 \end{pmatrix},$$

$$C = \begin{pmatrix} 0 & 1 & 3 & 0 & 0 & 2 \\ 0 & 0 & 0 & 1 & 0 & 3 \\ 0 & 0 & 0 & 0 & 1 & 4 \\ 0 & 0 & 0 & 0 & 0 & 0 \end{pmatrix}, \qquad D = \begin{pmatrix} 1 & 0 \\ 0 & 1 \\ 1 & 2 \\ 1 & 3 \end{pmatrix}.$$

[解答]　A と C が階段行列である．

$$\begin{pmatrix} ① & 0 & 0 & 5 \\ 0 & ① & 0 & 3 \\ 0 & 0 & ① & 2 \end{pmatrix}, \quad \begin{pmatrix} 0 & ① & 3 & 0 & 0 & 2 \\ 0 & 0 & 0 & ① & 0 & 3 \\ 0 & 0 & 0 & 0 & ① & 4 \\ 0 & 0 & 0 & 0 & 0 & 0 \end{pmatrix}.$$ □

行列の基本変形については，次の定理が成り立つ．

定理 7.7 任意の (m, n) 型行列 A に対して，行基本変形をくり返すことによって，階段行列に変形することができる．

定理 7.7 が成り立つ理由を考えよう．そのために，まず，**掃き出し法**という方法について述べる．

例題 7.8 $A = \begin{pmatrix} 1 & 2 & 1 & 1 \\ 3 & 0 & 5 & 6 \\ 7 & 4 & 3 & 3 \end{pmatrix}$ とする．行列 A に対して，行基本変形をくり

返しほどこして，次の条件 (a), (b) を同時に満たす行列 B を作れ．

(a)　B の $(2,2)$ 成分は 1 である．

(b)　B の $(2,2)$ 成分の上下の成分，すなわち，$(1,2)$ 成分と $(3,2)$ 成分はすべて 0 である．

［解答］ 次のように考えて行基本変形をほどこす．

(I)　A の $(2,2)$ 成分は 0 であるので，まず，2 つの行を入れかえることにより，$(2,2)$ 成分が 0 でない行列 A_1 を作る．たとえば，A の $(1,2)$ 成分は 0 でないので，第 1 行と第 2 行を交換すれば

$$A = \begin{pmatrix} 1 & 2 & 1 & 1 \\ 3 & 0 & 5 & 6 \\ 7 & 4 & 3 & 3 \end{pmatrix} \xrightarrow{R_1 \leftrightarrow R_2} \begin{pmatrix} 3 & 0 & 5 & 6 \\ 1 & 2 & 1 & 1 \\ 7 & 4 & 3 & 3 \end{pmatrix}$$

と変形される．

(II)　次に $(2,2)$ 成分が 1 となるようにする．(I) で得られた行列の $(2,2)$ 成分は 2 であるので，その逆数 $\dfrac{1}{2}$ を第 2 行にかければ

$$\begin{pmatrix} 3 & 0 & 5 & 6 \\ 1 & 2 & 1 & 1 \\ 7 & 4 & 3 & 3 \end{pmatrix} \xrightarrow{R_2 \times \frac{1}{2}} \begin{pmatrix} 3 & 0 & 5 & 6 \\ \dfrac{1}{2} & 1 & \dfrac{1}{2} & \dfrac{1}{2} \\ 7 & 4 & 3 & 3 \end{pmatrix}$$

と変形される．

(III)　最後に，第 2 行の何倍かを他の行に加える，あるいは何倍かを引くことにより，$(2,2)$ 成分の上下の成分を 0 にする．(II) で得られた行列の $(1,2)$ 成分はすでに 0 であるので，第 1 行はそのままにする．$(3,2)$ 成分は 4 であるので，第 3 行から第 2 行の 4 倍を引けば

$$\begin{pmatrix} 3 & 0 & 5 & 6 \\ \dfrac{1}{2} & 1 & \dfrac{1}{2} & \dfrac{1}{2} \\ 7 & 4 & 3 & 3 \end{pmatrix} \xrightarrow{R_3 - 4R_2} \begin{pmatrix} 3 & 0 & 5 & 6 \\ \dfrac{1}{2} & 1 & \dfrac{1}{2} & \dfrac{1}{2} \\ 5 & 0 & 1 & 1 \end{pmatrix}$$

と変形される．最後に得られた行列を B とすればよい．　□

(m,n) 型行列 A の (i,j) 成分が 0 でないとき，例題 7.8 の解答の (II) と同様に，

(i,j) 成分の逆数を第 i 行全体にかけることによって，(i,j) 成分を 1 にすることができる．さらに，例題 7.8 の解答の (III) と同様の方法によって，(i,j) 成分の上下の成分，つまり，(i,j) 成分以外の第 j 列の成分がすべて 0 になるようにすることができる．このような一連の操作を行うことを「(i,j) 成分を中心として第 j 列を**掃き出す**」という．

$$\begin{pmatrix} & & \\ & \oslash & \\ & (i,j)\text{ 成分} \neq 0 & \\ & & \end{pmatrix} \xrightarrow{\text{第 } i \text{ 行を定数倍}} \begin{pmatrix} & & \\ & 1 & \\ & & \end{pmatrix} \xrightarrow{\text{第 } i \text{ 行の定数倍を他の行に加える}} \begin{pmatrix} & 0 & \\ & \vdots & \\ & 0 & \\ & 1 & \\ & 0 & \\ & \vdots & \\ & 0 & \end{pmatrix}$$

掃き出し法を続けて用いることにより，与えられた行列を階段行列に変形することができる．

例題 7.9　$A = \begin{pmatrix} 1 & 1 & 1 & 6 \\ 1 & 2 & 3 & 11 \\ 1 & 4 & 9 & 23 \end{pmatrix}$ とする．

(1)　A の $(1,1)$ 成分を中心として第 1 列を掃き出せ．

(2)　(1) で得られた行列の $(2,2)$ 成分を中心として第 2 列を掃き出せ．

(3)　(2) で得られた行列の $(3,3)$ 成分を中心として第 3 列を掃き出せ．

[解答]　(1) $\begin{pmatrix} 1 & 1 & 1 & 6 \\ 1 & 2 & 3 & 11 \\ 1 & 4 & 9 & 23 \end{pmatrix} \xrightarrow[R_3 - R_1]{R_2 - R_1} \begin{pmatrix} 1 & 1 & 1 & 6 \\ 0 & 1 & 2 & 5 \\ 0 & 3 & 8 & 17 \end{pmatrix}$.

(2) $\begin{pmatrix} 1 & 1 & 1 & 6 \\ 0 & 1 & 2 & 5 \\ 0 & 3 & 8 & 17 \end{pmatrix} \xrightarrow[R_3 - 3R_2]{R_1 - R_2} \begin{pmatrix} 1 & 0 & -1 & 1 \\ 0 & 1 & 2 & 5 \\ 0 & 0 & 2 & 2 \end{pmatrix}$.

(3) $\begin{pmatrix} 1 & 0 & -1 & 1 \\ 0 & 1 & 2 & 5 \\ 0 & 0 & 2 & 2 \end{pmatrix} \xrightarrow{R_3 \times \frac{1}{2}} \begin{pmatrix} 1 & 0 & -1 & 1 \\ 0 & 1 & 2 & 5 \\ 0 & 0 & 1 & 1 \end{pmatrix}$

$$\xrightarrow[R_2-2R_3]{R_1+R_3} \begin{pmatrix} 1 & 0 & 0 & 2 \\ 0 & 1 & 0 & 3 \\ 0 & 0 & 1 & 1 \end{pmatrix}. \qquad \square$$

例題 7.9 の最後に得られた行列を B としよう．この行列 B は階段行列である．単に階段行列であるというだけでなく，左側の 3 列が単位行列 E_3 になっていることに注意しよう．

例題 7.9 の行列 A を拡大係数行列とする連立 1 次方程式は

$$\begin{cases} x_1 + x_2 + x_3 = 6 \\ x_1 + 2x_2 + 3x_3 = 11 \\ x_1 + 4x_2 + 9x_3 = 23 \end{cases} \tag{7.10}$$

である．例題 7.9 の解答は，この方程式 (7.10) に式変形をくり返すことにより，B を拡大係数行列とする方程式

$$\begin{cases} x_1 = 2 \\ x_2 = 3 \\ x_3 = 1 \end{cases} \tag{7.11}$$

に同値変形できることを意味する．方程式 (7.11) は，そのまま方程式 (7.10) の解を与えていることに注意しよう．つまり，連立 1 次方程式 (7.10) の解は

$$x_1 = 2, \quad x_2 = 3, \quad x_3 = 1$$

である．

前節において，例題 7.1 の連立 1 次方程式 (7.1) を消去法によって解く過程を考察した．この過程に対応する拡大係数行列の変形は式 (7.3) で与えられた．この変形の最後に得られた行列は階段行列である．この変形は，例題 7.9 と同様の考え方に基づいている．

例題 7.10　次の行列について考える．

$$A_1 = \begin{pmatrix} 1 & 2 & 1 & 1 \\ 2 & 4 & 4 & 6 \\ 1 & 3 & 3 & 4 \end{pmatrix}, \qquad A_2 = \begin{pmatrix} 1 & 2 & 1 & 1 \\ 2 & 4 & 3 & 4 \\ 1 & 2 & 3 & 5 \end{pmatrix},$$

$$A_3 = \begin{pmatrix} 1 & 2 & 1 & 1 \\ 2 & 4 & 3 & 4 \\ 1 & 2 & 3 & 6 \end{pmatrix}.$$

(1) A_1 に行基本変形をくり返しほどこして，階段行列に変形せよ．

(2) A_2 に行基本変形をくり返しほどこして，階段行列に変形せよ．

(3) A_3 に行基本変形をくり返しほどこして，階段行列に変形せよ．

[解答]　(1)　まず，$(1,1)$ 成分を中心として第 1 列を掃き出す．

$$A_1 = \begin{pmatrix} 1 & 2 & 1 & 1 \\ 2 & 4 & 4 & 6 \\ 1 & 3 & 3 & 4 \end{pmatrix} \xrightarrow[R_3-R_1]{R_2-2R_1} \begin{pmatrix} 1 & 2 & 1 & 1 \\ 0 & 0 & 2 & 4 \\ 0 & 1 & 2 & 3 \end{pmatrix}.$$

ここで得られた行列の $(2,2)$ 成分は 0 であるが，$(3,2)$ 成分が 0 でないので，第 2 行と第 3 行を交換したのち，$(2,2)$ 成分を中心として第 2 列を掃き出す．

$$\begin{pmatrix} 1 & 2 & 1 & 1 \\ 0 & 0 & 2 & 4 \\ 0 & 1 & 2 & 3 \end{pmatrix} \xrightarrow{R_2 \leftrightarrow R_3} \begin{pmatrix} 1 & 2 & 1 & 1 \\ 0 & 1 & 2 & 3 \\ 0 & 0 & 2 & 4 \end{pmatrix} \xrightarrow{R_1-2R_2} \begin{pmatrix} 1 & 0 & -3 & -5 \\ 0 & 1 & 2 & 3 \\ 0 & 0 & 2 & 4 \end{pmatrix}.$$

最後に，$(3,3)$ 成分を中心として第 3 列を掃き出せば，階段行列が得られる．

$$\begin{pmatrix} 1 & 0 & -3 & -5 \\ 0 & 1 & 2 & 3 \\ 0 & 0 & 2 & 4 \end{pmatrix} \xrightarrow{R_3 \times \frac{1}{2}} \begin{pmatrix} 1 & 0 & -3 & -5 \\ 0 & 1 & 2 & 3 \\ 0 & 0 & 1 & 2 \end{pmatrix} \xrightarrow[R_2-2R_3]{R_1+3R_3} \begin{pmatrix} 1 & 0 & 0 & 1 \\ 0 & 1 & 0 & -1 \\ 0 & 0 & 1 & 2 \end{pmatrix}.$$

(2)　$(1,1)$ 成分を中心として第 1 列を掃き出すと，次のようになる．

$$A_2 = \begin{pmatrix} 1 & 2 & 1 & 1 \\ 2 & 4 & 3 & 4 \\ 1 & 2 & 3 & 5 \end{pmatrix} \xrightarrow[R_3 - R_1]{R_2 - 2R_1} \begin{pmatrix} 1 & 2 & 1 & 1 \\ 0 & 0 & 1 & 2 \\ 0 & 0 & 2 & 4 \end{pmatrix}.$$

ここで得られた行列の $(2,2)$ 成分も $(3,2)$ 成分も 0 である．$(1,2)$ 成分は 0 でないが，仮に第 1 行と第 2 行を交換してしまうと，すでに掃き出しを終えている第 1 列の形がくずれてしまう．そこで，第 2 列の右隣の第 3 列に着目し，$(2,3)$ 成分を中心として第 3 列を掃き出す．

$$\begin{pmatrix} 1 & 2 & 1 & 1 \\ 0 & 0 & 1 & 2 \\ 0 & 0 & 2 & 4 \end{pmatrix} \xrightarrow[R_3 - 2R_2]{R_1 - R_2} \begin{pmatrix} 1 & 2 & 0 & -1 \\ 0 & 0 & 1 & 2 \\ 0 & 0 & 0 & 0 \end{pmatrix}.$$

最後に得られた行列が階段行列である．

(3)　(2) と同様に考える．

$$A_3 = \begin{pmatrix} 1 & 2 & 1 & 1 \\ 2 & 4 & 3 & 4 \\ 1 & 2 & 3 & 6 \end{pmatrix} \xrightarrow[R_3 - R_1]{R_2 - 2R_1} \begin{pmatrix} 1 & 2 & 1 & 1 \\ 0 & 0 & 1 & 2 \\ 0 & 0 & 2 & 5 \end{pmatrix}$$

$$\xrightarrow[R_3 - 2R_2]{R_1 - R_2} \begin{pmatrix} 1 & 2 & 0 & -1 \\ 0 & 0 & 1 & 2 \\ 0 & 0 & 0 & 1 \end{pmatrix}$$

$$\xrightarrow[R_2 - 2R_3]{R_1 + R_3} \begin{pmatrix} 1 & 2 & 0 & 0 \\ 0 & 0 & 1 & 0 \\ 0 & 0 & 0 & 1 \end{pmatrix}.$$

□

例題 7.9，例題 7.10 と同様の考え方に基づいて行基本変形をくり返しほどこせば，与えられた行列を階段行列に変形することができる．

問 7.11　次の B_1, B_2, B_3 に行基本変形をくり返しほどこして，それぞれ階段行列に変形せよ．

$$B_1 = \begin{pmatrix} 0 & 1 & 2 & 1 \\ 1 & 1 & 3 & 3 \\ 1 & 3 & 8 & 5 \end{pmatrix}, \qquad B_2 = \begin{pmatrix} 0 & 0 & 1 & 2 \\ 1 & 3 & 1 & 6 \\ 1 & 3 & 4 & 12 \end{pmatrix},$$

$$B_3 = \begin{pmatrix} 0 & 0 & 1 & 2 \\ 1 & 3 & 1 & 6 \\ 1 & 3 & 4 & 13 \end{pmatrix}.$$

7.4　連立 1 次方程式の一般解

連立 1 次方程式が与えられたとき，その拡大係数行列に行基本変形をくり返しほどこして階段行列に変形することによって，方程式の一般解を求めることができる (例題 7.4 (93 ページ) 参照)．いくつかの実例にあたっておこう．

例題 7.12　次の連立 1 次方程式の一般解を求めよ．

(1) $\begin{cases} x_1 + 2x_2 + x_3 = 1 \\ 2x_1 + 4x_2 + 4x_3 = 6 \\ x_1 + 3x_2 + 3x_3 = 4 \end{cases}$　　(2) $\begin{cases} x_1 + 2x_2 + x_3 = 1 \\ 2x_1 + 4x_2 + 3x_3 = 4 \\ x_1 + 2x_2 + 3x_3 = 5 \end{cases}$

(3) $\begin{cases} x_1 + 2x_2 + x_3 = 1 \\ 2x_1 + 4x_2 + 3x_3 = 4 \\ x_1 + 2x_2 + 3x_3 = 6 \end{cases}$

[解答]　(1)　この連立 1 次方程式の拡大係数行列は例題 7.10 (98 ページ) の行列 A_1 にほかならない．例題 7.10 において，A_1 に行基本変形をくり返しほどこして，階段行列 $\begin{pmatrix} 1 & 0 & 0 & 1 \\ 0 & 1 & 0 & -1 \\ 0 & 0 & 1 & 2 \end{pmatrix}$ を得た．このことは，方程式を同値変形して

$$\begin{cases} x_1 = 1 \\ x_2 = -1 \\ x_3 = 2 \end{cases}$$

という式が得られたことを意味する．したがって，解は

$$x_1 = 1, \quad x_2 = -1, \quad x_3 = 2$$

である．

(2)　この連立 1 次方程式の拡大係数行列は例題 7.10 の行列 A_2 であり，行基本変形により $\begin{pmatrix} 1 & 2 & 0 & -1 \\ 0 & 0 & 1 & 2 \\ 0 & 0 & 0 & 0 \end{pmatrix}$ が得られた．この階段行列を拡大係数行列とする連立 1 次方程式は

$$\begin{cases} x_1 + 2x_2 \qquad = -1 \\ \qquad\qquad x_3 = 2 \\ \qquad\qquad 0 = 0 \end{cases}$$

である．このとき，$x_2 = \alpha$ (任意定数) とおくことができ，一般解は

$$x_1 = -1 - 2\alpha, \quad x_2 = \alpha, \quad x_3 = 2 \qquad (\alpha \text{ は任意定数})$$

と表される．

(3)　拡大係数行列は例題 7.10 の行列 A_3 であり，行基本変形をくり返して得られた階段行列 $\begin{pmatrix} 1 & 2 & 0 & 0 \\ 0 & 0 & 1 & 0 \\ 0 & 0 & 0 & 1 \end{pmatrix}$ に対応する連立 1 次方程式は

$$\begin{cases} x_1 + 2x_2 \qquad = 0 \\ \qquad\qquad x_3 = 0 \\ \qquad\qquad 0 = 1 \end{cases}$$

となる．この第 3 式は不合理な式である．これは，「もし，最初に与えられた連立 1 次方程式の 3 本の式を同時に満たす x_1, x_2, x_3 があるとしたら，このような不合理な式が得られてしまう」ということを意味する．したがって，この方程式には解がない．　□

注意 7.13　「方程式を解く」とは，「解をすべて求める」ということである．この場合，「解が存在しない」というのも 1 つの答えである．

問 7.14　問 7.11 (100 ページ) の行列 B_1, B_2, B_3 を拡大係数行列とする連立 1 次方程式を書き，一般解をそれぞれ求めよ．

7.5　逆行列の計算

ここでは，正方行列の逆行列を計算する方法について述べる．

例題 7.15　$A = \begin{pmatrix} 1 & 2 & 4 \\ 0 & 1 & 2 \\ 1 & 3 & 7 \end{pmatrix}$ とする．

(1)　$A\boldsymbol{x} = \begin{pmatrix} 1 \\ 0 \\ 0 \end{pmatrix}$ を満たすベクトル $\boldsymbol{x} = \begin{pmatrix} x_1 \\ x_2 \\ x_3 \end{pmatrix}$ を求めよ．

(2)　$A\boldsymbol{y} = \begin{pmatrix} 0 \\ 1 \\ 0 \end{pmatrix}$ を満たすベクトル $\boldsymbol{y} = \begin{pmatrix} y_1 \\ y_2 \\ y_3 \end{pmatrix}$ を求めよ．

[解答]　(1)　方程式の拡大係数行列に次のような行基本変形をほどこす．

$$\begin{pmatrix} 1 & 2 & 4 & 1 \\ 0 & 1 & 2 & 0 \\ 1 & 3 & 7 & 0 \end{pmatrix} \xrightarrow{R_3 - R_1} \begin{pmatrix} 1 & 2 & 4 & 1 \\ 0 & 1 & 2 & 0 \\ 0 & 1 & 3 & -1 \end{pmatrix}$$

$$\xrightarrow[R_3 - R_2]{R_1 - 2R_2} \begin{pmatrix} 1 & 0 & 0 & 1 \\ 0 & 1 & 2 & 0 \\ 0 & 0 & 1 & -1 \end{pmatrix}$$

$$\xrightarrow{R_2 - 2R_3} \begin{pmatrix} 1 & 0 & 0 & 1 \\ 0 & 1 & 0 & 2 \\ 0 & 0 & 1 & -1 \end{pmatrix}.$$

よって，$x_1 = 1, x_2 = 2, x_3 = -1$ であり，$\boldsymbol{x} = \begin{pmatrix} 1 \\ 2 \\ -1 \end{pmatrix}$ である．

(2)　拡大係数行列に次のような行基本変形をほどこす．

$$\begin{pmatrix} 1 & 2 & 4 & 0 \\ 0 & 1 & 2 & 1 \\ 1 & 3 & 7 & 0 \end{pmatrix} \xrightarrow{R_3-R_1} \begin{pmatrix} 1 & 2 & 4 & 0 \\ 0 & 1 & 2 & 1 \\ 0 & 1 & 3 & 0 \end{pmatrix}$$

$$\xrightarrow[R_3-R_2]{R_1-2R_2} \begin{pmatrix} 1 & 0 & 0 & -2 \\ 0 & 1 & 2 & 1 \\ 0 & 0 & 1 & -1 \end{pmatrix}$$

$$\xrightarrow{R_2-2R_3} \begin{pmatrix} 1 & 0 & 0 & -2 \\ 0 & 1 & 0 & 3 \\ 0 & 0 & 1 & -1 \end{pmatrix}.$$

よって，$y_1 = -2, y_2 = 3, y_3 = -1$ であり，$\boldsymbol{y} = \begin{pmatrix} -2 \\ 3 \\ -1 \end{pmatrix}$ である． □

問 7.16　例題 7.15 の行列 A に対して，$A\boldsymbol{z} = \begin{pmatrix} 0 \\ 0 \\ 1 \end{pmatrix}$ を満たすベクトル $\boldsymbol{z} = \begin{pmatrix} z_1 \\ z_2 \\ z_3 \end{pmatrix}$ を求めよ．

例題 7.15 と問 7.16 を用いて，逆行列の計算法を考えてみよう．

A は例題 7.15 の行列とし，$X = \begin{pmatrix} x_1 & y_1 & z_1 \\ x_2 & y_2 & z_2 \\ x_3 & y_3 & z_3 \end{pmatrix}$ が A の逆行列であるとすると，$AX = E_3$ を満たす．

$$\begin{pmatrix} 1 & 2 & 4 \\ 0 & 1 & 2 \\ 1 & 3 & 7 \end{pmatrix} \begin{pmatrix} x_1 & y_1 & z_1 \\ x_2 & y_2 & z_2 \\ x_3 & y_3 & z_3 \end{pmatrix} = \begin{pmatrix} 1 & 0 & 0 \\ 0 & 1 & 0 \\ 0 & 0 & 1 \end{pmatrix}.$$

この式の両辺の第 1 列，第 2 列，第 3 列をそれぞれ比較すると

$$Ax = \begin{pmatrix} 1 \\ 0 \\ 0 \end{pmatrix}, \quad Ay = \begin{pmatrix} 0 \\ 1 \\ 0 \end{pmatrix}, \quad Az = \begin{pmatrix} 0 \\ 0 \\ 1 \end{pmatrix}$$

が成り立つ．ここで，$\boldsymbol{x} = \begin{pmatrix} x_1 \\ x_2 \\ x_3 \end{pmatrix}$, $\boldsymbol{y} = \begin{pmatrix} y_1 \\ y_2 \\ y_3 \end{pmatrix}$, $\boldsymbol{z} = \begin{pmatrix} z_1 \\ z_2 \\ z_3 \end{pmatrix}$ である．このような $\boldsymbol{x}, \boldsymbol{y}, \boldsymbol{z}$ はすでに例題 7.15 と問 7.16 で求めている．このことから

$$X = A^{-1} = \begin{pmatrix} 1 & -2 & 0 \\ 2 & 3 & -2 \\ -1 & -1 & 1 \end{pmatrix}$$

であることがわかる．

ところで，$\boldsymbol{x}, \boldsymbol{y}, \boldsymbol{z}$ を求める際に，同じ行基本変形が用いられていたことに注意しよう．したがって，$\boldsymbol{x}, \boldsymbol{y}, \boldsymbol{z}$ は次のようにまとめて計算できる．

$$\left(\begin{array}{ccc|ccc} 1 & 2 & 4 & 1 & 0 & 0 \\ 0 & 1 & 2 & 0 & 1 & 0 \\ 1 & 3 & 7 & 0 & 0 & 1 \end{array}\right) \xrightarrow{R_3 - R_1} \left(\begin{array}{ccc|ccc} 1 & 2 & 4 & 1 & 0 & 0 \\ 0 & 1 & 2 & 0 & 1 & 0 \\ 0 & 1 & 3 & -1 & 0 & 1 \end{array}\right)$$

$$\xrightarrow[R_3 - R_2]{R_1 - 2R_2} \left(\begin{array}{ccc|ccc} 1 & 0 & 0 & 1 & -2 & 0 \\ 0 & 1 & 2 & 0 & 1 & 0 \\ 0 & 0 & 1 & -1 & -1 & 1 \end{array}\right)$$

$$\xrightarrow{R_2 - 2R_3} \left(\begin{array}{ccc|ccc} 1 & 0 & 0 & 1 & -2 & 0 \\ 0 & 1 & 0 & 2 & 3 & -2 \\ 0 & 0 & 1 & -1 & -1 & 1 \end{array}\right).$$

この変形の第 1 列，第 2 列，第 3 列，第 4 列を取り出したものは，例題 7.15 (1) の計算にほかならない．また，第 1 列，第 2 列，第 3 列，第 5 列を取り出したものは，例題 7.15 (2) の計算と同一である．さらに，第 1 列，第 2 列，第 3 列，第 6 列を取り出したものは，問 7.16 の計算と一致する．

一般に，n 次正方行列 A に逆行列 A^{-1} が存在する場合，それは次のようにして求めることができる．

(I)　A の右に n 次単位行列 E_n を並べ，$(n, 2n)$ 型行列を作る (この行列をしば

しば $(A|E_n)$ と表す).

(II)　この $(n, 2n)$ 型行列 $(A|E_n)$ 全体に行基本変形をくり返しほどこし，左側の部分が単位行列 E_n になるようにする.

(III)　このとき，右側にあらわれた行列が A^{-1} である.

$$(A|E_n) \longrightarrow \cdots \longrightarrow (E_n|A^{-1}).$$

例題 7.17　$A = \begin{pmatrix} 1 & -2 & 1 \\ 2 & -2 & 3 \\ 1 & 2 & 4 \end{pmatrix}$ の逆行列を求めよ.

[解答]　$(A|E_3)$ に次のような行基本変形をほどこす.

$$\left(\begin{array}{ccc|ccc} 1 & -2 & 1 & 1 & 0 & 0 \\ 2 & -2 & 3 & 0 & 1 & 0 \\ 1 & 2 & 4 & 0 & 0 & 1 \end{array}\right)$$

$$\xrightarrow[R_3-R_1]{R_2-2R_1} \left(\begin{array}{ccc|ccc} 1 & -2 & 1 & 1 & 0 & 0 \\ 0 & 2 & 1 & -2 & 1 & 0 \\ 0 & 4 & 3 & -1 & 0 & 1 \end{array}\right)$$

$$\xrightarrow{R_2\times\frac{1}{2}} \left(\begin{array}{ccc|ccc} 1 & -2 & 1 & 1 & 0 & 0 \\ 0 & 1 & \dfrac{1}{2} & -1 & \dfrac{1}{2} & 0 \\ 0 & 4 & 3 & -1 & 0 & 1 \end{array}\right)$$

$$\xrightarrow[R_3-4R_2]{R_1+2R_2} \left(\begin{array}{ccc|ccc} 1 & 0 & 2 & -1 & 1 & 0 \\ 0 & 1 & \dfrac{1}{2} & -1 & \dfrac{1}{2} & 0 \\ 0 & 0 & 1 & 3 & -2 & 1 \end{array}\right)$$

$$\xrightarrow[R_2-\frac{1}{2}R_3]{R_1-2R_3} \left(\begin{array}{ccc|ccc} 1 & 0 & 2 & -7 & 5 & -2 \\ 0 & 1 & \dfrac{1}{2} & -\dfrac{5}{2} & \dfrac{3}{2} & -\dfrac{1}{2} \\ 0 & 0 & 1 & 3 & -2 & 1 \end{array}\right).$$

このことより，$A^{-1} = \begin{pmatrix} -7 & 5 & -2 \\ -\dfrac{5}{2} & \dfrac{3}{2} & -\dfrac{1}{2} \\ 3 & -2 & 1 \end{pmatrix}$ であることがわかる．　□

問 7.18　次の行列の逆行列を求めよ．

(1) $\begin{pmatrix} 1 & 1 & 4 \\ 2 & 3 & 9 \\ 0 & 2 & 3 \end{pmatrix}$　　(2) $\begin{pmatrix} 1 & a & 0 \\ 0 & 1 & a \\ 0 & 0 & 1 \end{pmatrix}$　　(a は実数)

第8章 行列式

正方行列に対して，行列式とよばれる量が定まる．行列式の幾何学的な意味について述べ，その後，その性質や計算方法について説明する．

8.1　2次の行列式の幾何学的な導入

A は2次正方行列とする．xy 平面内の図形に A を作用させたときに，図形の面積がどのように変化するかを考えよう．

例 8.1 $A_1 = \begin{pmatrix} 3 & 0 \\ 0 & 2 \end{pmatrix}$ とする．A_1 は対角行列である．xy 平面内の図形に A_1 を作用させると，その図形は，x 軸方向に3倍に拡大され，y 軸方向には2倍に拡大される．したがって，図形の面積は6倍になる (問 6.5 (81 ページ) 参照).

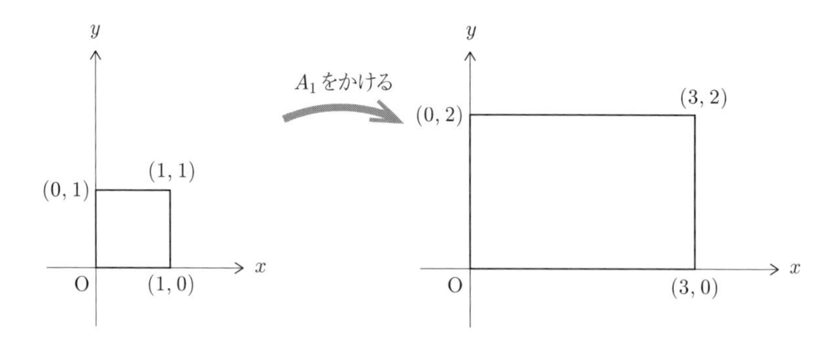

例 8.2　α は実数とし，$A_2 = \begin{pmatrix} \cos\alpha & -\sin\alpha \\ \sin\alpha & \cos\alpha \end{pmatrix}$ とする．A_2 は回転行列である．xy 平面内の図形に A_2 を作用させると，その図形は反時計回りに角度 α 回転するが，面積は変わらない．

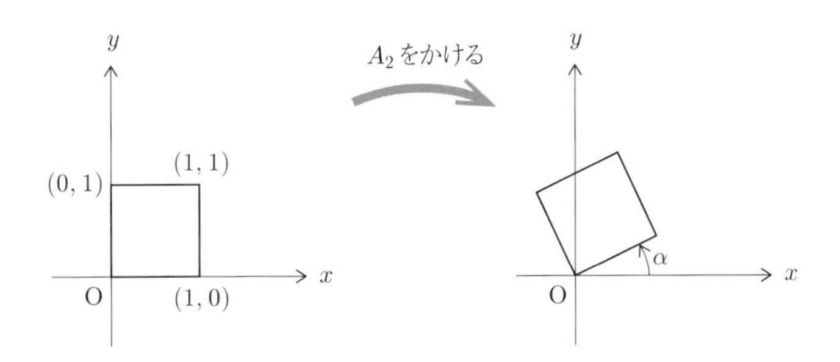

例 8.3　α は実数とし，$A_3 = \begin{pmatrix} \cos 2\alpha & \sin 2\alpha \\ \sin 2\alpha & -\cos 2\alpha \end{pmatrix}$ とする．A_3 は鏡映行列である．原点 O を中心として x 軸を正の向きに角度 α 回転させた直線を l とするとき，図形に A_3 を作用させると，その図形は直線 l を対称軸として折り返される．このとき，面積は変わらないが，図形が裏返しになる．

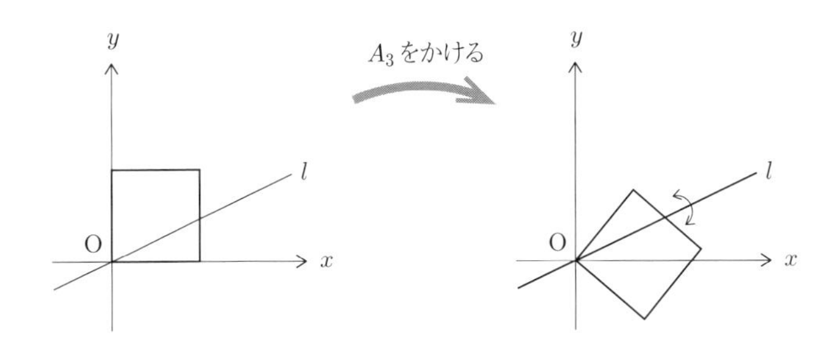

ここで，**行列式**という概念を導入しよう．

xy 平面内の図形に対して 2 次正方行列 A を作用させたときの面積の拡大率を A の**行列式**とよび，$\det A$ と表す．ただし，図形が裏返ったときは，$\det A$ は面積の拡大率を (-1) 倍した負の値をとるものとする．

例 8.4　(1)　例 8.1 の行列 A_1 を考えよう．A_1 を図形に作用させると，面積が

6 倍になるので，行列式は 6 である．すなわち，$\det A_1 = 6$ である．

(2) 例 8.2 の行列 A_2 を図形に作用させても面積は変わらないので，行列式は 1 である．すなわち，$\det A_2 = 1$ である．

(3) 例 8.3 の行列 A_3 を図形に作用させても面積は変わらないが，図形が裏返るので，行列式は -1 である．すなわち，$\det A_3 = -1$ である．

第 6 章において，2 次正方行列の作用を幾何学的に考察した．

$$A = \begin{pmatrix} a_{11} & a_{12} \\ a_{21} & a_{22} \end{pmatrix}, \quad \boldsymbol{e}_1 = \begin{pmatrix} 1 \\ 0 \end{pmatrix}, \quad \boldsymbol{e}_2 = \begin{pmatrix} 0 \\ 1 \end{pmatrix},$$

$$\boldsymbol{a}_1 = \begin{pmatrix} a_{11} \\ a_{21} \end{pmatrix}, \quad \boldsymbol{a}_2 = \begin{pmatrix} a_{12} \\ a_{22} \end{pmatrix}$$

とおくと，$\boldsymbol{a}_1 = A\boldsymbol{e}_1$, $\boldsymbol{a}_2 = A\boldsymbol{e}_2$ が成り立つ．2 つのベクトル $\boldsymbol{e}_1$ と $\boldsymbol{e}_2$ によって作られる 1 辺の長さが 1 の正方形に行列 A を作用させると，$\boldsymbol{a}_1$ と $\boldsymbol{a}_2$ によって作られる平行四辺形にうつされる．

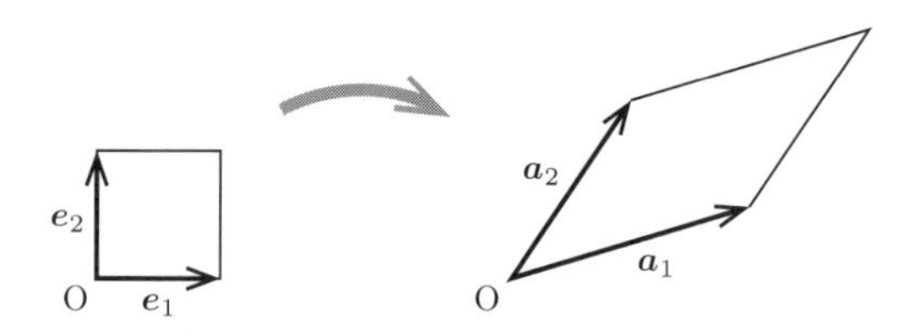

いま，$\boldsymbol{a}_1, \boldsymbol{a}_2$ で作られる平行四辺形の面積を S とする．$\boldsymbol{e}_1, \boldsymbol{e}_2$ の作る正方形の面積は 1 であるので，A を作用させたときの面積の拡大率は S と等しい．図形が裏返るかどうかを考えれば，次のことが成り立つことがわかる．

$$\det A = \begin{cases} S & (\boldsymbol{a}_1, \boldsymbol{a}_2 \text{ が次の図の (I) のような位置関係のとき}), \\ -S & (\boldsymbol{a}_1, \boldsymbol{a}_2 \text{ が次の図の (II) のような位置関係のとき}), \\ 0 & (\boldsymbol{a}_1, \boldsymbol{a}_2 \text{ が同じ向き，または反対向きのとき}). \end{cases}$$

A の行列式を表す記号としては，$\det A$ のほかに

$$\det(\boldsymbol{a}_1, \boldsymbol{a}_2), \quad |A|, \quad \begin{vmatrix} a_{11} & a_{12} \\ a_{21} & a_{22} \end{vmatrix}$$

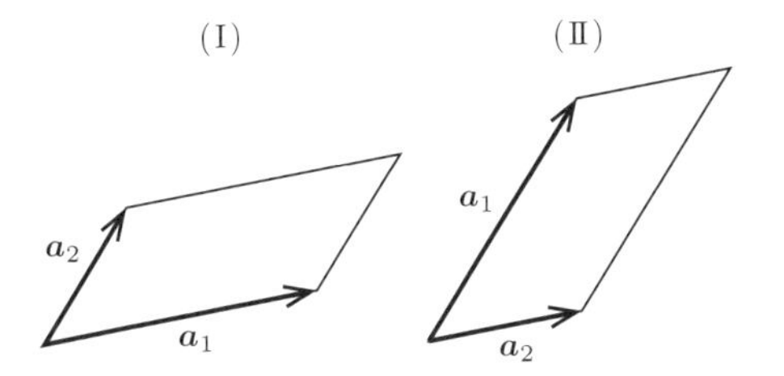

なども用いられる．

2 次正方行列の行列式は，単に，「2 次の行列式」ともよばれる．

8.2　2 次の行列式の公式と基本的な性質

2 次の行列式については，次の公式が成り立つ．

公式 8.5 $\begin{vmatrix} a_{11} & a_{12} \\ a_{21} & a_{22} \end{vmatrix} = a_{11}a_{22} - a_{21}a_{12}.$

例 8.6 (1)　例 8.1 (108 ページ) の行列 A_1 の行列式を上の公式を用いて計算すると

$$\det A_1 = \begin{vmatrix} 2 & 0 \\ 0 & 3 \end{vmatrix} = 2 \cdot 3 - 0 \cdot 0 = 6$$

となり，例 8.4 の考察結果と一致する．

(2)　例 8.2 (109 ページ) の行列 A_2 の行列式は

$$\det A_2 = \begin{vmatrix} \cos\alpha & -\sin\alpha \\ \sin\alpha & \cos\alpha \end{vmatrix} = \cos^2\alpha + \sin^2\alpha = 1$$

と計算され，例 8.4 の考察結果と一致する．

(3)　例 8.3 の行列 A_3 の行列式は

$$\det A_3 = \begin{vmatrix} \cos 2\alpha & \sin 2\alpha \\ \sin 2\alpha & -\cos 2\alpha \end{vmatrix} = -\cos^2 2\alpha - \sin^2 2\alpha = -1$$

と計算され，例 8.4 の考察結果と一致する．

公式 8.5 が成り立つ理由を考えてみよう．

行列式については，次の命題が成り立つことが知られている．

命題 8.7　$\boldsymbol{a}_1$, $\boldsymbol{a}'_1$, $\boldsymbol{a}_2$, $\boldsymbol{a}'_2$ は 2 次元ベクトルとし，c は実数とする．このとき，次のことが成り立つ．

(1)　$\det(\boldsymbol{a}_1 + \boldsymbol{a}'_1, \boldsymbol{a}_2) = \det(\boldsymbol{a}_1, \boldsymbol{a}_2) + \det(\boldsymbol{a}'_1, \boldsymbol{a}_2)$.

(2)　$\det(c\boldsymbol{a}_1, \boldsymbol{a}_2) = c \det(\boldsymbol{a}_1, \boldsymbol{a}_2)$.

(3)　$\det(\boldsymbol{a}_1, \boldsymbol{a}_2 + \boldsymbol{a}'_2) = \det(\boldsymbol{a}_1, \boldsymbol{a}_2) + \det(\boldsymbol{a}_1, \boldsymbol{a}'_2)$.

(4)　$\det(\boldsymbol{a}_1, c\boldsymbol{a}_2) = c \det(\boldsymbol{a}_1, \boldsymbol{a}_2)$.

(5)　$\det(\boldsymbol{a}_2, \boldsymbol{a}_1) = -\det(\boldsymbol{a}_1, \boldsymbol{a}_2)$.

(6)　$\boldsymbol{a}_1 = \boldsymbol{a}_2$ ならば，$\det(\boldsymbol{a}_1, \boldsymbol{a}_2) = 0$.

命題 8.7 の厳密な証明はしないが，ここで述べた (1) から (6) までの性質が成り立つ理由を簡単に説明しよう．

まず，性質 (3), (4) について考えてみよう．ベクトル $\boldsymbol{a}_1$, $\boldsymbol{a}_2$ が次のような位置関係にあるとしよう．

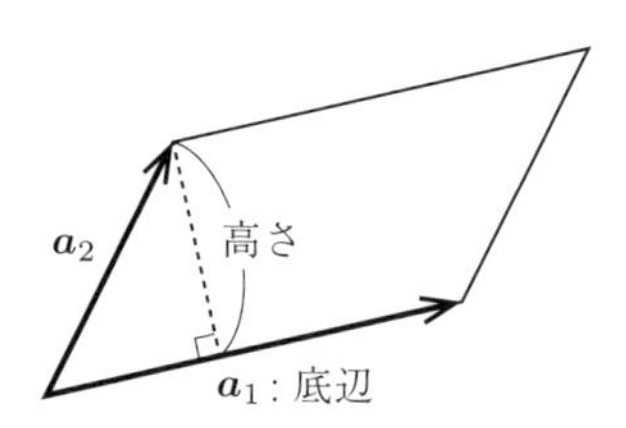

$\boldsymbol{a}_1$, $\boldsymbol{a}_2$ で作られる平行四辺形において，ベクトル $\boldsymbol{a}_1$ を「底辺」と考えると，「高さ」は図に示した部分の長さである．いま，この長さを仮に「$\boldsymbol{a}_1$ から見た $\boldsymbol{a}_2$ の高さ」とよぼう．

このとき，$\boldsymbol{a}_1$, $\boldsymbol{a}_2$ で作られる平行四辺形の面積は

$$(\boldsymbol{a}_1 \text{ の長さ}) \cdot (\boldsymbol{a}_1 \text{ から見た } \boldsymbol{a}_2 \text{ の高さ})$$

である．また，$\boldsymbol{a}_2 + \boldsymbol{a}'_2$, $c\boldsymbol{a}_2$ については

$$\begin{aligned}&(\boldsymbol{a}_1 \text{ から見た } \boldsymbol{a}_2 + \boldsymbol{a}'_2 \text{ の高さ})\\&\quad = (\boldsymbol{a}_1 \text{ から見た } \boldsymbol{a}_2 \text{ の高さ}) + (\boldsymbol{a}_1 \text{ から見た } \boldsymbol{a}_2 \text{ の高さ}),\end{aligned}$$

$$(\boldsymbol{a}_1 \text{ から見た } c\boldsymbol{a}_2 \text{ の高さ}) = c(\boldsymbol{a}_1 \text{ から見た } \boldsymbol{a}_2 \text{ の高さ})$$

が成り立つ．正確には，正負の符号についても考える必要があるが，このことから性質 (3), (4) が得られる．

性質 (1), (2) も同様に示すことができる．

(1) から (4) までの性質を**多重線形性** (正確には「列に関する多重線形性」) とよぶ．

一方，性質 (5), (6) を**交代性** (列に関する交代性) とよぶ．たとえば，(5) は，2 つのベクトルを入れかえると，ベクトルの位置関係が逆になることからしたがう．

多重線形性と交代性を用いて，公式 8.5 を導いてみよう．いま

$$\boldsymbol{e}_1 = \begin{pmatrix} 1 \\ 0 \end{pmatrix}, \quad \boldsymbol{e}_2 = \begin{pmatrix} 0 \\ 1 \end{pmatrix}$$

とする．$\boldsymbol{e}_1$ と $\boldsymbol{e}_2$ によって作られる正方形の面積は 1 であるので

$$\det(\boldsymbol{e}_1, \boldsymbol{e}_2) = 1$$

である．また，交代性により

$$\det(\boldsymbol{e}_2, \boldsymbol{e}_1) = -\det(\boldsymbol{e}_1, \boldsymbol{e}_2) = -1, \quad \det(\boldsymbol{e}_1, \boldsymbol{e}_1) = \det(\boldsymbol{e}_2, \boldsymbol{e}_2) = 0$$

であることに注意する．

$$A = \begin{pmatrix} a_{11} & a_{12} \\ a_{21} & a_{22} \end{pmatrix}, \quad \boldsymbol{a}_1 = \begin{pmatrix} a_{11} \\ a_{21} \end{pmatrix}, \quad \boldsymbol{a}_2 = \begin{pmatrix} a_{12} \\ a_{22} \end{pmatrix}$$

とするとき

$$\boldsymbol{a}_1 = \begin{pmatrix} a_{11} \\ a_{21} \end{pmatrix} = a_{11}\begin{pmatrix} 1 \\ 0 \end{pmatrix} + a_{21}\begin{pmatrix} 0 \\ 1 \end{pmatrix} = a_{11}\boldsymbol{e}_1 + a_{21}\boldsymbol{e}_2$$

であるので，多重線形性により

$$\begin{aligned} \det(\boldsymbol{a}_1, \boldsymbol{a}_2) &= \det(a_{11}\boldsymbol{e}_1 + a_{21}\boldsymbol{e}_2, \boldsymbol{a}_2) \\ &= \det(a_{11}\boldsymbol{e}_1, \boldsymbol{a}_2) + \det(a_{21}\boldsymbol{e}_2, \boldsymbol{a}_2) \\ &= a_{11}\det(\boldsymbol{e}_1, \boldsymbol{a}_2) + a_{21}\det(\boldsymbol{e}_2, \boldsymbol{a}_2) \end{aligned}$$

が成り立つ．さらに

$$\boldsymbol{a}_2 = a_{12}\boldsymbol{e}_1 + a_{22}\boldsymbol{e}_2$$

であるので，多重線形性により

$$\det(\boldsymbol{e}_1, \boldsymbol{a}_2) = a_{12}\det(\boldsymbol{e}_1, \boldsymbol{e}_1) + a_{22}\det(\boldsymbol{e}_1, \boldsymbol{e}_2),$$
$$\det(\boldsymbol{e}_2, \boldsymbol{a}_2) = a_{12}\det(\boldsymbol{e}_2, \boldsymbol{e}_1) + a_{22}\det(\boldsymbol{e}_2, \boldsymbol{e}_2)$$

が成り立つ．以上のことをあわせれば

$$\begin{aligned}\det(\boldsymbol{a}_1, \boldsymbol{a}_2) &= a_{11}(a_{12}\det(\boldsymbol{e}_1, \boldsymbol{e}_1) + a_{22}\det(\boldsymbol{e}_1, \boldsymbol{e}_2)) \\ &\quad + a_{21}(a_{12}\det(\boldsymbol{e}_2, \boldsymbol{e}_1) + a_{22}\det(\boldsymbol{e}_2, \boldsymbol{e}_2)) \\ &= a_{11}a_{12}\det(\boldsymbol{e}_1, \boldsymbol{e}_1) + a_{11}a_{22}\det(\boldsymbol{e}_1, \boldsymbol{e}_2) \\ &\quad + a_{21}a_{12}\det(\boldsymbol{e}_2, \boldsymbol{e}_1) + a_{21}a_{22}\det(\boldsymbol{e}_2, \boldsymbol{e}_2) \\ &= a_{11}a_{12}\cdot 0 + a_{11}a_{22}\cdot 1 + a_{21}a_{12}\cdot(-1) + a_{21}a_{22}\cdot 0 \\ &= a_{11}a_{22} - a_{21}a_{12}\end{aligned}$$

が得られ，公式 8.5 (111 ページ) が導かれる．

公式 8.5 には，次のような覚え方がある．これは，**サラスの規則** (たすきがけ) とよばれる．

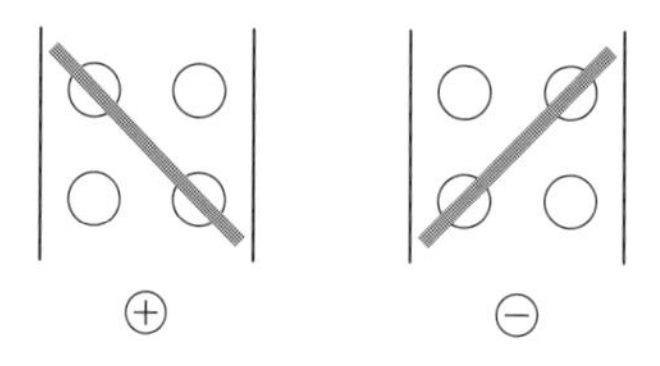

線で結ばれた成分同士をかけあわせ，それらについて，「⊕」の部分は加え，「⊖」の部分は引くことによって，行列式が得られる．

問 8.8　公式 8.5 を用いて，次の行列式を計算せよ．

(1) $\begin{vmatrix} 2 & 1 \\ 4 & 3 \end{vmatrix}$　　(2) $\begin{vmatrix} 1 & 2 \\ 3 & 4 \end{vmatrix}$　　(3) $\begin{vmatrix} 2 & 4 \\ 1 & 3 \end{vmatrix}$

8.3　2 次の行列式のさまざまな性質

2 次の行列式は，さまざまな性質を持つ．

まず，**転置行列**という概念について述べる．行列 A の縦と横を入れかえた行列を A の**転置行列**とよび，${}^tA$ と表す．たとえば，$A = \begin{pmatrix} 2 & 1 \\ 4 & 3 \end{pmatrix}$ の転置行列は，${}^tA =$

$\begin{pmatrix} 2 & 4 \\ 1 & 3 \end{pmatrix}$ である．行列 A の転置行列 ${}^tA$ を作ることを，「A を転置する」と表現することがある．

命題 8.9　2 次の正方行列 A に対して

$$\det A = \det({}^tA)$$

が成り立つ．すなわち，2 次の行列式は，転置しても変わらない．

証明　$A = \begin{pmatrix} a_{11} & a_{12} \\ a_{21} & a_{22} \end{pmatrix}$ とすると

$$\det A = \begin{vmatrix} a_{11} & a_{12} \\ a_{21} & a_{22} \end{vmatrix} = a_{11}a_{22} - a_{21}a_{12},$$

$$\det({}^tA) = \begin{vmatrix} a_{11} & a_{21} \\ a_{12} & a_{22} \end{vmatrix} = a_{11}a_{22} - a_{12}a_{21} = a_{11}a_{22} - a_{21}a_{12}$$

であるので，$\det A = \det({}^tA)$ が成り立つ．□

命題 8.9 によれば，2 次の行列式の持つ性質のうち，列に関して成り立つ性質は，行に関しても成り立つことがわかる．たとえば，行列式は列に関する多重線形性や交代性を持つが，行に関しても多重線形性や交代性を持つ．

次の命題も重要である．

命題 8.10　A, B は 2 次正方行列とする．このとき

$$\det(AB) = \det A \det B \tag{8.1}$$

が成り立つ．

命題 8.10 が成り立つ理由を，大まかに述べる．

平面図形に行列 B を作用させると，面積は $|\det B|$ 倍される (ここで，$|\det B|$ は $\det B$ の絶対値を表す)．引き続き A を作用させると，面積はさらに $|\det A|$ 倍される．したがって，行列 AB を作用させると，図形の面積は $|\det A \det B|$ 倍になる．図形が裏返るかどうかも考慮すると，式 (8.1) が成り立つことがわかる (詳細は省略

する).

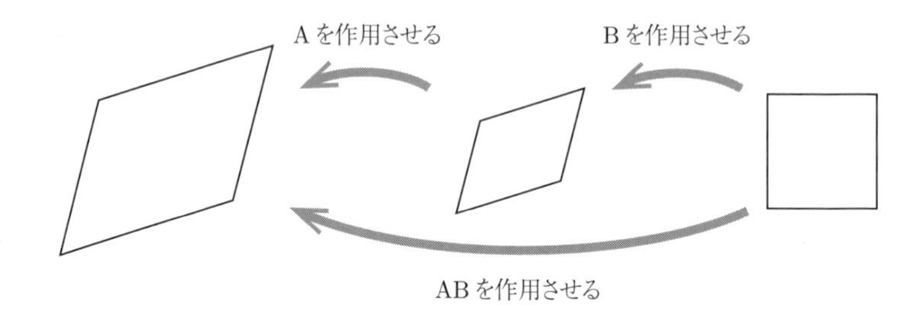

最後に，行列の基本変形と行列式の関係について述べる.

例題 8.11　$\boldsymbol{a}_1$, $\boldsymbol{a}_2$ は 2 次元ベクトルとし，c は実数とする．このとき

$$\det(\boldsymbol{a}_1, \boldsymbol{a}_2 + c\boldsymbol{a}_1) = \det(\boldsymbol{a}_1, \boldsymbol{a}_2)$$

が成り立つことを，行列式の多重線形性と交代性を用いて示せ.

[解答]　行列式の多重線形性により

$$\begin{aligned}\det(\boldsymbol{a}_1, \boldsymbol{a}_2 + c\boldsymbol{a}_1) &= \det(\boldsymbol{a}_1, \boldsymbol{a}_2) + \det(\boldsymbol{a}_1, c\boldsymbol{a}_1) \\ &= \det(\boldsymbol{a}_1, \boldsymbol{a}_2) + c\det(\boldsymbol{a}_1, \boldsymbol{a}_1)\end{aligned}$$

が成り立つ．さらに，交代性により

$$\det(\boldsymbol{a}_1, \boldsymbol{a}_1) = 0$$

であるので，求める等式が得られる.　□

例題 8.11 によれば，ある列に別の列の定数倍を加えても，行列式は変わらない．さらに，命題 8.9 を用いれば，ある行に別の行の定数倍を加えても，行列式は変わらないことがわかる.

行列の行基本変形についてはすでに述べたが，列についても同様の基本変形 (列基本変形) を考えることができる．これらの基本変形によって，2 次の行列式がどのように変化するかをまとめておこう.

- 2 つの行 (列) を交換すると，行列式は (-1) 倍になる．このことは行列式の交代性よりしたがう.

- ある行 (列) を c 倍すると，行列式は c 倍になる．このことは行列式の多重線形性よりしたがう．
- ある行 (列) に別の行 (列) の定数倍を加えても，行列式は変わらない．このことは上で示した．

問 8.12 $\begin{vmatrix} a_{11}+ca_{12} & a_{12} \\ a_{21}+ca_{22} & a_{22} \end{vmatrix} = \begin{vmatrix} a_{11} & a_{12} \\ a_{21} & a_{22} \end{vmatrix}$ が成り立つことを，公式 8.5 を用いた計算によって確かめよ．

8.4　3 次の行列式

3 次の正方行列 A に対しても，行列式 $\det A$ を考えることができる．A を作用させたときの立体の体積の拡大率に符号をつけたものが $\det A$ であるが，もう少しくわしく述べよう．

まず，**右手系**，**左手系**という概念について説明する．

通常の xyz 空間の座標は，右手の親指に x 軸，人差し指に y 軸，中指に z 軸を対応させると，3 つの指をちょうど座標の向きに合わせることができる．このような 3 つの向きの関係を**右手系**といい，この関係が「裏返し」になったものを**左手系**という．

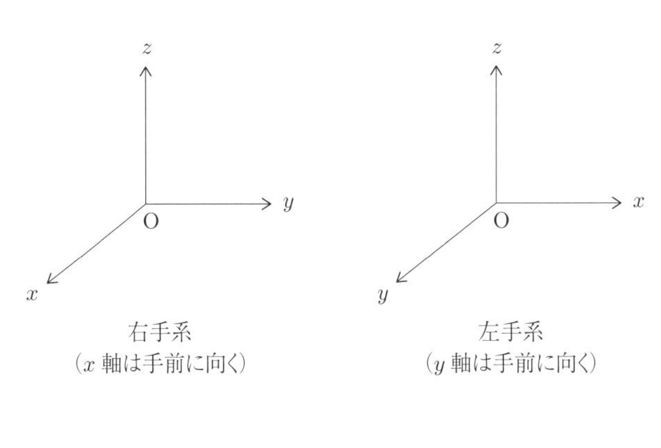

右手系
(x 軸は手前に向く)

左手系
(y 軸は手前に向く)

いま，$A = \begin{pmatrix} a_{11} & a_{12} & a_{13} \\ a_{21} & a_{22} & a_{23} \\ a_{31} & a_{32} & a_{33} \end{pmatrix}$ とし

$$\boldsymbol{a}_1 = \begin{pmatrix} a_{11} \\ a_{21} \\ a_{31} \end{pmatrix}, \quad \boldsymbol{a}_2 = \begin{pmatrix} a_{12} \\ a_{22} \\ a_{32} \end{pmatrix}, \quad \boldsymbol{a}_3 = \begin{pmatrix} a_{13} \\ a_{23} \\ a_{33} \end{pmatrix},$$

$$\boldsymbol{e}_1 = \begin{pmatrix} 1 \\ 0 \\ 0 \end{pmatrix}, \quad \boldsymbol{e}_2 = \begin{pmatrix} 0 \\ 1 \\ 0 \end{pmatrix}, \quad \boldsymbol{e}_3 = \begin{pmatrix} 0 \\ 0 \\ 1 \end{pmatrix}$$

とする．このとき，$A\boldsymbol{e}_1 = \boldsymbol{a}_1$, $A\boldsymbol{e}_2 = \boldsymbol{a}_2$, $A\boldsymbol{e}_3 = \boldsymbol{a}_3$ が成り立つ．したがって，3 つのベクトル $\boldsymbol{e}_1$, $\boldsymbol{e}_2$, $\boldsymbol{e}_3$ の作る立体 (立方体) に A を作用させると，$\boldsymbol{a}_1$, $\boldsymbol{a}_2$, $\boldsymbol{a}_3$ の作る立体 (**平行六面体**とよばれる) ができる．

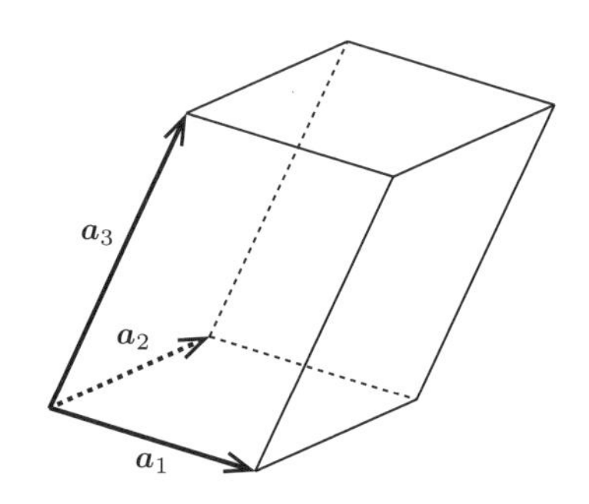

この平行六面体の体積を V とし，A の行列式 $\det A\,(= \det(\boldsymbol{a}_1, \boldsymbol{a}_2, \boldsymbol{a}_3))$ を

$$\det A = \det(\boldsymbol{a}_1, \boldsymbol{a}_2, \boldsymbol{a}_3) = \begin{cases} V & (\boldsymbol{a}_1,\ \boldsymbol{a}_2,\ \boldsymbol{a}_3 \text{ が右手系をなすとき}) \\ -V & (\boldsymbol{a}_1,\ \boldsymbol{a}_2,\ \boldsymbol{a}_3 \text{ が左手系をなすとき}) \\ 0 & (\boldsymbol{a}_1,\ \boldsymbol{a}_2,\ \boldsymbol{a}_3 \text{ が同一平面上にあるとき}) \end{cases}$$

と定める．

詳細な説明は省略するが，2 次の行列式の場合と同様に，3 次の行列式は次の性質を持つ．ここで，$\boldsymbol{a}_1$, $\boldsymbol{a}$ などは 3 次元ベクトルを表し，c は実数を表す．また，$\boldsymbol{e}_1$, $\boldsymbol{e}_2$, $\boldsymbol{e}_3$ は上述のものとする．

(1)　$\det(\boldsymbol{a}_1 + \boldsymbol{a}'_1, \boldsymbol{a}_2, \boldsymbol{a}_3) = \det(\boldsymbol{a}_1, \boldsymbol{a}_2, \boldsymbol{a}_3) + \det(\boldsymbol{a}'_1, \boldsymbol{a}_2, \boldsymbol{a}_3)$.

(2)　$\det(c\boldsymbol{a}_1, \boldsymbol{a}_2, \boldsymbol{a}_3) = c\det(\boldsymbol{a}_1, \boldsymbol{a}_2, \boldsymbol{a}_3)$.

(3)　$\det(\boldsymbol{a}_1, \boldsymbol{a}_2 + \boldsymbol{a}'_2, \boldsymbol{a}_3) = \det(\boldsymbol{a}_1, \boldsymbol{a}_2, \boldsymbol{a}_3) + \det(\boldsymbol{a}_1, \boldsymbol{a}'_2, \boldsymbol{a}_3)$.

(4)　$\det(\boldsymbol{a}_1, c\boldsymbol{a}_2, \boldsymbol{a}_3) = c\det(\boldsymbol{a}_1, \boldsymbol{a}_2, \boldsymbol{a}_3)$.

(5)　$\det(\boldsymbol{a}_1, \boldsymbol{a}_2, \boldsymbol{a}_3 + \boldsymbol{a}'_3) = \det(\boldsymbol{a}_1, \boldsymbol{a}_2, \boldsymbol{a}_3) + \det(\boldsymbol{a}_1, \boldsymbol{a}_2, \boldsymbol{a}'_3)$.

(6)　$\det(\boldsymbol{a}_1, \boldsymbol{a}_2, c\boldsymbol{a}_3) = c\det(\boldsymbol{a}_1, \boldsymbol{a}_2, \boldsymbol{a}_3)$.

(7)　$\det(\boldsymbol{a}_2, \boldsymbol{a}_1, \boldsymbol{a}_3) = -\det(\boldsymbol{a}_1, \boldsymbol{a}_2, \boldsymbol{a}_3)$.

(8)　$\det(\boldsymbol{a}_3, \boldsymbol{a}_2, \boldsymbol{a}_1) = -\det(\boldsymbol{a}_1, \boldsymbol{a}_2, \boldsymbol{a}_3)$.

(9)　$\det(\boldsymbol{a}_1, \boldsymbol{a}_3, \boldsymbol{a}_2) = -\det(\boldsymbol{a}_1, \boldsymbol{a}_2, \boldsymbol{a}_3)$.

(10) $\det(\boldsymbol{a}, \boldsymbol{a}, \boldsymbol{b}) = \det(\boldsymbol{a}, \boldsymbol{b}, \boldsymbol{a}) = \det(\boldsymbol{b}, \boldsymbol{a}, \boldsymbol{a}) = 0$.

(11) $\det(\boldsymbol{e}_1, \boldsymbol{e}_2, \boldsymbol{e}_3) = 1$.

性質 (1) から (6) までを総称して，(列に関する) **多重線形性**とよび，性質 (7) から (10) までを総称して，(列に関する) **交代性**とよぶ．

これも詳細を省略するが，これらの性質から次の等式が得られる．

$$\begin{aligned}\det(\boldsymbol{a}_1, \boldsymbol{a}_2, \boldsymbol{a}_3) = {}& a_{11}a_{22}a_{33} + a_{21}a_{32}a_{13} + a_{31}a_{12}a_{23} \\ & - a_{11}a_{32}a_{23} - a_{21}a_{12}a_{33} - a_{31}a_{22}a_{13}.\end{aligned} \tag{8.2}$$

式 (8.2) の右辺の値を A の**行列式**とよび

$$\det A, \quad |A|, \quad \begin{vmatrix} a_{11} & a_{12} & a_{13} \\ a_{21} & a_{22} & a_{23} \\ a_{31} & a_{32} & a_{33} \end{vmatrix}, \quad \det(\boldsymbol{a}_1, \boldsymbol{a}_2, \boldsymbol{a}_3)$$

などと表す．3 次の正方行列の行列式は，しばしば単に「3 次の行列式」とよばれる．

3 次の行列式については，次のような覚え方がある．2 次の行列式の場合と同様に，これもまた，**サラスの規則** (**たすきがけ**) とよばれる．

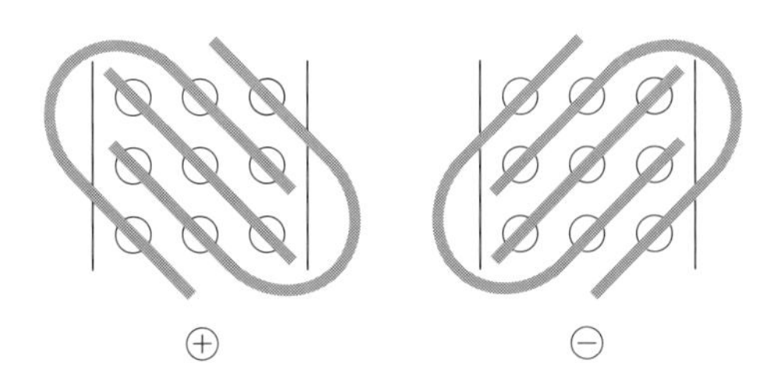

線で結ばれた成分同士をかけあわせ，それらについて，「⊕」の部分は加え，「⊖」の部分は引くことによって，行列式が得られる．

例題 8.13　次の行列式の値を求めよ．

(1) $\begin{vmatrix} 2 & 3 & 1 \\ 4 & 1 & 5 \\ 2 & 2 & 3 \end{vmatrix}$　　(2) $\begin{vmatrix} 0 & 1 & 2 \\ 4 & 2 & 3 \\ 1 & 5 & 6 \end{vmatrix}$　　(3) $\begin{vmatrix} 1 & -1 & 1 \\ 2 & 2 & 5 \\ 6 & 3 & 7 \end{vmatrix}$

[解答]　(1) $2\cdot1\cdot3+4\cdot2\cdot1+2\cdot3\cdot5-2\cdot2\cdot5-4\cdot3\cdot3-2\cdot1\cdot1=-14$.
(2) $0\cdot2\cdot6+4\cdot5\cdot2+1\cdot1\cdot3-0\cdot5\cdot3-4\cdot1\cdot6-1\cdot2\cdot2=15$.
(3) $1\cdot2\cdot7+2\cdot3\cdot1+6\cdot(-1)\cdot5-1\cdot3\cdot5-2\cdot(-1)\cdot7-6\cdot2\cdot1=-23$. □

問 8.14　次の行列式の値を求めよ．

(1) $\begin{vmatrix} 3 & 1 & 1 \\ 2 & 4 & 5 \\ 4 & 2 & 1 \end{vmatrix}$　　(2) $\begin{vmatrix} a & -1 & 1 \\ 1 & a & -1 \\ 1 & -1 & a \end{vmatrix}$　　(a は実数)

3 次の行列式は，さらに次の性質も持つ．

(12)　3 次正方行列 A に対して

$$\det({}^tA)=\det A$$

が成り立つ．したがって，3 次の行列式に関する性質のうち，列に関して成り立つことは行に対しても成り立つ．特に，**行に関する多重線形性**や**行に関する交代性**が成り立つ．

(13)　3 次行列式のある列 (行) に別の列 (行) の定数倍を加えても，値は変わらない．

(14)　次のように 0 を含む行列式では $\begin{vmatrix} a_{11} & 0 & 0 \\ a_{21} & a_{22} & a_{23} \\ a_{31} & a_{32} & a_{33} \end{vmatrix} = a_{11}\begin{vmatrix} a_{22} & a_{23} \\ a_{32} & a_{33} \end{vmatrix}$ が成り立つ．同様に $\begin{vmatrix} a_{11} & a_{12} & a_{13} \\ 0 & a_{22} & a_{23} \\ 0 & a_{32} & a_{33} \end{vmatrix} = a_{11}\begin{vmatrix} a_{22} & a_{23} \\ a_{32} & a_{33} \end{vmatrix}$ も成り立つ．

(15)　3 次の正方行列 A, B に対して

$$\det(AB)=\det A\det B$$

が成り立つ．

問 8.15　上述の性質 (14) が成り立つことを確かめよ．

問 8.16　$A = \begin{pmatrix} 2 & 0 & 1 \\ 1 & 3 & 2 \\ 0 & 5 & 3 \end{pmatrix}$, $B = \begin{pmatrix} 1 & 1 & 2 \\ 0 & 1 & 2 \\ 1 & 1 & 0 \end{pmatrix}$ とする．まず，$\det A$, $\det B$, $\det(AB)$ を求め，$\det(AB) = \det A \det B$ が成り立つことを確かめよ．

8.5　基本変形を用いた 3 次行列式の計算

2 次の行列式の場合と同様に，3 次の行列式も，基本変形によって次のように変化する．

- 2 つの行 (列) を交換すると，行列式は (-1) 倍になる．
- ある行 (列) を c 倍すると，行列式は c 倍になる．
- ある行 (列) に別の行 (列) の定数倍を加えても，行列式は変わらない．

このことを利用すると，基本変形をくり返しほどこすことによって，3 次の行列式の計算を 2 次の行列式の計算に帰着させることができる．

例 8.17　例題 8.13 (1) (120 ページ) の行列式に対して基本変形をほどこすと，次の等式が得られる．

$$\begin{vmatrix} 2 & 3 & 1 \\ 4 & 1 & 5 \\ 2 & 2 & 3 \end{vmatrix} \overset{\substack{R_2 - 2R_1 \\ R_3 - R_1}}{=} \begin{vmatrix} 2 & 3 & 1 \\ 0 & -5 & 3 \\ 0 & -1 & 2 \end{vmatrix}.$$

ここで，前節で述べた行列式の性質 (14) を用いると

$$\begin{vmatrix} 2 & 3 & 1 \\ 0 & -5 & 3 \\ 0 & -1 & 2 \end{vmatrix} = 2 \begin{vmatrix} -5 & 3 \\ -1 & 2 \end{vmatrix} = 2 \cdot (-7) = -14$$

が得られる．

例題 8.18　基本変形を利用して，例題 8.13 (2) の行列式の値を求めよ．

[解答]　たとえば，次のように計算できる．

$$\begin{vmatrix} 0 & 1 & 2 \\ 4 & 2 & 3 \\ 1 & 5 & 6 \end{vmatrix} \overset{R_1 \leftrightarrow R_3}{=} - \begin{vmatrix} 1 & 5 & 6 \\ 4 & 2 & 3 \\ 0 & 1 & 2 \end{vmatrix} \overset{R_2 - 4R_1}{=} - \begin{vmatrix} 1 & 5 & 6 \\ 0 & -18 & -21 \\ 0 & 1 & 2 \end{vmatrix}$$

$$= - \begin{vmatrix} -18 & -21 \\ 1 & 2 \end{vmatrix} = 15.$$

□

注意 8.19 例題 8.18 の解答において，第 1 行と第 3 行を交換した際に，行列式が (-1) 倍になっていることに注意していただきたい．

問 8.20 基本変形を利用して，例題 8.13 (3) の行列式の値を求めよ．

8.6 4 次以上の行列式

詳細は述べないが，4 次以上の正方行列 A に対しても，行列式 $\det A$ が定義され，2 次や 3 次の行列式と同様の性質を持つ．行列式の表記に用いる記号も同様である．ただし，2 次や 3 次の行列式については，「サラスの規則 (たすきがけ)」という覚え方があったが，4 次以上の行列式には，サラスの規則に相当するものは適用できない．

4 次以上の行列式の計算は，3 次の行列式に対する例 8.17 と同様の方法により，より次数の低い行列式の計算に帰着できる．これも詳細は省略するが，次の例題と問を通じて，その方法をつかんでいただきたい．

例題 8.21 行列式 $\begin{vmatrix} 0 & 4 & 7 & 2 \\ 3 & 1 & 2 & 0 \\ 3 & 5 & 6 & 7 \\ 6 & 3 & 8 & 1 \end{vmatrix}$ の値を求めよ．

[解答] 次のように計算できる．

$$\begin{vmatrix} 0 & 4 & 7 & 2 \\ 3 & 1 & 2 & 0 \\ 3 & 5 & 6 & 7 \\ 6 & 3 & 8 & 1 \end{vmatrix} \overset{R_1 \leftrightarrow R_2}{=} - \begin{vmatrix} 3 & 1 & 2 & 0 \\ 0 & 4 & 7 & 2 \\ 3 & 5 & 6 & 7 \\ 6 & 3 & 8 & 1 \end{vmatrix}$$

$$\overset{\substack{R_3 - R_1 \\ R_4 - 2R_1}}{=} \; - \begin{vmatrix} 3 & 1 & 2 & 0 \\ 0 & 4 & 7 & 2 \\ 0 & 4 & 4 & 7 \\ 0 & 1 & 4 & 1 \end{vmatrix} = -3 \begin{vmatrix} 4 & 7 & 2 \\ 4 & 4 & 7 \\ 1 & 4 & 1 \end{vmatrix}$$

$$= (-3) \cdot (-51) = 153.$$

□

問 8.22　次の行列式の値を求めよ．

(1) $\begin{vmatrix} 2 & 0 & 1 & 1 \\ 0 & 2 & 5 & 3 \\ 0 & 3 & 6 & 2 \\ 4 & 2 & 7 & 5 \end{vmatrix}$　　(2) $\begin{vmatrix} 0 & 1 & 0 & 1 \\ 1 & 0 & 0 & 2 \\ 2 & 1 & 3 & 5 \\ 0 & 3 & 4 & 6 \end{vmatrix}$

8.7　行列式による正則性の判定

一般に，n 次正方行列 A, B に対して，

$$\det(AB) = \det A \det B \tag{8.3}$$

が成り立つことが知られている．また，n 次単位行列 E_n については

$$\det E_n = 1 \tag{8.4}$$

が成り立つ．

いま，A は n 次正則行列とし，$B = A^{-1}$ とすると，$AB = AA^{-1} = E_n$ であるので，式 (8.3) と式 (8.4) を用いれば

$$\det A \det(A^{-1}) = \det(AA^{-1}) = \det E_n = 1$$

が成り立つ．したがって，特に，$\det A \neq 0$ でなければならない．また，このとき，次の式が成り立つ．

$$\det(A^{-1}) = \frac{1}{\det A}.$$

実は，次の定理が成り立つ．

定理 8.23　A は n 次正方行列とする．A が正則行列ならば，$\det A \neq 0$ である．また，$\det A \neq 0$ ならば，A は正則行列である．

証明は省略するが，定理 8.23 は次の章で重要な役割を果たすので，覚えておいてほしい．

第9章 行列の対角化

正方行列に対角化とよばれる操作をほどこすことにより，対角行列が得られることがある．その方法について解説する．

9.1 対角化とそのしくみ —— 固有値と固有ベクトル

例題 5.11 (74 ページ) を振り返ってみよう．

正方行列 $A = \begin{pmatrix} 5 & -1 \\ -1 & 5 \end{pmatrix}$ に対して，正則行列 $P = \begin{pmatrix} 1 & -1 \\ 1 & 1 \end{pmatrix}$ を用いて，$B = P^{-1}AP$ を作ると，B は対角行列となった．実際

$$B = \begin{pmatrix} 4 & 0 \\ 0 & 6 \end{pmatrix}$$

である．一般に，与えられた正方行列 A に対して，正則行列 P をうまく選んで，$P^{-1}AP$ を対角行列にすることを，行列 A の**対角化**とよぶ．対角行列は扱いやすい行列であるので，対角化を利用して，たとえば A^k (k は自然数) を計算することができる．

ここでは，2 次正方行列に限って，その対角化のしくみを考えてみよう．

$$A = \begin{pmatrix} a_{11} & a_{12} \\ a_{21} & a_{22} \end{pmatrix}, \quad P = \begin{pmatrix} p_{11} & p_{12} \\ p_{21} & p_{22} \end{pmatrix}$$

とし，次のように対角化されるとする．

$$B = P^{-1}AP = \begin{pmatrix} \alpha_1 & 0 \\ 0 & \alpha_2 \end{pmatrix}. \tag{9.1}$$

式 (9.1) の両辺に左から P をかけ，左辺と右辺をとりかえれば，$AP = PB$ が得ら

れるが，実際に計算することにより

$$\begin{pmatrix} a_{11}p_{11}+a_{12}p_{21} & a_{11}p_{12}+a_{12}p_{22} \\ a_{21}p_{11}+a_{22}p_{21} & a_{21}p_{12}+a_{22}p_{22} \end{pmatrix} = \begin{pmatrix} \alpha_1 p_{11} & \alpha_2 p_{12} \\ \alpha_1 p_{21} & \alpha_2 p_{22} \end{pmatrix} \tag{9.2}$$

が得られる．ここで，P の第 1 列，第 2 列をそれぞれベクトルと考え

$$\boldsymbol{p}_1 = \begin{pmatrix} p_{11} \\ p_{21} \end{pmatrix}, \quad \boldsymbol{p}_2 = \begin{pmatrix} p_{12} \\ p_{22} \end{pmatrix}$$

とおこう．このとき，式 (9.2) の両辺の第 1 列と第 2 列とをそれぞれ比べることにより，次の 2 つの式が得られる．

$$A\boldsymbol{p}_1 = \alpha_1\boldsymbol{p}_1, \quad A\boldsymbol{p}_2 = \alpha_2\boldsymbol{p}_2.$$

逆に，この 2 つの式を満たすベクトル $\boldsymbol{p}_1$ と $\boldsymbol{p}_2$ を並べて，これらを列ベクトルとする行列 P を作れば，$AP = PB$ が成り立つ．さらに，P が正則行列ならば，P^{-1} を右からかけることにより，式 (9.1) が得られる (詳細な検討は読者にゆだねる)．

したがって，2 次正方行列 A は，次のような手順によって対角化される．

- $A\boldsymbol{p}_1 = \alpha_1\boldsymbol{p}_1$, $A\boldsymbol{p}_2 = \alpha_2\boldsymbol{p}_2$ を満たす 2 つのベクトルを見つける．
- $\boldsymbol{p}_1, \boldsymbol{p}_2$ を並べた行列 P を作れば，次が成り立つ．

$$AP = PB, \quad B = \begin{pmatrix} \alpha_1 & 0 \\ 0 & \alpha_2 \end{pmatrix}.$$

- さらに，P が正則行列ならば

$$P^{-1}AP = B = \begin{pmatrix} \alpha_1 & 0 \\ 0 & \alpha_2 \end{pmatrix}$$

　が成り立ち，A が対角化される．

注意 9.1　上の状況において，$\boldsymbol{p}_2 = \boldsymbol{0}$ ならば，P は正則行列でない (例題 5.4，定理 5.5 (71 ページ) 参照)．同様に，$\boldsymbol{p}_1 = \boldsymbol{0}$ のときも，P は正則行列でない．したがって，P が正則行列であるためには，少なくとも，$\boldsymbol{p}_1 \neq \boldsymbol{0}$, $\boldsymbol{p}_2 \neq \boldsymbol{0}$ であることが必要である．

一般に，正方行列 A に対して，$\boldsymbol{0}$ でないベクトル $\boldsymbol{p}$ と数 α が存在して

$$A\boldsymbol{p} = \alpha\boldsymbol{p} \tag{9.3}$$

が成り立つとき，α を A の**固有値**とよび，$\boldsymbol{p}$ を固有値 α に対する A の**固有ベクトル**とよぶ.

結局，A の固有ベクトルを並べて正則行列 P を作ることができれば，A は対角化される，ということになる.

9.2　固有値を求める —— 固有多項式

A は n 次正方行列とする．A の固有値を求める方法について考えよう．前節の式 (9.3) より，A の固有値 α と，それに対する固有ベクトル $\boldsymbol{p}$ に対して

$$\alpha\boldsymbol{p} - A\boldsymbol{p} = \boldsymbol{0}$$

が得られるが，ここで，$\boldsymbol{p} = E_n\boldsymbol{p}$ より $\alpha\boldsymbol{p} - A\boldsymbol{p} = (\alpha E_n - A)\boldsymbol{p}$ であることに注意すれば

$$(\alpha E_n - A)\boldsymbol{p} = \boldsymbol{0} \tag{9.4}$$

が成り立つことがわかる．いま，仮に $\alpha E_n - A$ が正則行列であるとすると，その逆行列 $(\alpha E_n - A)^{-1}$ を式 (9.4) の両辺に左からかけることにより

$$\boldsymbol{p} = \boldsymbol{0}$$

が得られるが，これは，$\boldsymbol{p} \neq \boldsymbol{0}$ であることに反する (固有ベクトルは $\boldsymbol{0}$ でないことに注意せよ)．よって，$\alpha E_n - A$ は正則行列でない.

このとき，定理 8.23 (123 ページ) により

$$\det(\alpha E_n - A) = 0$$

が成り立つ.

ここで，次のような関数 $\Phi_A(t)$ を考えよう.

$$\Phi_A(t) = \det(tE_n - A). \tag{9.5}$$

実際には，$\Phi_A(t)$ は t を変数とする多項式であるので，この $\Phi_A(t)$ は A の**固有多項式** (**特性多項式**) とよばれる.

これまでの考察によれば，固有値 α は $\Phi_A(\alpha) = \det(\alpha E_n - A) = 0$ を満たす．つまり，α は，方程式

$$\Phi_A(t) = 0 \tag{9.6}$$

の根 (解) である，ということがわかる．この方程式は A の**固有方程式** (**特性方程式**) とよばれる.

まとめておこう.

- A の固有値を求めるには，固有方程式

$$\det(tE_n - A) = 0$$

を解けばよい．

9.3　対角化の実例

これまでに述べたことがらを実際に適用してみよう．

例 9.2　例題 5.11 (3) (74 ページ) の行列 $A = \begin{pmatrix} 5 & -1 \\ -1 & 5 \end{pmatrix}$ の固有多項式 $\Phi_A(t)$ を求めてみよう．

$$tE_2 - A = \begin{pmatrix} t & 0 \\ 0 & t \end{pmatrix} - \begin{pmatrix} 5 & -1 \\ -1 & 5 \end{pmatrix} = \begin{pmatrix} t-5 & 1 \\ 1 & t-5 \end{pmatrix}$$

であるので

$$\Phi_A(t) = \begin{vmatrix} t-5 & 1 \\ 1 & t-5 \end{vmatrix} = (t-5)^2 - 1 = (t-4)(t-6)$$

である．$\Phi_A(t) = 0$ を解けば，A の固有値は 4, 6 であることがわかる．

次に，固有値 4 に対する固有ベクトルを求めてみよう．そのためには

$$A\boldsymbol{x} = 4\boldsymbol{x} \tag{9.7}$$

を満たすベクトル $\boldsymbol{x} = \begin{pmatrix} x_1 \\ x_2 \end{pmatrix}$ を求めればよい．式 (9.7) は

$$\begin{cases} 5x_1 - x_2 = 4x_1 \\ -x_1 + 5x_2 = 4x_2 \end{cases}$$

と書き直すことができる．さらに，2 つの式の右辺を左辺に移項すれば

$$\begin{cases} x_1 - x_2 = 0 \\ -x_1 + x_2 = 0 \end{cases} \tag{9.8}$$

が得られる．あるいは，$4\boldsymbol{x} = 4E_2\boldsymbol{x}$ であるので

$$A\boldsymbol{x} = 4\boldsymbol{x} \iff A\boldsymbol{x} = 4E_2\boldsymbol{x} \iff (A - 4E_2)\boldsymbol{x} = \boldsymbol{0}$$

が成り立つことを用いても，式 (9.8) が得られる．

この式 (9.8) を連立 1 次方程式とみると，一般解は

$$\begin{pmatrix} x_1 \\ x_2 \end{pmatrix} = c\begin{pmatrix} 1 \\ 1 \end{pmatrix} \qquad (c\text{ は任意定数})$$

と表される．したがって，固有値 4 に対する固有ベクトルは

$$c\begin{pmatrix} 1 \\ 1 \end{pmatrix} \qquad (c \neq 0)$$

という形である．たとえば，$\boldsymbol{p}_1 = \begin{pmatrix} 1 \\ 1 \end{pmatrix}$ とおくと，$\boldsymbol{p}_1$ は固有値 4 に対する固有ベクトルである．

同様に，固有値 6 に対する固有ベクトルを求めるために

$$A\boldsymbol{x} = 6\boldsymbol{x} \iff (A - 6E_2)\boldsymbol{x} = \boldsymbol{0} \iff \begin{cases} -x_1 - x_2 = 0 \\ -x_1 - x_2 = 0 \end{cases}$$

を連立 1 次方程式とみると，一般解は

$$\boldsymbol{x} = c\begin{pmatrix} -1 \\ 1 \end{pmatrix}$$

と表される．したがって，たとえば $\boldsymbol{p}_2 = \begin{pmatrix} -1 \\ 1 \end{pmatrix}$ とおくと，$\boldsymbol{p}_2$ は固有値 6 に対する固有ベクトルである．

2 つの固有ベクトル $\boldsymbol{p}_1, \boldsymbol{p}_2$ を並べた正方行列は $\begin{pmatrix} 1 & -1 \\ 1 & 1 \end{pmatrix}$ であり，例題 5.11 の行列 P にほかならない．この行列 P は正則行列であり

$$P^{-1}AP = \begin{pmatrix} 4 & 0 \\ 0 & 6 \end{pmatrix}$$

が成り立つ．

注意 9.3　例 9.2 からもわかるように，固有ベクトルの選び方は 1 通りではないので，正則行列 P のとり方もさまざまである．

例題 9.4　$A = \begin{pmatrix} 5 & -6 \\ 3 & -4 \end{pmatrix}$ とする．

(1)　A の固有多項式 $\varPhi_A(t)$ を求めよ．

(2)　A の固有値をすべて求め，それぞれの固有値に対する固有ベクトルを 1 ずつ求めよ．

(3)　$P^{-1}AP$ が対角行列になるような正則行列 P を 1 つ求めよ．また，そのときの $P^{-1}AP$ を書け．

(4)　k は自然数とする．A^k を求めよ．

［解答］ (1)　$\varPhi_A(t) = \det(tE_2 - A) = \begin{vmatrix} t-5 & 6 \\ -3 & t+4 \end{vmatrix} = t^2 - t - 2.$

(2)　$\varPhi_A(t) = 0$ の根は $t = 2,\ -1$ であるので，A の固有値は 2 と -1 である．$\boldsymbol{x} = \begin{pmatrix} x_1 \\ x_2 \end{pmatrix}$ に対して

$$\begin{aligned} A\boldsymbol{x} = 2\boldsymbol{x} &\iff (A - 2E_2)\boldsymbol{x} = \boldsymbol{0} \\ &\iff \begin{pmatrix} 3 & -6 \\ 3 & -6 \end{pmatrix}\begin{pmatrix} x_1 \\ x_2 \end{pmatrix} = \begin{pmatrix} 0 \\ 0 \end{pmatrix} \\ &\iff x_1 = 2x_2 \end{aligned}$$

が成り立つ．よって，たとえば，$\boldsymbol{p}_1 = \begin{pmatrix} 2 \\ 1 \end{pmatrix}$ は，固有値 2 に対する固有ベクトルである．同様に

$$\begin{aligned} A\boldsymbol{x} = -\boldsymbol{x} &\iff (A + E_2)\boldsymbol{x} = \boldsymbol{0} \\ &\iff \begin{pmatrix} 6 & -6 \\ 3 & -3 \end{pmatrix}\begin{pmatrix} x_1 \\ x_2 \end{pmatrix} = \begin{pmatrix} 0 \\ 0 \end{pmatrix} \\ &\iff x_1 = x_2 \end{aligned}$$

が成り立つ．よって，たとえば，$\boldsymbol{p}_2 = \begin{pmatrix} 1 \\ 1 \end{pmatrix}$ は，固有値 -1 に対する固有ベクトルである．$\boldsymbol{p}_1$ と $\boldsymbol{p}_2$ を並べて作った行列

$$P = \begin{pmatrix} 2 & 1 \\ 1 & 1 \end{pmatrix}$$

は正則行列である．実際，$\det P = 1 \neq 0$ である．また，P の作り方より

$$P^{-1}AP = \begin{pmatrix} 2 & 0 \\ 0 & -1 \end{pmatrix}$$

である．

(3)　$B = P^{-1}AP = \begin{pmatrix} 2 & 0 \\ 0 & -1 \end{pmatrix}$ とおくと

$$B^k = \begin{pmatrix} 2^k & 0 \\ 0 & (-1)^k \end{pmatrix}$$

であり，例題 5.11 (74 ページ) の考察により，

$$B^k = P^{-1}A^kP, \quad A^k = PB^kP^{-1}$$

が成り立つ．また，定理 5.5 (71 ページ) を用いれば

$$P^{-1} = \begin{pmatrix} 1 & -1 \\ -1 & 2 \end{pmatrix}$$

であることがわかる．したがって

$$\begin{aligned} A^k &= \begin{pmatrix} 2 & 1 \\ 1 & 1 \end{pmatrix} \begin{pmatrix} 2^k & 0 \\ 0 & (-1)^k \end{pmatrix} \begin{pmatrix} 1 & -1 \\ -1 & 2 \end{pmatrix} \\ &= \begin{pmatrix} 2^{k+1} + (-1)^{k+1} & -2^{k+1} + 2 \cdot (-1)^k \\ 2^k + (-1)^{k+1} & -2^k + 2 \cdot (-1)^k \end{pmatrix} \end{aligned}$$

が得られる．□

問 9.5　(1)　$A_1 = \begin{pmatrix} 5 & -1 \\ -2 & 4 \end{pmatrix}$ とする．$P^{-1}A_1P$ が対角行列になるような正則行列 P を 1 つ求め，そのときの $P^{-1}A_1P$ を書け．

(2)　$A_2 = \begin{pmatrix} 2 & -2 \\ 0 & 0 \end{pmatrix}$ とする．$Q^{-1}A_2Q$ が対角行列になるような正則行列 Q

を 1 つ求め，そのときの $Q^{-1}A_2Q$ を書け.

注意 9.6 (1) 必ずしもすべての正方行列が対角化できるわけではない. しかし，対角化できない行列の例については，本書では立ち入らない.

(2) 実は，2 次正方行列 A の固有方程式 $\Phi_A(t) = 0$ が 2 つの異なる根を持つときは，A は対角化可能であることが知られている. その理由についても，本書では述べない.

最後に，行列の対角化の応用として，次の例題を解いてみよう.

例題 9.7 A さんと B さんが将棋の対局をした. どちらかが勝ったことは間違いないが，正確なことは誰も知らない. ある人 (1 番目の人) が「A さんが勝った」という噂を次の人 (2 番目の人) に伝えた. その人がまた次の人 (3 番目の人) に話を伝え，またその人が次の人 (4 番目の人) に伝える，というふうに話を順次伝えていく伝言ゲームを考える. この伝言ゲームでは，「A さんが勝った」と聞いて，それを次の人に正しく伝える確率は $\dfrac{9}{10}$ であり，「A さんが勝った」と聞いて，「B さんが勝った」と伝える確率は $\dfrac{1}{10}$ であるとする. また，「B さんが勝った」と聞いて，それを正しく伝える確率は $\dfrac{9}{10}$ であり，「A さんが勝った」と伝える確率は $\dfrac{1}{10}$ であるとする. いま，k は自然数とし，k 番目の人が次の人に「A さんが勝った」と伝える確率を a_k，「B さんが勝った」と伝える確率を b_k とする.

(1) $\begin{pmatrix} a_{k+1} \\ b_{k+1} \end{pmatrix} = C \begin{pmatrix} a_k \\ b_k \end{pmatrix}$ が成り立つような行列 C を求めよ.

(2) a_k, b_k を求めよ.

(3) k が大きくなるとき，a_k, b_k はどのような値に近づくか.

[解答] (1) $(k+1)$ 番目の人が「A さんが勝った」と伝えるのは，「A さんが勝った」と聞いて，それを正しく伝える場合と，「B さんが勝った」と聞いて，「A さんが勝った」と伝える場合とがあるので，次の式が成り立つ.

$$a_{k+1} = \frac{9}{10}a_k + \frac{1}{10}b_k. \tag{9.9}$$

同様に考えれば，次の式も得られる.

$$b_{k+1} = \frac{1}{10}a_k + \frac{9}{10}b_k. \tag{9.10}$$

式 (9.9) と式 (9.10) をまとめて，次のように表すことができる．

$$\begin{pmatrix} a_{k+1} \\ b_{k+1} \end{pmatrix} = \begin{pmatrix} \frac{9}{10} & \frac{1}{10} \\ \frac{1}{10} & \frac{9}{10} \end{pmatrix} \begin{pmatrix} a_k \\ b_k \end{pmatrix}.$$

したがって，$C = \begin{pmatrix} \frac{9}{10} & \frac{1}{10} \\ \frac{1}{10} & \frac{9}{10} \end{pmatrix}$ とすればよい．

(2)　$a_1 = 1, b_1 = 0$ であり

$$\begin{pmatrix} a_k \\ b_k \end{pmatrix} = C^{k-1} \begin{pmatrix} a_1 \\ b_1 \end{pmatrix}$$

が成り立つ．C の固有多項式は

$$\Phi_C(t) = \begin{vmatrix} t - \frac{9}{10} & -\frac{1}{10} \\ -\frac{1}{10} & t - \frac{9}{10} \end{vmatrix} = (t-1)\left(t - \frac{4}{5}\right)$$

であるので，C の固有値は $1, \frac{4}{5}$ である．固有値 $1, \frac{4}{5}$ に対する C の固有ベクトルとして，それぞれ

$$\boldsymbol{p}_1 = \begin{pmatrix} 1 \\ 1 \end{pmatrix}, \quad \boldsymbol{p}_2 = \begin{pmatrix} -1 \\ 1 \end{pmatrix}$$

がとれる．これら 2 つのベクトルを並べて，行列 $P = \begin{pmatrix} 1 & -1 \\ 1 & 1 \end{pmatrix}$ を作り，$D = P^{-1}CP$ とおけば

$$D = \begin{pmatrix} 1 & 0 \\ 0 & \frac{4}{5} \end{pmatrix}$$

が成り立つ．したがって，例題 5.11 (74 ページ) の考察を用いて計算すると

$$C^{k-1} = PD^{k-1}P^{-1} = \frac{1}{2}\begin{pmatrix} 1+\left(\frac{4}{5}\right)^{k-1} & 1-\left(\frac{4}{5}\right)^{k-1} \\ 1-\left(\frac{4}{5}\right)^{k-1} & 1+\left(\frac{4}{5}\right)^{k-1} \end{pmatrix}$$

が得られる (詳細な計算は読者にゆだねる)．よって

$$\begin{pmatrix} a_k \\ b_k \end{pmatrix} = C^{k-1}\begin{pmatrix} 1 \\ 0 \end{pmatrix} = \frac{1}{2}\begin{pmatrix} 1+\left(\frac{4}{5}\right)^{k-1} \\ 1-\left(\frac{4}{5}\right)^{k-1} \end{pmatrix}$$

が成り立つ．すなわち

$$a_k = \frac{1}{2}\left(1+\left(\frac{4}{5}\right)^{k-1}\right), \quad b_k = \frac{1}{2}\left(1-\left(\frac{4}{5}\right)^{k-1}\right)$$

である．

(3) k が大きくなると，$\left(\frac{4}{5}\right)^{k-1}$ は 0 に近づくので，このとき，a_k, b_k はどちらも $\frac{1}{2}$ に近づく． □

微分積分編

第10章 1変数関数の微分の基本事項

この章では，1 変数関数の微分の基本事項をまとめる．

10.1 直線の方程式再論

直線の方程式については 3.4 節 (43 ページ) で論じたが，別の見方をしてみよう．

まず，直線の傾きについて復習する．

xy 平面上に点 $\mathrm{P} = (3, 5)$, $\mathrm{Q} = (5, 9)$ がある．点 P と点 Q を結ぶ直線の傾きを求めてみよう．

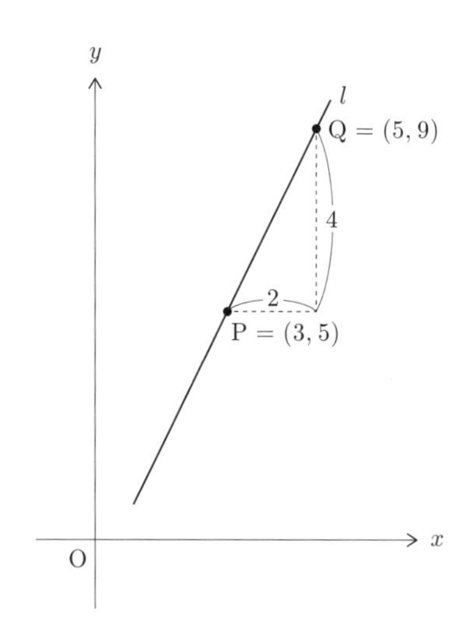

点 P から Q に向かうとき，右へ $2\,(= 5 - 3)$ 進み，上に $4\,(= 9 - 5)$ 進むことになるので，点 P と点 Q を結ぶ直線の傾きは

$$\frac{9-5}{5-3}=2$$

である．

次に，点 $\mathrm{P}=(a,b)$ を通り，傾きが c の直線を l とする．l の方程式を求めてみよう．l 上の点 $\mathrm{Q}=(x,y)$ を $x\neq a$ となるように選ぶ．このとき

$$\frac{y-b}{x-a}=c \tag{10.1}$$

が成り立つ．

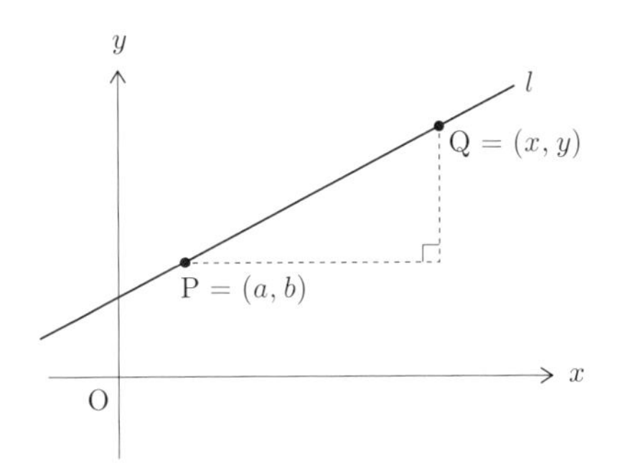

式 (10.1) の両辺に $(x-a)$ をかけて変形すると

$$y=c(x-a)+b \tag{10.2}$$

が得られる (この式は $(x,y)=(a,b)$ の場合も成立することに注意せよ)．

式 (10.2) が直線 l の方程式である．

問 10.1　xy 平面において，点 $(1,5)$ を通り，傾きが 2 の直線の方程式を $y=ax+b$ (a, b は実数) の形に表せ．

10.2　微分の考え方

関数 $y=f(x)$ のグラフ上に 2 点

$$\mathrm{P}=(a,f(a)),\quad \mathrm{Q}=(a+h,f(a+h))$$

をとる．ここで，a,h は実数とし，$h\neq 0$ とする．

このとき，点 P と点 Q を結ぶ直線の傾きは

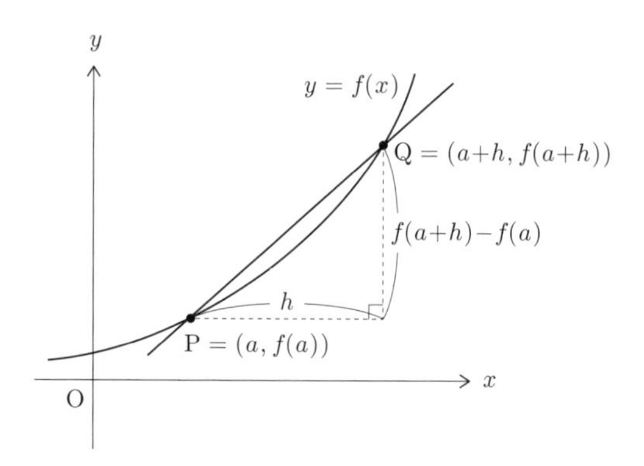

$$\frac{f(a+h)-f(a)}{h}$$

である．いま，h を 0 に近づけたとき，この直線の傾きがある実数 c に近づくとしよう．このことを

$$\lim_{h\to 0}\frac{f(a+h)-f(a)}{h}=c$$

と表す．c は点 P における曲線 $y=f(x)$ の**接線**の傾きを表すと考えられる．

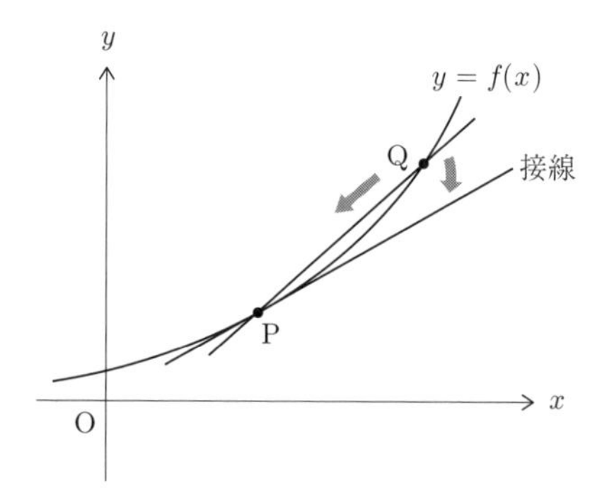

この数 c を $x=a$ における $f(x)$ の**微分係数**とよび

$$f'(a),\quad \frac{df}{dx}(a)$$

などと表す．また，$x=a$ において $f(x)$ の微分係数が存在するとき，$f(x)$ は $x=a$ において**微分可能**であるという．

例 10.2　$f(x) = x^2$ とする．このとき

$$f'(a) = \lim_{h\to 0}\frac{(a+h)^2 - a^2}{h} = \lim_{h\to 0}\frac{a^2+2ah+h^2-a^2}{h}$$
$$= \lim_{h\to 0}\frac{2ah+h^2}{h} = \lim_{h\to 0}(2a+h) = 2a$$

が成り立つので，$f(x)$ は $x = a$ において微分可能であり，微分係数は $2a$ である．

関数 $f(x)$ があらゆる点において微分可能であるとき，$f(x)$ は微分可能であるという．このとき，$f'(x)$ を x の関数と考えることができる．この関数を $f(x)$ の**導関数**という．$f(x)$ の導関数は

$$f'(x), \quad \frac{df}{dx}(x), \quad \frac{df(x)}{dx}$$

などと表される．

例 10.3　例 10.2 の関数 $f(x) = x^2$ の導関数は $f'(x) = 2x$ である．

10.3　微分の基本的な性質

次の命題 10.4 と命題 10.5 は非常に基本的である．

命題 10.4　関数 $f(x), g(x)$ は微分可能であるとし，c は実数とする．このとき，$f(x)+g(x)$, $f(x)-g(x)$, $cf(x)$ もまた微分可能であり，次の式が成り立つ．

(1)　$(f(x)+g(x))' = f'(x)+g'(x)$.

(2)　$(f(x)-g(x))' = f'(x)-g'(x)$.

(3)　$(cf(x))' = cf'(x)$.

命題 10.4 の証明は省略する．

命題 10.5　関数 $f(x), g(x)$ は微分可能であるとする．

(1)　積 $f(x)g(x)$ も微分可能であり，次の式が成り立つ．

$$(f(x)g(x))' = f'(x)g(x) + f(x)g'(x)$$

(2)　$g(x) \neq 0$ となる範囲で，商 $\dfrac{f(x)}{g(x)}$ も微分可能であり，次の式が成り立つ．

$$\left(\frac{f(x)}{g(x)}\right)' = \frac{f'(x)g(x) - f(x)g'(x)}{(g(x))^2}.$$

証明 (1) 次の式が成り立つことに注意する．

$$\begin{aligned} &f(x+h)g(x+h) - f(x)g(x) \\ &\quad = f(x+h)g(x+h) - f(x)g(x+h) + f(x)g(x+h) - f(x)g(x) \\ &\quad = (f(x+h) - f(x))g(x+h) + f(x)(g(x+h) - g(x)). \end{aligned}$$

したがって

$$\begin{aligned} &(f(x)g(x))' \\ &\quad = \lim_{h\to 0} \frac{f(x+h)g(x+h) - f(x)g(x)}{h} \\ &\quad = \lim_{h\to 0} \frac{(f(x+h) - f(x))g(x+h) + f(x)(g(x+h) - g(x))}{h} \\ &\quad = \lim_{h\to 0} \frac{(f(x+h) - f(x))g(x+h)}{h} \\ &\qquad + \lim_{h\to 0} \frac{f(x)(g(x+h) - g(x))}{h} \\ &\quad = \left(\lim_{h\to 0} \frac{f(x+h) - f(x)}{h}\right) \cdot \left(\lim_{h\to 0} g(x+h)\right) \\ &\qquad + f(x) \cdot \left(\lim_{h\to 0} \frac{g(x+h) - g(x)}{h}\right) \\ &\quad = f'(x)g(x) + f(x)g'(x) \end{aligned}$$

が得られる．

(2) $h(x) = \dfrac{f(x)}{g(x)}$ とおくと，$f(x) = g(x)h(x)$ である．(1) により

$$f'(x) = g'(x)h(x) + g(x)h'(x)$$

が成り立つ．この式より

$$\begin{aligned} h'(x) &= \frac{f'(x)}{g(x)} - \frac{g'(x)h(x)}{g(x)} = \frac{f'(x)}{g(x)} - \frac{g'(x)}{g(x)} \cdot \frac{f(x)}{g(x)} \\ &= \frac{f'(x)g(x) - f(x)g'(x)}{(g(x))^2} \end{aligned}$$

が得られる． □

命題 10.4 と命題 10.5 を用いると，多項式の導関数を求めることができる．

まず，$f(x) = 1$ (定数関数) とすると，$f'(x) = 0$ である．実際

$$f'(x) = \lim_{h \to 0} \frac{f(x+h) - f(x)}{h} = \lim_{h \to 0} \frac{1-1}{h} = \lim_{h \to 0} 0 = 0$$

である．また，$f(x) = x$ とすると，$f'(x) = 1$ である．実際

$$f'(x) = \lim_{h \to 0} \frac{f(x+h) - f(x)}{h} = \lim_{h \to 0} \frac{x+h-x}{h} = \lim_{h \to 0} 1 = 1$$

である．$f(x) = x^2$ とすると，$f'(x) = 2x$ であることがすでにわかっているが (例 10.2，例 10.3)，次のように考えることもできる．いま

$$g(x) = h(x) = x$$

とおくと，$f(x) = g(x)h(x)$ が成り立つ．したがって，命題 10.5 により

$$f'(x) = g'(x)h(x) + g(x)h'(x) = 1 \cdot x + x \cdot 1 = 2x$$

が得られる．

同様に，$f(x) = x^3$, $g(x) = x^2$, $h(x) = x$ とすると，$f(x) = g(x)h(x)$ であるので

$$f'(x) = g'(x)h(x) + g(x)h'(x) = 2x \cdot x + x^2 \cdot 1 = 3x^2$$

が成り立つことがわかる．

例題 10.6　$f(x) = x^4$ の導関数を求めよ．ただし，x^3 の導関数が $3x^2$ であることは既知とする．

[解答]　$g(x) = x^3$, $h(x) = x$ とすると，$f(x) = g(x)h(x)$ であるので

$$f'(x) = g'(x)h(x) + g(x)h'(x) = 3x^2 \cdot x + x^3 \cdot 1 = 4x^3$$

である．□

このような考察を進めていくと，次の公式が得られる．

公式 10.7　$(x^n)' = nx^{n-1}$ (n は自然数).

一般に，多項式

$$f(x) = a_n x^n + a_{n-1}x^{n-1} + \cdots + a_2 x^2 + a_1 x + a_0$$

($a_n, a_{n-1}, \ldots, a_2, a_1, a_0$ は実数) を考えよう．公式 10.7 と命題 10.4 を用いれば，$f(x)$ の導関数は次のようなものであることがわかる．

$$f'(x) = na_n x^{n-1} + (n-1)a_{n-1}x^{n-2} + \cdots + 2a_2 x + a_1.$$

10.4　関数の増減と曲線の接線

$f(x)$ を微分可能な関数とし，a を実数とするとき，$f'(a)$ は点 $(a, f(a))$ における曲線 $y = f(x)$ の接線の傾きを表すので (138 ページ参照)，$f'(a) > 0$ ならば接線の傾きは正であり，$f'(a) < 0$ ならば接線の傾きは負である．したがって，$f'(x) > 0$ となる x の範囲では，x が大きくなるにつれて，$f(x)$ の値が増加する．$f'(x) < 0$ となる x の範囲では，$f(x)$ の値は減少する．

たとえば，実数 α, β は $\alpha < \beta$ を満たすとし，$f'(x)$ について，次のことが成り立つとしよう．

- $f'(\alpha) = f'(\beta) = 0$.
- $x < \alpha$ ならば，$f'(x) > 0$ である．
- $\alpha < x < \beta$ ならば，$f'(x) < 0$ である．
- $\beta < x$ ならば，$f'(x) > 0$ である．

この場合，$x < \alpha$ となる x の範囲では，x が大きくなるにつれて $f(x)$ の値が増加する．$\alpha < x < \beta$ のときは，x が大きくなるにつれて $f(x)$ の値が減少し，$\beta < x$ のときは再び増加に転ずる．

このことを次のような表に表すことができる．

x		α		β	
$f'(x)$	$+$	0	$-$	0	$+$
$f(x)$	↗		↘		↗

このような表を**増減表**という．

例題 10.8　図のように，一辺の長さが 30 cm の正方形の四隅から一辺の長さが x cm の 4 つの正方形を切り取り，それを折り曲げて容器を作る．この容器の容積が最大になるときの x の値と，そのときの容積を求めよ．

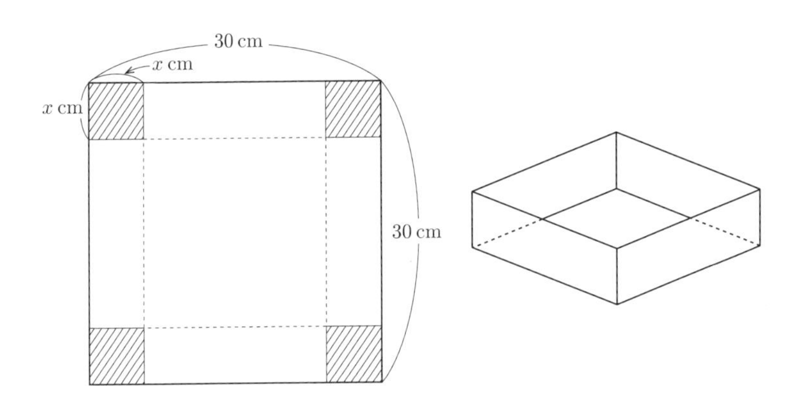

[解答]　容器の底面は一辺の長さが $(30-2x)$ cm の正方形であり，高さが x cm であるので，その容積を $f(x)$ とすれば

$$f(x) = x(30-2x)^2 = 4x^3 - 120x^2 + 900x$$

である．このとき，$f(x)$ の導関数は

$$f'(x) = 12x^2 - 240x + 900 = 12(x^2 - 20x + 75) = 12(x-5)(x-15)$$

である．$0 \leq x \leq 15$ であることに注意して，この範囲で増減表を書くと，次のようになる．

x	0		5		15
$f'(x)$		$+$	0	$-$	0
$f(x)$		↗		↘	

よって，容器の容積が最大になるのは $x=5$ のときである．$f(5) = 2000$ であるので，このときの容積は $2000\,\mathrm{cm}^3$ である．□

次に，曲線の接線の方程式について述べる．

曲線 $C : y = f(x)$ を考えよう．C 上の点 $\mathrm{P} = (a, f(a))$ における C の接線は，

点 P を通り，傾きが $f'(a)$ の直線である．したがって，その方程式は

$$y = f'(a)(x - a) + f(a)$$

で与えられる．整理して，次のように表すこともできる．

$$y = f'(a)x - af'(a) + f(a).$$

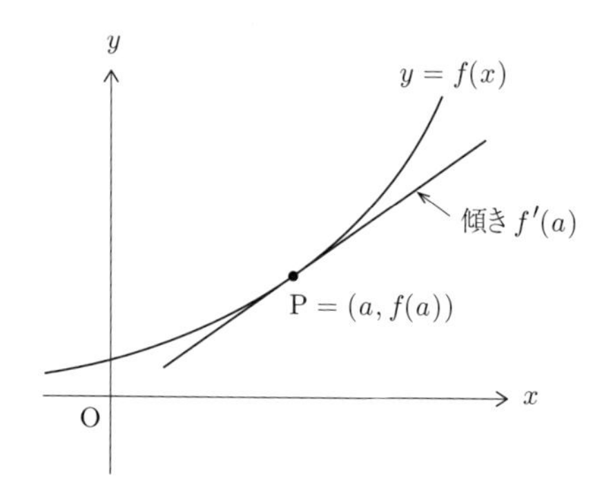

問 10.9　点 $(2,2)$ における曲線 $y = x^3 - 3x$ の接線の方程式を求めよ．

第11章

いろいろな関数の導関数

多項式で表される関数以外にも，いろいろな関数がある．それらの導関数について考えよう．

11.1　有理関数の導関数

$\dfrac{(\text{多項式})}{(\text{多項式})}$ という形の式で表される関数を**有理関数**という．命題 10.5 (2) (139 ページ) を利用すれば，有理関数の導関数を求めることができる．

例題 11.1　関数 $\varphi(x) = \dfrac{x}{x^2 - 2x + 3}$ の最大値と最小値を求めよ．

[解答]　$f(x) = x$, $g(x) = x^2 - 2x + 3$ とおくと，$\varphi(x) = \dfrac{f(x)}{g(x)}$ であり

$$
\begin{aligned}
\varphi'(x) &= \frac{f'(x)g(x) - f(x)g'(x)}{(g(x))^2} \\
&= \frac{x^2 - 2x + 3 - x(2x - 2)}{(x^2 - 2x + 3)^2} \\
&= \frac{3 - x^2}{(x^2 - 2x + 3)^2}
\end{aligned}
$$

となる．したがって，$\varphi'(x) = 0$ となるのは，$x = -\sqrt{3}$, $x = \sqrt{3}$ のときである．さらに，$x^2 - 2x + 3 = (x-1)^2 + 2 > 0$ であることに注意すれば，次のような増減表を書くことができる．

x		$-\sqrt{3}$		$\sqrt{3}$	
$\varphi'(x)$	$-$	0	$+$	0	$-$
$\varphi(x)$	$\searrow$		$\nearrow$		$\searrow$

また，$x \to \infty$ のときの極限 (x が限りなく大きくなるときに $\varphi(x)$ が近づく値) を求めると

$$\lim_{x\to\infty} \varphi(x) = \lim_{x\to\infty} \frac{x}{x^2 - 2x + 3} = \lim_{x\to\infty} \frac{\dfrac{1}{x}}{1 - \dfrac{2}{x} + \dfrac{3}{x^2}} = 0$$

である．同様に，$\displaystyle\lim_{x\to-\infty} \varphi(x) = 0$ であることもわかる．したがって，$\varphi(x)$ は $x = \sqrt{3}$ のとき最大になり，最大値は

$$\varphi(\sqrt{3}) = \frac{\sqrt{3}}{6 - 2\sqrt{3}} = \frac{\sqrt{3}(3 + \sqrt{3})}{2(3 - \sqrt{3})(3 + \sqrt{(3)})} = \frac{\sqrt{3} + 1}{4}$$

である．また，$x = -\sqrt{3}$ のとき最小であり，最小値は

$$\varphi(-\sqrt{3}) = \frac{-\sqrt{3}}{6 + 2\sqrt{3}} = \frac{-\sqrt{3}(3 - \sqrt{3})}{2(3 + \sqrt{3})(3 - \sqrt{3})} = \frac{-\sqrt{3} + 1}{4}$$

である． □

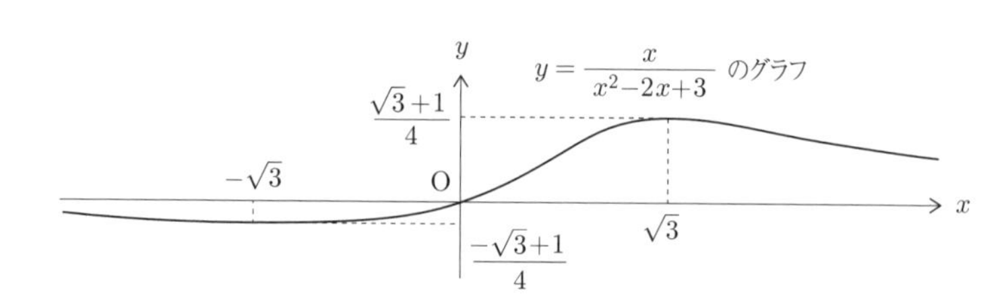

問 11.2　関数 $\varphi(x) = \dfrac{x+1}{x^2+3}$ の最大値と最小値を求めよ．

11.2　三角関数の導関数

三角関数 $\sin x$, $\cos x$ の導関数については，次の公式がある．ここで，x の単位は弧度法 (ラジアン) を用いる (3 ページ参照).

公式 11.3　$(\sin x)' = \cos x$,　$(\cos x)' = -\sin x$.

この公式 11.3 が成り立つ理由を直観的に説明しよう．

xy 平面において，原点 O を中心とする半径 1 の円を考える．$\mathrm{A} = (1, 0)$ とする．t, h は実数とし，h は 0 に近いとする．原点を中心として，有向線分 $\overrightarrow{\mathrm{OA}}$ を反時計回りに角度 t 回転させた有向線分を $\overrightarrow{\mathrm{OP}}$ とし，それをさらに反時計回りに角度 h 回転させたものを $\overrightarrow{\mathrm{OQ}}$ とする．

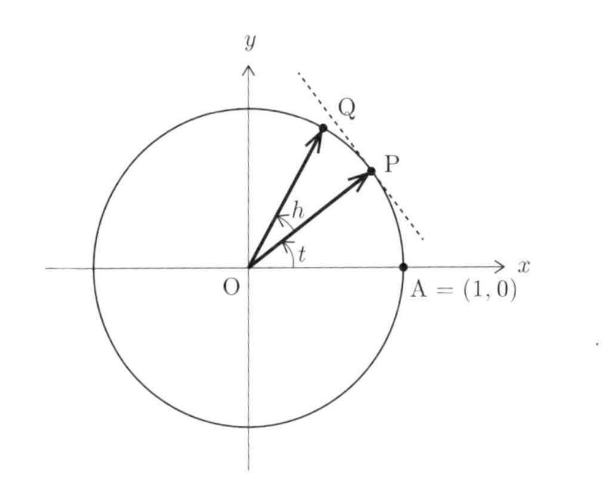

このとき

$$\mathrm{P} = (\cos t, \sin t), \quad \mathrm{Q} = (\cos(t+h), \sin(t+h))$$

であるので

$$\overrightarrow{\mathrm{PQ}} = \begin{pmatrix} \cos(t+h) - \cos t \\ \sin(t+h) - \sin t \end{pmatrix} \tag{11.1}$$

である．

h が十分 0 に近ければ，$\overrightarrow{\mathrm{PQ}}$ の向きは，点 P における円の接線の向きとほぼ等しい．この接線はベクトル $\overrightarrow{\mathrm{OP}}$ と直交するので，次の図の星印 (☆) の部分の角度は t である．

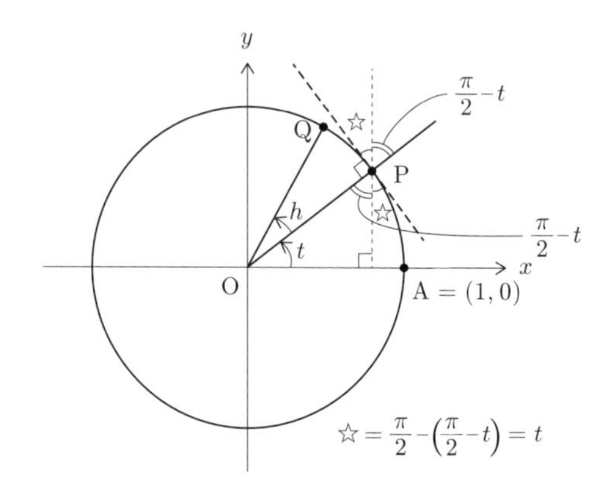

また，円の半径が 1 であり，P と Q を結ぶ弧の中心角が h であるので，ラジアンの定義より，P と Q を結ぶ弧の長さは h である．したがって，h が十分 0 に近ければ，ベクトル $\overrightarrow{\mathrm{PQ}}$ の長さは h とほぼ等しい．これらのことを考えあわせると

$$\overrightarrow{\mathrm{PQ}} \approx h\begin{pmatrix} -\sin t \\ \cos t \end{pmatrix} = \begin{pmatrix} -h\sin t \\ h\cos t \end{pmatrix} \tag{11.2}$$

が成り立つことがわかる (詳細な検討は読者にゆだねる)．ここで，記号「≈」は「ほぼ等しい」ことを表す (4 ページ参照)．

よって，式 (11.1) と式 (11.2) により

$$\cos(t+h)-\cos t \approx -h\sin t, \quad \sin(t+h)-\sin t \approx h\cos t$$

が得られる．これらの式の両辺を h で割り，変数 t を x とおき直すと

$$\frac{\cos(x+h)-\cos x}{h} \approx -\sin x, \quad \frac{\sin(x+h)-\sin x}{h} \approx \cos x$$

となる．ここで，h を 0 に近づければ

$$(\cos x)' = \lim_{h\to 0}\frac{\cos(x+h)-\cos x}{h} = -\sin x,$$

$$(\sin x)' = \lim_{h\to 0}\frac{\sin(x+h)-\sin x}{h} = \cos x$$

が成り立つことがわかる．

$\tan x$ の導関数については，次の公式が成り立つ．

公式 11.4 $(\tan x)' = 1 + \tan^2 x = \dfrac{1}{\cos^2 x}.$

例題 11.5 公式 11.3 から公式 11.4 を導け．

［解答］ 命題 10.5 (139 ページ) を用いれば

$$(\tan x)' = \left(\frac{\sin x}{\cos x}\right)' = \frac{(\sin x)' \cos x - \sin x (\cos x)'}{\cos^2 x}$$
$$= \frac{\cos^2 x + \sin^2 x}{\cos^2 x} \tag{11.3}$$

が得られる．式 (11.3) の最右辺は，さらに

$$\frac{\cos^2 x}{\cos^2 x} + \frac{\sin^2 x}{\cos^2 x} = 1 + \left(\frac{\sin x}{\cos x}\right)^2 = 1 + \tan^2 x$$

と変形できる．また，$\cos^2 x + \sin^2 x = 1$ であるので，式 (11.3) の最右辺は $\dfrac{1}{\cos^2 x}$ とも等しい．以上のことより，公式 11.4 が導かれる． □

11.3 指数法則と指数関数

a は正の実数とし，n は自然数とする．a を n 回かけあわせた数

$$\underbrace{a \times a \times \cdots \times a}_{n \text{ 個}}$$

を a^n と記すことは，すでに高等学校で学んでいる．このとき，次の**指数法則**が成り立つ．ここで，m も自然数とする．

$$a^m a^n = a^{m+n}, \quad (a^m)^n = a^{mn}. \tag{11.4}$$

さらに，$a^0 = 1$ と定め

$$a^{-1} = \frac{1}{a}, \quad a^{-2} = \frac{1}{a^2}, \quad a^{-3} = \frac{1}{a^3}, \quad \cdots$$

と定める．一般に，自然数 n に対して

$$a^{-n} = \frac{1}{a^n}$$

と定める．このように定めると，m, n が 0 や負の整数の場合も含めて，指数法則 (11.4) が成り立つ．

さらに，一般の実数 x に対して，指数法則が成り立つように a^x を定めることができる．

まず，x が有理数の場合を考えよう．たとえば $x = \dfrac{1}{2}$ のとき

$$a^x a^x = a^{2x} = a^1 = a$$

となることから

$$a^x = a^{1/2} = \sqrt{a}$$

と定めればよい．同様に

$$a^{1/3} = \sqrt[3]{a}, \quad a^{2/3} = (a^{1/3})^2 = (\sqrt[3]{a})^2$$

と定める．ここで，$\sqrt[3]{a}$ は a の正の立方根 (3 乗すると a になるような正の実数) を表す．

一般に，自然数 m, n に対して

$$a^{1/m} = \sqrt[m]{a}, \quad a^{n/m} = (a^{1/m})^n = (\sqrt[m]{a})^n$$

と定める．ここで，$\sqrt[m]{a}$ は a の正の m 乗根 (m 乗すると a になるような正の実数) を表す．

x が無理数の場合は，次のように考える．たとえば，$x = \sqrt{2}$ のとき

$$x = 1.41421356\cdots$$

であるが，ここで $x_1 = 1$, $x_2 = 1.4$, $x_3 = 1.42$, $\cdots$ とおくと，これらは有理数であって，x に近づいていく．このとき

$$a^{x_1},\ a^{x_2},\ a^{x_3},\ \cdots$$

は，ある一定の値 α に近づく．この極限 α を a^x と定める．

一般に，$\lim_{n\to\infty} x_n = x$ となるような有理数の数列

$$x_1,\ x_2,\ x_3,\ \cdots$$

を考え，$\lim_{n\to\infty} a^{x_n}$ を a^x と定める．

こうして，正の実数 a が与えられたとき，任意の実数 x に対して a^x を定義することができる．このとき，**指数法則**が成り立つ．すなわち，実数 x, y に対して

$$a^x a^y = a^{x+y}, \quad (a^x)^y = a^{xy}$$

が成り立つ．

a を正の定数とし，x を変数とするとき，a^x を x の関数と考えることができる．この関数を**指数関数**とよぶ．

11.4　指数関数のグラフとネイピア数

$f(x) = 2^x$ とすると

$$f(-2) = 2^{-2} = \frac{1}{4}, \quad f(-1) = 2^{-1} = \frac{1}{2}, \quad f(0) = 2^0 = 1,$$
$$f(1) = 2^1 = 2, \quad f(2) = 2^2 = 4$$

である．$g(x) = 3^x$ とすると

$$g(-2) = \frac{1}{9}, \quad g(-1) = \frac{1}{3}, \quad g(0) = 1, \quad g(1) = 3, \quad g(2) = 9$$

である．$y = f(x)$ と $y = g(x)$ のグラフは次のようなものである．

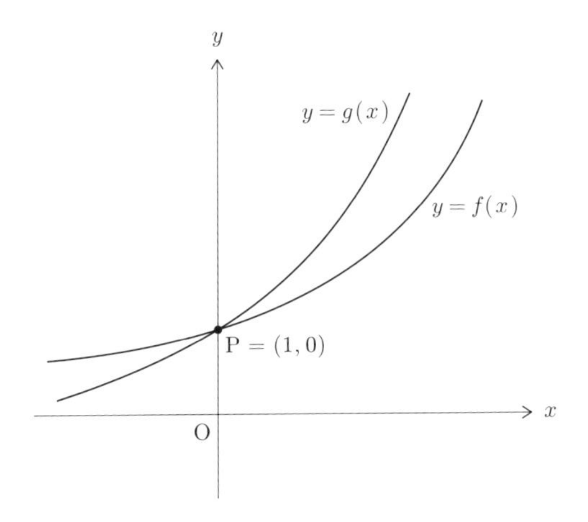

どちらのグラフも点 $\mathrm{P} = (0, 1)$ を通る．上の図より，この点 P における曲線 $y =$

$g(x)$ の接線の傾きは，P における曲線 $y = f(x)$ の接線の傾きより大きいことが見てとれる．

問 11.6 (1)　$a = 1$ のとき，$y = a^x$ のグラフの概形を描け．

(2)　$a = \dfrac{1}{2}$ のとき，$y = a^x$ のグラフの概形を描け．

一般に，正の実数 a に対して，$y = a^x$ のグラフを考えよう．$a > 1$ のときは，次のような曲線になる．

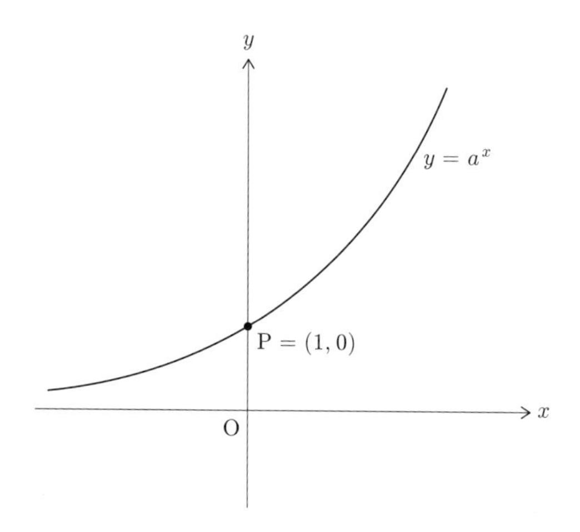

a が大きくなればなるほど，点 $\mathrm{P} = (0, 1)$ における曲線 $y = a^x$ の接線の傾きは大きくなる．また，$a = 1$ のとき，点 P における $y = a^x$ の接線の傾きは 0 である．

よって，a の値をうまく選べば，点 $\mathrm{P} = (0, 1)$ における曲線 $y = a^x$ の接線の傾きがちょうど 1 になるようにすることができる．このような a の値を**ネイピア数**，あるいは**自然対数の底**とよび，記号 e を用いて表す．実は

$$e = 2.71828\cdots \tag{11.5}$$

であることが知られている (次ページの図参照)．

ネイピア数 e について，少し調べておこう．

$$f(x) = e^x$$

とするとき，点 $\mathrm{P} = (0, 1)$ における曲線 $y = f(x)$ の接線の傾きは

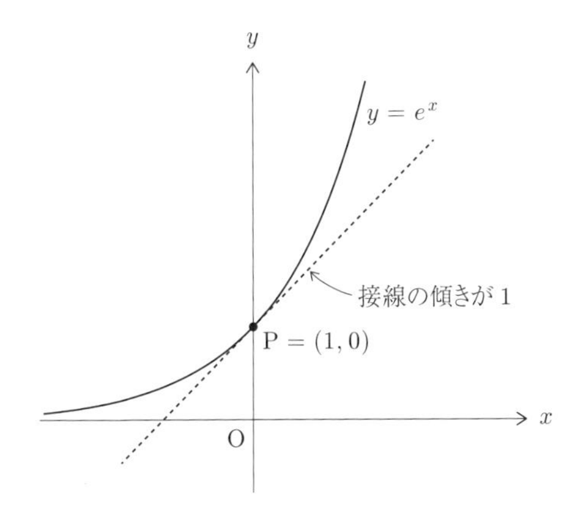

$$f'(0) = \lim_{h \to 0} \frac{f(h) - f(0)}{h} = \lim_{h \to 0} \frac{e^h - 1}{h} = 1 \tag{11.6}$$

である．したがって，h が十分 0 に近いとき，$e^h - 1$ と h はほぼ等しい．すなわち，$e^h - 1 \approx h$ が成り立つ (記号「≈」については，4 ページ，148 ページを参照)．このとき，$e^h \approx 1 + h$，すなわち，$e \approx (1+h)^{\frac{1}{h}}$ が成り立つ．このことから

$$e = \lim_{h \to 0} (1+h)^{\frac{1}{h}} \tag{11.7}$$

が成り立つことがわかる．実際，$h = \dfrac{1}{100}$ のとき

$$(1+h)^{\frac{1}{h}} = 1.01^{100} = 2.7048 \cdots$$

であり，$h = \dfrac{1}{10000}$ のとき

$$(1+h)^{\frac{1}{h}} = 1.0001^{10000} = 2.7181 \cdots$$

である．式 (11.5) と見比べれば，式 (11.7) が成立することが実感できるであろう．

11.5　e^x の導関数

今後，特にことわらない限り，e はネイピア数 (自然対数の底) を表すものとする．関数 $f(x) = e^x$ とすると

$$f'(x) = \lim_{h \to 0} \frac{f(x+h) - f(x)}{h} = \lim_{h \to 0} \frac{e^{x+h} - e^x}{h}$$

である．ここで，指数法則 $e^{x+h} = e^x e^h$ を用いると

$$\frac{e^{x+h} - e^x}{h} = \frac{e^x e^h - e^x}{h} = e^x\left(\frac{e^h - 1}{h}\right)$$

であるので

$$f'(x) = \lim_{h \to 0} e^x\left(\frac{e^h - 1}{h}\right) = e^x \lim_{h \to 0}\left(\frac{e^h - 1}{h}\right)$$

が成り立つ．ここで，e^x が h とは無関係であることを用いた．さらに，式 (11.6) を用いれば，$f'(x) = e^x$ が得られる．このことを公式としてまとめておこう．

公式 11.7　$(e^x)' = e^x$.

11.6　合成関数

変数 z が変数 y の関数であり，変数 y が変数 x の関数であるとき，z を x の関数とみることができる．いま

$$z = g(y), \quad y = f(x)$$

とするとき，$g(y)$ に $y = f(x)$ を代入して，$g(f(x))$ という x の関数を作れば，$z = g(f(x))$ となる．この関数 $g(f(x))$ を 2 つの関数 f と g の**合成関数**とよび，$g \circ f(x)$ と表す．すなわち，$g \circ f(x)$ は

$$g \circ f(x) = g(f(x))$$

という式によって定められる関数である．

例 11.8　(1)　$f(x) = x + 1$，$g(y) = y^2$ とすると

$$g \circ f(x) = g(f(x)) = g(x + 1) = (x + 1)^2$$

である．

(2)　$f(x) = 3x$，$g(y) = \sin y$ とすると，$g \circ f(x) = \sin 3x$ である．

例題 11.9　次の関数 $f(x)$, $g(y)$ に対して，合成関数 $g \circ f(x)$ を求めよ．

(1)　$f(x) = 2x$，$g(y) = e^y$.
(2)　$f(x) = x^2 + 1$，$g(y) = e^y$.
(3)　$f(x) = x^2$，$g(y) = \sqrt{y}$.
(4)　$f(x) = x - 1$，$g(y) = 2y^2 + y$.

[解答]　(1)　$g \circ f(x) = e^{2x}$.
(2)　$g \circ f(x) = e^{x^2+1}$.
(3)　$g \circ f(x) = \sqrt{x^2} = |x|$.
(4)　$g \circ f(x) = 2(x-1)^2 + (x-1) = 2x^2 - 3x + 1$.　□

問 11.10　次の関数 $f(x)$, $g(y)$ に対して，合成関数 $g \circ f(x)$ を求めよ．
(1)　$f(x) = \sin x$，$g(y) = y^2$.
(2)　$f(x) = x^2$，$g(y) = \sin y$.

11.7　合成関数の導関数

合成関数の微分については，次の定理が成り立つ．

定理 11.11　$f(x)$ は $x = a$ において微分可能であるとし，$f(a) = b$ とおく．また，$g(y)$ は $y = b$ において微分可能であるとする．このとき，合成関数 $g \circ f(x)$ は $x = a$ において微分可能であり

$$(g \circ f)'(a) = g'(b)f'(a) = g'(f(a))f'(a)$$

が成り立つ．

証明　h を実数とするとき，次の式が成り立つ．

$$\begin{aligned}\frac{g \circ f(a+h) - g \circ f(a)}{h} &= \frac{g(f(a+h)) - g(f(a))}{h} \\ &= \frac{g(f(a+h)) - g(f(a))}{f(a+h) - f(a)} \cdot \frac{f(a+h) - f(a)}{h}.\end{aligned}$$

いま，$f(a+h) - f(a) = k$ とおくと，$f(a) = b$ に注意すれば

$$f(a+h) = b + k, \quad g(f(a+h)) = g(b+k), \quad g(f(a)) = g(b)$$

が成り立つことがわかる．h が 0 に近づくとき，k も 0 に近づくので

$$
\begin{aligned}
(g \circ f)'(a) &= \lim_{h \to 0} \frac{g \circ f(a+h) - g \circ f(a)}{h} \\
&= \lim_{h \to 0} \left(\frac{g(f(a+h)) - g(f(a))}{f(a+h) - f(a)} \cdot \frac{f(a+h) - f(a)}{h} \right) \\
&= \left(\lim_{k \to 0} \frac{g(b+k) - g(b)}{k} \right) \cdot \left(\lim_{h \to 0} \frac{f(a+h) - f(a)}{h} \right) \\
&= g'(b) f'(a) \\
&= g'(f(a)) f'(a)
\end{aligned}
$$

が示される. □

このことから，次の公式が得られる.

公式 11.12 $(g \circ f)'(x) = g'(f(x))f'(x)$.

例 11.13 (1) $\varphi(x) = (x+1)^2 = x^2 + 2x + 1$ とすると

$$\varphi'(x) = 2x + 2$$

である．一方，$f(x) = x + 1$, $g(y) = y^2$ とおくと

$$\varphi(x) = g \circ f(x)$$

が成り立つ．$f'(x) = 1$, $g'(y) = 2y$ であるので，公式 11.12 を用いて

$$\varphi'(x) = g'(f(x))f'(x) = 2(x+1)$$

と計算することもできる.

(2) $\varphi(x) = \sin 2x$ とする．$f(x) = 2x$, $g(y) = \sin y$ とおくと

$$\varphi(x) = g \circ f(x)$$

が成り立つ．$f'(x) = 2$, $g'(y) = \cos y$ であるので

$$\varphi'(x) = g'(f(x))f'(x) = 2\cos 2x$$

が得られる.

(3) 一般に，$g(y)$ は微分可能な関数とし，a は実数とする．このとき

$$\varphi(x) = g(ax)$$

とおくと

$$\varphi'(x) = ag'(ax)$$

である．実際，$f(x) = ax$ とおくと，$\varphi(x) = g \circ f(x)$ であり

$$\varphi'(x) = g'(f(x))f'(x) = g'(ax) \cdot a = ag'(ax)$$

が成り立つ．

注意 11.14　変数 x, y, z の間に $z = g(y), y = f(x)$ という関係があるとき，公式 11.12 は

$$\frac{dz}{dx} = \frac{dz}{dy} \cdot \frac{dy}{dx}$$

と表される．ただし，右辺の $\dfrac{dz}{dy}$ は本来 y の関数であるが，$y = f(x)$ を代入することによって，x の関数とみる．すなわち，ここでの $\dfrac{dz}{dy}$ は，$g'(y)$ に $y = f(x)$ を代入した関数 $g'(f(x))$ を意味する．

例題 11.15　次の関数の導関数を求めよ．

(1)　$\varphi_1(x) = \cos\left(x + \dfrac{\pi}{3}\right)$.

(2)　$\varphi_2(x) = e^{4x^2+5x-6}$.

(3)　$\varphi_3(x) = \sin^3 x$.

[解答]　(1)　$f_1(x) = x + \dfrac{\pi}{3}, g_1(y) = \cos y$ とおくと，$\varphi_1(x) = g_1 \circ f_1(x)$ である．$f_1'(x) = 1, g_1'(y) = -\sin y$ であるので

$$\varphi_1'(x) = -\sin\left(x + \frac{\pi}{3}\right).$$

(2)　$f_2(x) = 4x^2 + 5x - 6, g_2(y) = e^y$ とおくと，$\varphi_2(x) = g_2 \circ f_2(x)$ である．$f_2'(x) = 8x + 5, g_2'(y) = e^y$ であるので

$$\varphi_2'(x) = (8x + 5)e^{4x^2+5x-6}.$$

(3)　$f_3(x) = \sin x, g_3(y) = y^3$ とおくと，$\varphi_3(x) = g_3 \circ f_3(x)$ である．$f_3'(x) = \cos x, g_3'(y) = 3y^2$ であるので

$$\varphi_3'(x) = 3\sin^2 x \cos x.$$

□

問 11.16　次の関数の導関数を求めよ．

(1)　$\psi_1(x) = (x-a)^n$ (a は実数，n は自然数)．

(2)　$\psi_2(x) = \tan 3x$．

(3)　$\psi_3(x) = \cos^4 x$．

(4)　$\psi_4(x) = e^{\sin x}$．

11.8　逆関数

$y = x^2$ $(x > 0)$ を x について逆に解くと，$x = \sqrt{y}$ となる．このようなことを一般的に考えてみよう．

まず，**単調増加**，**単調減少**という概念について述べる．関数 $f(x)$ が

「$x_1 < x_2$ ならば，つねに $f(x_1) < f(x_2)$ である」

という性質を持つとき，$f(x)$ は**単調増加**である (**単調増加関数**である) という．また，

「$x_1 < x_2$ ならば，つねに $f(x_1) > f(x_2)$ である」

という性質を持つとき，$f(x)$ は**単調減少**である (**単調減少関数**である) という．

単調増加関数と単調減少関数を総称して**単調関数**とよぶ．

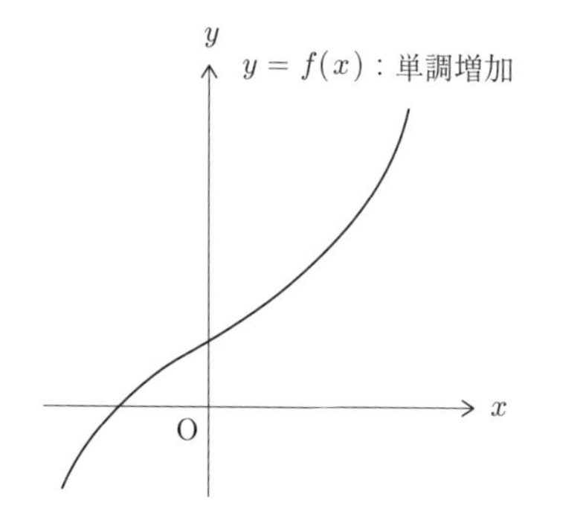

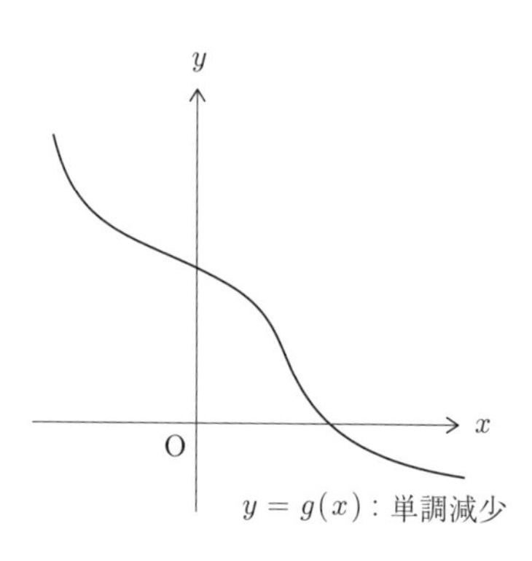

いま，$f(x)$ を単調関数とする．y の値を 1 つ定めたとき，$f(x) = y$ を満たす x の値はただ 1 つである．この値 x は y に応じて変化するので，これを y の関数とみなし，$x = g(y)$ と表すことにする．この関数 $g(y)$ を $f(x)$ の**逆関数**とよぶ．このとき

$$y = f(x) \iff x = g(y)$$

が成り立つ．

例 11.17　$f(x) = x^2 \ (x > 0)$ の逆関数を $g(y)$ とすると

$$g(y) = \sqrt{y}$$

である．

注意 11.18　例 11.17 の関数 $f(x)$ は $x > 0$ の部分では単調増加であるが，$x \leq 0$ の部分まで込めて考えると，単調関数ではない．そこで，$x > 0$ の部分に限定して考えることにより，逆関数を得ている．

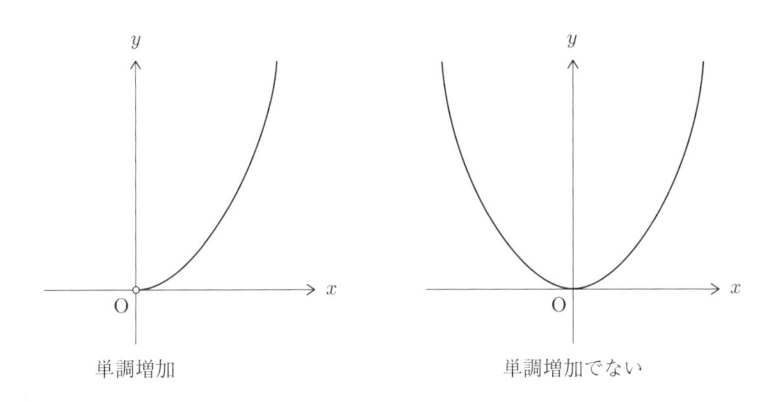

問 11.19　$f(x) = 2x - 5$ の逆関数を $g(y)$ とする．$g(y)$ を求めよ．

11.9　逆関数の導関数

逆関数の微分に関しては，次の定理が成り立つ．

定理 11.20　単調関数 $f(x)$ は $x = a$ において微分可能であり，$f(a) = b$, $f'(a) \neq 0$ とする．$f(x)$ の逆関数を $g(y)$ とするとき，$g(y)$ は $y = b$ において微分可能であり

$$g'(b) = \frac{1}{f'(a)} = \frac{1}{f'(g(b))}$$

が成り立つ．

証明　変数 x, y の間に

$$y = f(x) \ (\Longleftrightarrow \ x = g(y))$$

という関係が成り立っているとする．いま，x の値が a から $a+h$ に変化するとき，y の値が b から $b+k$ に変化するとする．このとき，関数 $f(x)$ は

$$f(a)=b, \quad f(a+h)=b+k, \quad f(a+h)-f(a)=k$$

を満たし，逆関数 $g(y)$ は

$$g(b)=a, \quad g(b+k)=a+h, \quad g(b+k)-g(b)=h$$

を満たす．したがって

$$\frac{g(b+k)-g(b)}{k}=\frac{h}{f(a+h)-f(a)}=\frac{1}{\dfrac{f(a+h)-f(a)}{h}}$$

が成り立つ．k が 0 に近づくとき，h も 0 に近づくので

$$\begin{aligned} g'(b) &= \lim_{k\to 0}\frac{g(b+k)-g(b)}{k}=\frac{1}{\displaystyle\lim_{h\to 0}\frac{f(a+h)-f(a)}{h}} \\ &= \frac{1}{f'(a)}=\frac{1}{f'(g(b))} \end{aligned}$$

が示される．□

単調関数 $f(x)$ の逆関数 $g(y)$ は，$f^{-1}(y)$ と書かれることが多い．
定理 11.20 により，次の公式が得られる．

公式 11.21　微分可能な単調関数 $f(x)$ に対して，逆関数 $f^{-1}(y)$ の導関数は

$$(f^{-1})'(y)=\frac{1}{f'(f^{-1}(y))} \tag{11.8}$$

によって与えられる．ただし，この式は，右辺の分母が 0 にならない y の範囲で成り立つ．

注意 11.22　(1)　変数 x, y が $y=f(x)$ を満たしているとき

$$f'(x)=\frac{dy}{dx}, \quad (f^{-1})'(y)=\frac{dx}{dy}$$

と表すことができる．このとき，式 (11.8) は次のように表される．

$$\frac{dx}{dy} = \frac{1}{\dfrac{dy}{dx}}. \tag{11.9}$$

ただし，右辺の分母にある $\dfrac{dy}{dx}$ は本来 x の関数であるが，$x = f^{-1}(y)$ を代入することによって，y の関数とみる．すなわち，この場合の $\dfrac{dy}{dx}$ は $f'(f^{-1}(y))$ である．

(2) 単調関数 $f(x)$ の逆関数 $f^{-1}(y)$ の変数を x に置き換えて，$f^{-1}(x)$ と書かれることも多い．このとき

$$f^{-1}(x) = y \iff f(y) = x$$

が成り立つ．このとき，関係式 $y = f(x)$ において，変数 x と y を入れかえれば，関係式 $x = f(y)$，すなわち $y = f^{-1}(x)$ が得られる．したがって，曲線 $y = f^{-1}(x)$ は，直線 $y = x$ を軸として，曲線 $y = f(x)$ を対称に折り返したものである．

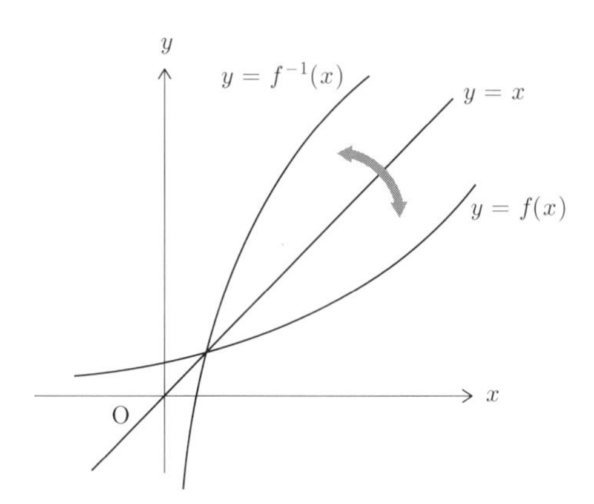

例 11.23　$f(x) = x^2$ $(x > 0)$ を考えると，$f^{-1}(x) = \sqrt{x}$ である．曲線 $y = \sqrt{x}$ $(x > 0)$ は，曲線 $y = x^2$ $(x > 0)$ を直線 $y = x$ を軸として対称に折り返したものであることが，次の図によって見てとれる．また，公式 11.21 を用いれば

$$(\sqrt{x})' = \frac{1}{f'(\sqrt{x})} = \frac{1}{2\sqrt{x}}$$

が成り立つことがわかる．この式は次のようにも書き表される．

$$(x^{\frac{1}{2}})' = \frac{1}{2}x^{-\frac{1}{2}}.$$

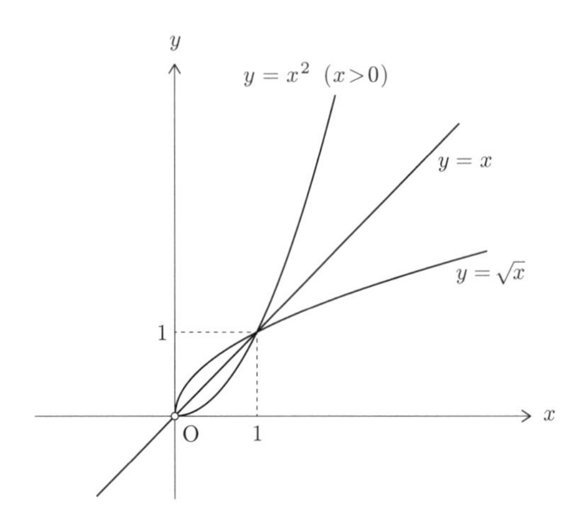

11.10　対数関数

実数 a は $a > 0, a \neq 1$ を満たすとし，変数 x, y の間に

$$y = a^x \tag{11.10}$$

という関係式が成り立つとする．x の関数 a^x は単調関数であり，a^x の値は正の実数である．したがって，正の実数 y に対して，式 (11.10) を成り立たせるような x の値がただ 1 つ定まる．この x を

$$x = \log_a y$$

と表し，a を**底**(てい)とする y の**対数**とよぶ．

$\log_a y$ は y の関数とみることができる．この関数を a を底とする**対数関数**とよぶ．対数関数 $\log_a y$ は指数関数 a^x の逆関数であり，次が成り立つ．

$$y = a^x \iff x = \log_a y.$$

例 11.24　(1)　$2^3 = 8$ であるので，$\log_2 8 = 3$ である．

(2)　$2^0 = 1$ であるので，$\log_2 1 = 0$ である．

(3)　$2^{-2} = \dfrac{1}{4}$ であるので，$\log_2 \dfrac{1}{4} = -2$ である．

(4)　$2^{\frac{1}{2}} = \sqrt{2}$ であるので，$\log_2 \sqrt{2} = \dfrac{1}{2}$ である．

問 11.25　次の対数の値を求めよ．

(1) $\log_3 3$　　(2) $\log_{10} \sqrt[3]{10}$　　(3) $\log_a \dfrac{1}{a^4}$　　(a は正の実数)

対数の性質をまとめておく.

命題 11.26 a, y, y_1, y_2 は正の実数とし, $a \neq 1$ とする.
(1) $\log_a(y_1 y_2) = \log_a y_1 + \log_a y_2$ が成り立つ.
(2) 実数 c に対して, $\log_a(y^c) = c\log_a y$ が成り立つ.
(3) $\log_a\left(\dfrac{1}{y}\right) = -\log_a y$ が成り立つ.
(4) $\log_a\left(\dfrac{y_1}{y_2}\right) = \log_a y_1 - \log_a y_2$ が成り立つ.

証明 (1) $\log_a y_1 = x_1, \log_a y_2 = x_2$ とおくと

$$y_1 = a^{x_1}, \quad y_2 = a^{x_2}$$

が成り立つ. このとき, 指数法則により, $y_1 y_2 = a^{x_1 + x_2}$ となるので

$$\log_a(y_1 y_2) = x_1 + x_2 = \log_a y_1 + \log_a y_2$$

が得られる.

(2) $\log_a y = x$ とおくと, $y = a^x$ が成り立つ. このとき, 指数法則により

$$y^c = (a^x)^c = a^{cx}$$

が成り立つので

$$\log_a(y^c) = cx = c\log_a y$$

が得られる.

(3) $\dfrac{1}{y} = y^{-1}$ であるので, (2) において, $c = -1$ とおけばよい.

(4) (1) と (3) を用いれば

$$\log_a\left(\frac{y_1}{y_2}\right) = \log_a y_1 + \log_a\left(\frac{1}{y_2}\right) = \log_a y_1 - \log_a y_2$$

が得られる. □

命題 11.27 a, b, c は正の実数とし, $a \neq 1, b \neq 1$ とする.

(1) $\log_a b \log_b c = \log_a c$ が成り立つ．

(2) $\log_b c = \dfrac{\log_a c}{\log_a b}$ が成り立つ．

証明 (1) $\log_a b = x, \log_b c = y$ とおくと，$a^x = b, b^y = c$ が成り立つ．このとき

$$c = b^y = (a^x)^y = a^{xy}$$

であるので

$$\log_a c = xy = \log_a b \log_b c$$

が得られる．

(2) $b \neq 1$ より，$\log_a b \neq 0$ である．(1) の式の両辺を $\log_a b$ で割れば，求める等式が得られる． □

命題 11.27 の等式は，**底の変換公式**とよばれる．

対数を扱うとき，特に，ネイピア数 e (152 ページ) を底とする対数 $\log_e y$ が重要であり，これを**自然対数**とよぶ．それゆえ，ネイピア数を「自然対数の底」とよぶ．

通常，自然対数 $\log_e y$ は底 e を省略して，単に $\log y$ と表す．y を変数とみて，$\log_e y = \log y$ を y の関数と考えるとき，これを**自然対数関数**とよぶ．

今後は自然対数関数 $\log y$ のみを考察することとし，単に**対数関数**といったら，特に断らない限り，自然対数関数を表すものとする．なお，「自然対数」をラテン語で「logarithmus naturalis」ということから，自然対数 $\log y$ を $\ln y$ と表記することもある．

11.11　対数関数の導関数

対数関数 $\log y$ は指数関数 e^x の逆関数であり

$$y = e^x \iff x = \log y$$

が成り立つ．したがって，曲線 $y = \log x$ は，曲線 $y = e^x$ を直線 $y = x$ を軸として対称に折り返したものである．

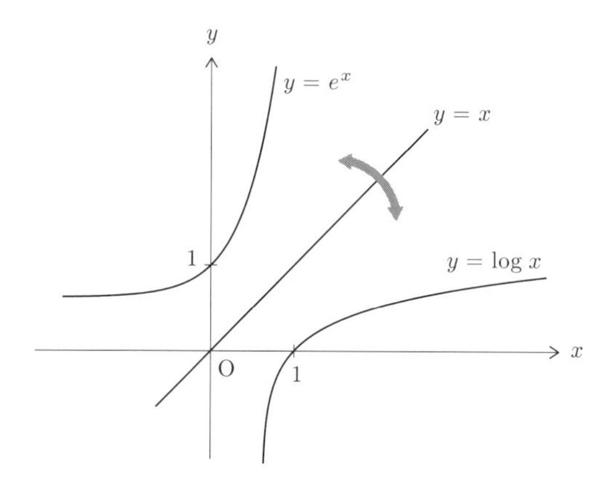

対数関数 $\log x$ は $x > 0$ の範囲のみで定義される．また，$\log 1 = 0$ であるので，曲線 $y = \log x$ は点 $(1, 0)$ を通る．さらに

$$\lim_{x \to +0} \log x = -\infty, \quad \lim_{x \to \infty} \log x = \infty$$

が成り立つ．ここで，記号「$\lim\limits_{x \to +0}$」は，x が正の値を保ったまま 0 に近づいたときの極限を表す．

問 11.28　$e^{\log x} = x$ が成り立つことを示せ．

公式 11.7 (154 ページ) と公式 11.21 (160 ページ) を用いて，対数関数の導関数を求めてみよう．

いま，$f(x) = e^x$ とおくと，$f^{-1}(x) = \log x$ である．$f'(x) = e^x$ であり，$e^{\log x} = x$ であることに注意すれば (問 11.28 参照)，

$$(f^{-1})'(x) = \frac{1}{f'(f^{-1}(x))} = \frac{1}{e^{\log x}} = \frac{1}{x}$$

が得られる．

関数 $\varphi(x) = \log(-x)$ $(x < 0)$ についても考えてみよう．曲線 $y = \varphi(x)$ は次の図のようなものである．

いま，$f(x) = -x$, $g(y) = \log y$ とおくと，$\varphi(x)$ はこれらの関数の合成関数である．実際

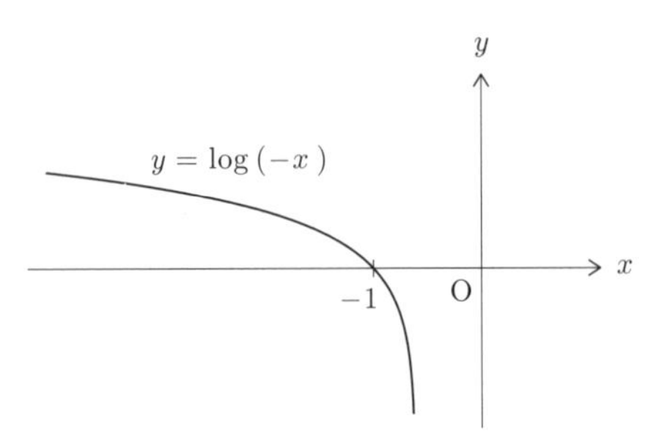

$$g \circ f(x) = g(f(x)) = \log(-x) = \varphi(x)$$

である．$f'(x) = -1$, $g'(y) = \dfrac{1}{y}$ に注意して，公式 11.12 (156 ページ) を用いれば

$$(\log(-x))' = (g \circ f)'(x) = g'(f(x))f'(x) = \frac{1}{(-x)} \cdot (-1) = \frac{1}{x}$$

が成り立つことがわかる．

以上の考察により，次の公式が得られる．

> **公式 11.29**　$(\log|x|)' = \dfrac{1}{x}$ $(x \neq 0)$.

実際，$x > 0$ ならば $\log|x| = \log x$ であり，$x < 0$ ならば $\log|x| = \log(-x)$ である．いずれの場合も，導関数は $\dfrac{1}{x}$ である．

例題 11.30　$\varphi(x) = \log|\cos x|$ の導関数を求めよ．ただし，$\cos x \neq 0$ となる x の範囲で考える．

[解答]　$f(x) = \cos x$, $g(y) = \log|y|$ とおくと

$$\varphi(x) = g \circ f(x), \qquad g'(y) = \frac{1}{y}, \qquad g'(f(x)) = \frac{1}{\cos x}, \qquad f'(x) = -\sin x$$

であるので

$$\varphi'(x) = g'(f(x))f'(x) = \frac{1}{\cos x} \cdot (-\sin x) = -\tan x$$

である．□

対数関数を利用すると，x^a (a は必ずしも整数とは限らない実数) の導関数を求めることができる．次の例題を解いてみよう．

例題 11.31　微分可能な関数 $f(x)$ はつねに正の値をとるものとし

$$\varphi(x) = \log(f(x))$$

とおく．

(1) $\varphi'(x) = \dfrac{f'(x)}{f(x)}$, $f'(x) = \varphi'(x)f(x)$ が成り立つことを示せ．

(2) a は実数とし，$f(x) = x^a$ $(x > 0)$ とするとき，$\varphi'(x)$ を求め，さらに (1) の結果を用いて $f'(x)$ を求めよ．

[解答]　(1) $g(y) = \log y$ $(y > 0)$ とおくと $\varphi(x) = g \circ f(x)$ である．

$$g'(y) = \frac{1}{y}, \quad g'(f(x)) = \frac{1}{f(x)}$$

であるので

$$\varphi'(x) = g'(f(x))f'(x) = \frac{f'(x)}{f(x)}$$

が得られる．$f(x)$ をかけて分母を払えば，2 番目の等式が導かれる．

(2) $\varphi(x) = \log(x^a) = a \log x$ であるので

$$\varphi'(x) = \frac{a}{x}, \quad f'(x) = \varphi'(x)f(x) = \frac{a}{x}x^a = ax^{a-1}$$

となる．□

例題 11.31 (2) で得られた式を公式として述べておこう．

公式 11.32　$(x^a)' = ax^{a-1}$ (a は必ずしも整数とは限らない実数)．

注意 11.33　(1) $a = n$ (n は自然数) のときは，公式 11.32 は公式 10.7 (142 ページ) と一致する．

(2) $a = \dfrac{1}{2}$ のとき，公式 11.32 により

$$(\sqrt{x})' = (x^{\frac{1}{2}})' = \frac{1}{2}x^{-\frac{1}{2}} = \frac{1}{2\sqrt{x}}$$

が得られる．これは，例 11.23 (162 ページ) で得られた結果と一致する．

例題 11.34 $f(x) = x + \sqrt{x^2+1}$，$\varphi(x) = \log(x + \sqrt{x^2+1})$ とする．

(1) $f'(x)$ を求めよ．

(2) $\varphi'(x)$ を求めよ．

[解答] (1) $\sqrt{x^2+1} = (x^2+1)^{\frac{1}{2}}$ であることに注意すれば

$$\begin{aligned} f'(x) &= 1 + \frac{1}{2}(x^2+1)^{-\frac{1}{2}}(x^2+1)' = 1 + \frac{1}{2}(x^2+1)^{-\frac{1}{2}} \cdot 2x \\ &= 1 + \frac{x}{\sqrt{x^2+1}} = \frac{x+\sqrt{x^2+1}}{\sqrt{x^2+1}} \end{aligned}$$

であることがわかる．

(2) $\varphi(x) = \log(f(x))$ であるので，(1) の結果と例題 11.31 (1) の式を用いれば

$$\varphi'(x) = \frac{f'(x)}{f(x)} = \frac{1}{x+\sqrt{x^2+1}} \cdot \frac{x+\sqrt{x^2+1}}{\sqrt{x^2+1}} = \frac{1}{\sqrt{x^2+1}}$$

が得られる．　□

問 11.35 次の関数の導関数を求めよ．

(1) $\varphi_1(x) = x\log x - x \ (x > 0)$.

(2) $\varphi_2(x) = \log(\sin x) \ (0 < x < \pi)$.

(3) $\varphi_3(x) = \log(x + \sqrt{x^2-1}) \ (x > 1)$.

次の例題 11.36 において，11.4 節の式 (11.7) (153 ページ) を再び考察し，さらにその考え方を応用して，例題 11.38 を解いてみよう．

例題 11.36 $f(x) = \log(1+x)$ とする．

(1) 導関数 $f'(x)$ を求めよ．

(2) $\lim_{h \to 0} \log((1+h)^{\frac{1}{h}}) = f'(0)$ が成り立つことを示し，その値を求めよ．

(3) 以上のことを用いて

$$e = \lim_{h \to 0}(1+h)^{\frac{1}{h}}$$

を示せ．ただし，実数 b に対して

$$\lim_{x \to b} e^x = e^b \tag{11.11}$$

が成り立つことは用いてよい．また，問 11.28 (165 ページ) により

$$(1+h)^{\frac{1}{h}} = e^{\log((1+h)^{1/h})}$$

が成り立つことも用いてよい．

[解答]　(1) $f'(x) = \dfrac{1}{1+x}$.

(2) まず，$\log((1+h)^{\frac{1}{h}}) = \dfrac{1}{h}\log(1+h) = \dfrac{f(h)}{h}$ が成り立つことに注意する．また，$f(0) = \log 1 = 0$ であることにも注意すれば

$$\lim_{h \to 0} \log((1+h)^{\frac{1}{h}}) = \lim_{h \to 0} \frac{f(h)}{h} = \lim_{h \to 0} \frac{f(h) - f(0)}{h}$$

が得られる．このとき，微分係数の定義により，この式の最右辺は $f'(0)$ と等しく，その値は 1 である．

(3) (2) により $\lim_{h \to 0} \log((1+h)^{\frac{1}{h}}) = 1$ であるので，式 (11.11) を

$$x = \log((1+h)^{\frac{1}{h}}), \quad b = 1$$

に対して適用すれば

$$\lim_{h \to 0}(1+h)^{\frac{1}{h}} = \lim_{h \to 0} e^{\log((1+h)^{1/h})} = e^1 = e$$

が示される．　□

注意 11.37　例題 11.36 の式 (11.11) は，関数 e^x が $x = b$ において**連続**であることを表している (「連続」の一般的な定義は 13.1 節で述べる)．

例題 11.38　n は 2 以上の自然数とする．当たりくじが出る確率が $\dfrac{1}{n}$ のくじを

n 回続けて引いたとき，1 回も当たりくじが出ない確率を p_n とする．この確率について，A さんと B さんが話をしている．

A：「n 回に 1 回は当たるんだから，p_n は 0 に近いと思う．」

B：「それは違うと思う．私の計算によれば，n が大きいとき，p_n は

$$\frac{1}{e} \approx \frac{1}{2.71828} \approx 0.36788$$

に近い値になる．」

以下の問に答えよ．

(1) p_2, p_3, p_4 を求め，さらに，それらのおおよその値を小数で表せ．ただし，小数第 3 位を四捨五入すること．

(2) p_n を n の式で表せ．

(3) $g(x) = \log(1-x)$ とおく．$g'(x)$ を求めよ．

(4) $\lim_{h \to 0} \log((1-h)^{\frac{1}{h}}) = g'(0) = -1$ が成り立つことを示せ．

(5) $\lim_{n \to \infty} p_n = \frac{1}{e}$ が成り立つことを示せ．

[解答]　(1) $n = 2$ のとき，くじを 1 回引いて当たらない確率は

$$1 - \frac{1}{2} = \frac{1}{2}$$

である．したがって，くじを 2 回引いて，2 回とも当たらない確率 p_2 は

$$p_2 = \frac{1}{2} \cdot \frac{1}{2} = \frac{1}{4} = 0.25$$

である．また，$n = 3$ のとき，くじを 1 回引いて当たらない確率は

$$1 - \frac{1}{3} = \frac{2}{3}$$

であるので，$p_3 = \left(\frac{2}{3}\right)^3 = \frac{8}{27} \approx 0.30$ である．同様に考えれば

$$p_4 = \left(1 - \frac{1}{4}\right)^4 = \frac{81}{256} \approx 0.32$$

が得られる．

(2) $p_n = \left(1 - \frac{1}{n}\right)^n$.

(3) $g'(x) = -\frac{1}{1-x}$.

(4) $g(h) = \log(1-h)$, $g(0) = 0$ に注意して微分係数の定義を用いると

$$\lim_{h\to 0}\log((1-h)^{\frac{1}{h}}) = \lim_{h\to 0}\frac{\log(1-h)}{h} = \lim_{h\to 0}\frac{g(h)-g(0)}{h} = g'(0) = -1$$

が得られる．

(5) (4) の結果を用いれば

$$\lim_{h\to 0}(1-h)^{\frac{1}{h}} = \lim_{h\to 0} e^{\log((1-h)^{1/h})} = e^{-1} = \frac{1}{e}$$

が示される．自然数 n に対して $h = \dfrac{1}{n}$ とすれば，$n = \dfrac{1}{h}$ であり

$$\lim_{n\to\infty} p_n = \lim_{n\to\infty}\left(1-\frac{1}{n}\right)^n = \lim_{h\to 0}(1-h)^{\frac{1}{h}} = \frac{1}{e}$$

となることがわかる．　□

11.12　微分の計算練習

いままでに述べたことがらを用いて，微分の計算練習をしておこう．

例題 11.39　次の関数の導関数を求めよ．

(1) $f_1(x) = x^3\sin 2x$　　(2) $f_2(x) = \log(x^2+2x+3)$　　(3) $f_3(x) = x^x$

[解答]　(1) $f_1'(x) = (x^3)'\sin 2x + x^3(\sin 2x)' = 3x^2\sin 2x + 2x^3\cos 2x$.

(2) $f_2'(x) = \dfrac{(x^2+2x+3)'}{x^2+2x+3} = \dfrac{2x+2}{x^2+2x+3}$.

(3) $\varphi_3(x) = \log f_3(x)$ とおくと，$\varphi_3(x) = \log x^x = x\log x$ であるので

$$\varphi_3'(x) = (x\log x)' = 1\cdot\log x + x\cdot\frac{1}{x} = \log x + 1$$

である．一方，$\varphi_3'(x) = \dfrac{f_3'(x)}{f_3(x)}$ であるので

$$f_3'(x) = \varphi_3'(x)f_3(x) = (\log x + 1)x^x$$

である．　□

問 11.40　次の関数の導関数を求めよ.

(1)　$g_1(x) = \dfrac{\sin x}{x}$　　(2)　$g_2(x) = e^{\log x + x}$　　(3)　$g_3(x) = \cos 3x \sin 4x$

第12章

高階導関数とその応用

導関数の導関数を2階導関数という．2階導関数を調べることにより，関数のグラフの凹凸がわかる．さらに，3階導関数，4階導関数などが存在するとき，関数の値を近似的に求める方法について説明する．

12.1　2階導関数とグラフの凹凸

微分可能な関数 $f(x)$ の導関数 $f'(x)$ がさらに微分可能であるとき，$f(x)$ は**2回微分可能**であるという．このとき，$f'(x)$ の導関数を $f''(x)$ と表し，$f(x)$ の**2階導関数**(**2次導関数**) とよぶ．

いま，$f''(x)$ がつねに正の値をとるとしよう．このとき，x が大きくなるにつれて，$f'(x)$ の値は増加するので，曲線 $y=f(x)$ は次の図のような形となる．このような形のとき，曲線 $y=f(x)$ は**下に凸**であるという．

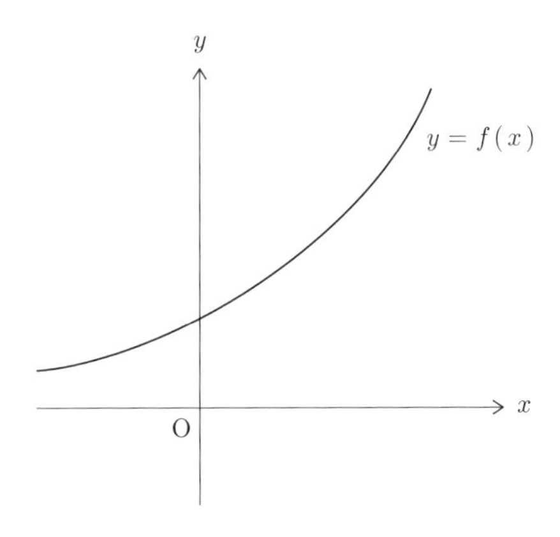

また，$f''(x)$ がつねに負の値をとるときは，x が大きくなるにつれて，$f'(x)$ の値

は減少するので，曲線 $y=f(x)$ は次の図のような形となる．このような形のとき，曲線 $y=f(x)$ は**上に凸**であるという．

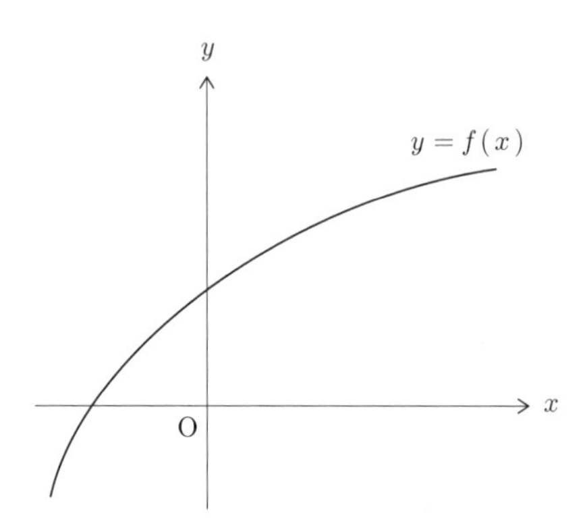

このように，$f(x)$ の 2 階導関数を調べることにより，曲線 $y=f(x)$ の凹凸が調べられる．

たとえば，$f(x)=x^3-3x$ とすると，$f'(x)=3x^2-3$, $f''(x)=6x$ である．$x<0$ の範囲では $f''(x)<0$ であるので，$f'(x)$ は減少する．したがって，曲線 $y=f(x)$ は $x<0$ の範囲では上に凸である．一方，$x>0$ の範囲では $f''(x)>0$ であるので，曲線 $y=f(x)$ はこの範囲で下に凸である．

x		0	
$f''(x)$	$-$	0	$+$
$f'(x)$	↘		↗
$f(x)$	上に凸		下に凸

したがって，点 $(0,0)$ において，曲線 $y=f(x)$ は曲がり方が変化している．一般に，このような点を曲線の**変曲点**とよぶ．いまの場合，原点 $(0,0)$ が曲線 $y=f(x)$ の変曲点である．$x=0$ を関数 $f(x)$ の**変曲点**とよぶこともある．

$f(x)$ が 2 回微分可能であるとき，$x=a$ が関数 $f(x)$ の変曲点ならば，$f''(a)=0$ である．ただし，$f''(a)=0$ であるからといって，$x=a$ が $f(x)$ の変曲点であるとは限らない．

問 12.1　関数 $f(x)=x^4-2x^3+3x$ の変曲点をすべて求めよ．

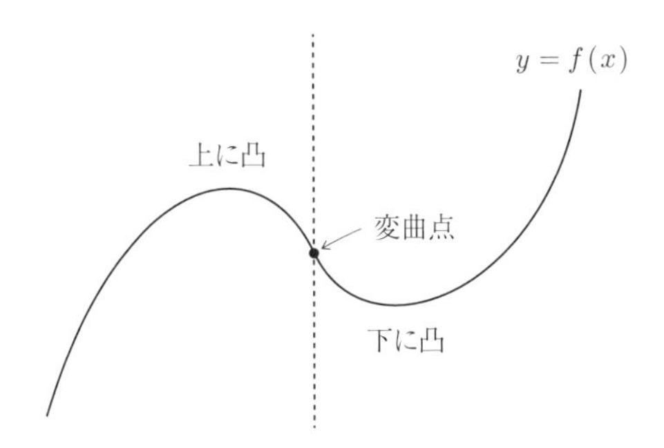

12.2　高階導関数と多項式近似

2 回微分可能な関数 $f(x)$ の 2 階導関数 $f''(x)$ がさらに微分可能であるとき，その導関数を $f^{(3)}(x)$ と表し，$f(x)$ の 3 階導関数という．一般に，自然数 n に対して，「$f(x)$ が n 回微分可能である」という概念や，$\boldsymbol{n}$ **階導関数**という概念を定義することができる．$f(x)$ の n 階導関数を $f^{(n)}(x)$ と表す．関数 $f(x)$ に対して，導関数をとる操作を n 回くり返して得られる関数が $f^{(n)}(x)$ である．ここで

$$f^{(1)}(x) = f'(x), \qquad f^{(2)}(x) = f''(x)$$

である．また，$f^{(0)}(x) = f(x)$ であると解釈する．

$f(x)$ の n 階導関数 $(n \geq 2)$ を総称して，$f(x)$ の**高階導関数**とよぶ．

例 12.2　(1)　$f(x) = x^3$ とすると

$$f'(x) = 3x^2, \qquad f''(x) = 6x, \qquad f^{(3)}(x) = 6, \qquad f^{(4)}(x) = 0$$

である．また，$g(x) = x^4$ とすると

$$g'(x) = 4x^3, \qquad g''(x) = 12x^2, \qquad g^{(3)}(x) = 24x,$$
$$g^{(4)}(x) = 24, \qquad g^{(5)}(x) = 0$$

である．

(2)　k は 0 以上の整数とし，$f(x) = x^k$ とする．このとき

$$f^{(k)}(x) = k!$$

である (詳細な検討は読者にゆだねる)．ここで，$k!$ は 1 から k までのすべての整数の積を表し，k の**階乗**という．ただし，$0! = 1$ と定める．

(3)　$f(x) = e^x$ とすると

$$f'(x) = f''(x) = f^{(3)}(x) = \cdots = e^x$$

である．

(4) $f(x) = \sin x$ とすると

$$f'(x) = \cos x, \qquad f''(x) = -\sin x,$$
$$f^{(3)}(x) = -\cos x, \qquad f^{(4)}(x) = \sin x$$

である．$f^{(4)}(x) = f(x)$ であるので，0 以上の整数 k に対して

$$f^{(4k)}(x) = \sin x, \qquad f^{(4k+1)}(x) = \cos x,$$
$$f^{(4k+2)}(x) = -\sin x, \qquad f^{(4k+3)}(x) = -\cos x$$

が成り立つ．

(5) $f(x) = \log(1+x)$ $(x > -1)$ とすると

$$f'(x) = \frac{1}{1+x} = (1+x)^{-1}, \qquad f''(x) = -(1+x)^{-2},$$
$$f^{(3)}(x) = 2(1+x)^{-3}, \qquad f^{(4)}(x) = -6(1+x)^{-4}$$

である．一般に，1 以上の整数 k に対して

$$f^{(k)}(x) = (-1)^{k-1}(k-1)!\,(1+x)^{-k} = \frac{(-1)^{k-1}(k-1)!}{(1+x)^k}$$

が成り立つ (詳細な検討は読者にゆだねる)．

高階導関数を用いると，関数の値を近似的に求めることができる．そのことを説明するために，**テイラーの定理**とよばれる次の定理を紹介しよう．

定理 12.3 (テイラーの定理)　a, b は異なる実数とし，n は自然数とする．$f(x)$ は a, b を含む十分に広い範囲の x に対して定義され，何回でも微分可能な関数とする．このとき

$$f(b) = \sum_{k=0}^{n-1} \frac{f^{(k)}(a)}{k!}(b-a)^k + \frac{f^{(n)}(c)}{n!}(b-a)^n \tag{12.1}$$

を満たす実数 c が a と b の間に存在する．

証明は省略する．また，$f(x)$ が「何回でも微分可能である」という仮定は弱めることができるが，本書では述べない．

定理 12.3 の内容を確認しよう．式 (12.1) をシグマ記号を用いずに表すと

$$f(b) = f(a) + f'(a)(b-a) + \frac{f''(a)}{2!}(b-a)^2 + \cdots + \frac{f^{(n-1)}(a)}{(n-1)!}(b-a)^{n-1} + \frac{f^{(n)}(c)}{n!}(b-a)^n$$

となる．ここで，$0! = 1$, $f^{(0)}(a) = f(a)$ などを用いている．

特に，$n = 1$ のとき，式 (12.1) は次のように表される．

$$f(b) = f(a) + f'(c)(b-a).$$

したがって，この場合，定理 12.3 は

$$f'(c) = \frac{f(b) - f(a)}{b - a} \tag{12.2}$$

を満たす c が a と b の間に存在することを主張している．

式 (12.2) の右辺は，x の値が a から b に変化するときの $f(x)$ の値の**平均変化率**を表している．それが $f'(c)$ と等しくなるような実数 c が，a と b の間に存在する．この事実は**平均値の定理**とよばれる．

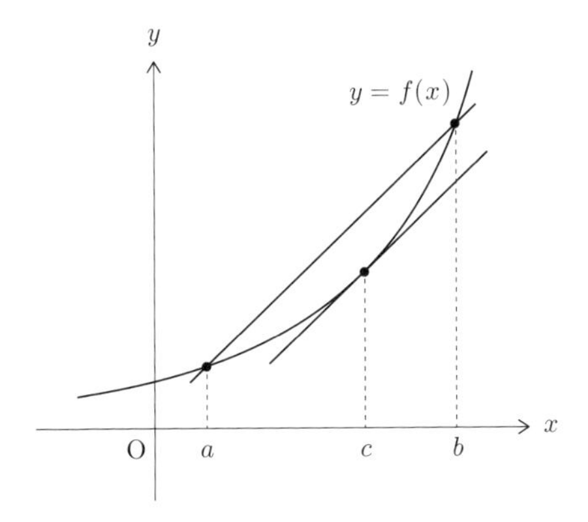

次に，$n = 3$ の場合を考えてみよう．

$n = 3$ のとき，式 (12.1) は

$$f(b) = f(a) + f'(a)(b-a) + \frac{f''(a)}{2!}(b-a)^2 + \frac{f^{(3)}(c)}{3!}(b-a)^3$$

と表される．b が a に近いとき，c も a に近いので，$f^{(3)}(c)$ は $f^{(3)}(a)$ と「ほぼ等しい」と考えられる．さらに，b を x と置き換えると

$$f(x) \approx f(a) + f'(a)(x-a) + \frac{f''(a)}{2!}(x-a)^2 + \frac{f^{(3)}(a)}{3!}(x-a)^3$$

となる．関数 $f(x)$ が右辺の 3 次式によって近似されている．

ここで，次の例題を考えてみよう．

例題 12.4　p, q, r, s, a は実数とし

$$f(x) = p + q\,(x-a) + r\,(x-a)^2 + s\,(x-a)^3 \tag{12.3}$$

とする．このとき

$$p = f(a), \quad q = f'(a), \quad r = \frac{f''(a)}{2!}, \quad s = \frac{f^{(3)}(a)}{3!}$$

が成り立つことを示せ．

[解答]　式 (12.3) に $x = a$ を代入すると，$f(a) = p$ が得られる．また，式 (12.3) の両辺の導関数をとると

$$f'(x) = q + 2r\,(x-a) + 3s\,(x-a)^2 \tag{12.4}$$

となる．この式の両辺に $x = a$ を代入すると，$f'(a) = q$ が得られる．さらに，式 (12.4) の両辺の導関数をとると

$$f''(x) = 2r + 6s\,(x-a) \tag{12.5}$$

となる．この式の両辺に $x = a$ を代入すると，$f''(a) = 2r$ となるので

$$r = \frac{f''(a)}{2} = \frac{f''(a)}{2!}$$

が得られる．さらに，式 (12.5) の両辺の導関数をとると

$$f^{(3)}(x) = 6s$$

となる．この式に $x = a$ を代入することにより

$$s = \frac{f^{(3)}(a)}{6} = \frac{f^{(3)}(a)}{3!}$$

が得られる．　□

定理 12.3 の理解のためのヒントとして，この例題を役立てていただきたい．

12.3　テイラー展開と関数の値の近似計算

定理 12.3 (176 ページ) の式 (12.1) において，b を x に置き換えた式

$$f(x)=\sum_{k=0}^{n-1}\frac{f^{(k)}(a)}{k!}(x-a)^k+\frac{f^{(n)}(c)}{n!}(x-a)^n \tag{12.6}$$

は，$f(x)$ の $x=a$ における**テイラー展開**とよばれる．ただし，c は a と x の間の数であり，x に応じて変化する．右辺の最後の項

$$\frac{f^{(n)}(c)}{n!}(x-a)^n$$

は**剰余項**とよばれ，単に R_n と表されることも多い．

特に，$x=0$ におけるテイラー展開は**マクローリン展開**ともよばれる．

いくつかの関数のテイラー展開を求めてみよう．

例 12.5　(1)　$f(x)=e^x$ とすると

$$f(x)=f'(x)=f''(x)=\cdots=f^{(n-1)}(x)=e^x$$

である (例 12.2 (175 ページ) 参照)．したがって

$$f(0)=f'(0)=f''(0)=\cdots=f^{(n-1)}(0)=1$$

であるので，e^x の $x=0$ におけるテイラー展開 (マクローリン展開) は

$$e^x=1+x+\frac{1}{2!}x^2+\frac{1}{3!}x^3+\cdots+\frac{1}{(n-1)!}x^{n-1}+R_n$$

で与えられる．ここで，R_n は剰余項である．

(2)　$f(x)=\sin x$ とする．剰余項 R_5 を用いたマクローリン展開を求めてみよう．

$$f'(x)=\cos x,\qquad f''(x)=-\sin x,$$

$$f^{(3)}(x)=-\cos x,\qquad f^{(4)}(x)=\sin x$$

であるので (例 12.2 参照)，

$$f(0)=0,\qquad f'(0)=1,\qquad f''(0)=0,$$

$$f^{(3)}(0)=-1,\qquad f^{(4)}(0)=0$$

が成り立つ．したがって

$$\sin x = 0 + x + 0 \cdot x^2 - \frac{1}{3!}x^3 + 0 \cdot x^4 + R_5 = x - \frac{1}{6}x^3 + R_5$$

となる．

例題 12.6 $f(x) = \log(1+x)$ のマクローリン展開が

$$\begin{aligned}\log(1+x) &= \sum_{k=1}^{n-1} \frac{(-1)^{k-1}}{k} x^k + R_n \\ &= x - \frac{1}{2}x^2 + \frac{1}{3}x^3 - \frac{1}{4}x^4 + \cdots + \frac{(-1)^{n-2}}{n-1}x^{n-1} + R_n\end{aligned}$$

と表されることを示せ (R_n は剰余項).

[解答] $f(0) = \log 1 = 0$ である．また，1 以上の整数 k に対して

$$f^{(k)}(x) = (-1)^{k-1}(k-1)!\,(1+x)^{-k}$$

が成り立つので (例 12.2 参照)，$f^{(k)}(0) = (-1)^{k-1}(k-1)!$ であり

$$\begin{aligned}\log(1+x) &= \sum_{k=0}^{n-1} \frac{f^{(k)}(0)}{k!} x^k + R_n \\ &= \sum_{k=1}^{n-1} \frac{(-1)^{k-1}(k-1)!}{k!} x^k + R_n = \sum_{k=1}^{n-1} \frac{(-1)^{k-1}}{k} x^k + R_n\end{aligned}$$

が成り立つ． □

問 12.7 剰余項 R_5 を用いた $\cos x$ のマクローリン展開を求めよ．

定理 12.3 の式 (12.1) を利用した関数の値の近似計算の例を 1 つだけ述べておく．

例 12.8 $f(x) = e^x$ とすると，$f(1) = e^1 = e$ である．
いまの場合，式 (12.1) において，$a = 0, b = 1$ とすると

$$e = \sum_{k=0}^{n-1} \frac{1}{k!} + R_n = 1 + 1 + \frac{1}{2!} + \frac{1}{3!} + \cdots + \frac{1}{(n-1)!} + R_n$$

が得られる．ここで，$R_n = \dfrac{e^c}{n!}$ $(0 < c < 1)$ である．

いま，$0 < e^c < e$ であることに注意すると，n が大きくなるにつれて，剰余項 R_n は 0 に近づくことがわかる．したがって

$$e_n = \sum_{k=0}^{n-1} \frac{1}{k!} = 1 + 1 + \frac{1}{2!} + \frac{1}{3!} + \cdots + \frac{1}{(n-1)!}$$

とおくと，n が大きくなるにつれて，e_n の値はネイピア数 e に近づくはずである．実際に計算してみると

$$\begin{aligned} e_7 &= 2.718055\cdots, \\ e_8 &= 2.718253\cdots, \\ e_9 &= 2.718278\cdots, \\ e_{10} &= 2.718281\cdots \end{aligned}$$

となり，一定の値に近づく様子が見てとれる．実際には

$$e = 2.7182818284\cdots$$

である．

第13章

1変数関数の積分の基本事項

ここから積分について述べる．まず，1 変数関数の積分の基本事項をまとめておく．

13.1 定積分と図形の面積

$f(x)$ は $x = c$ の近くで定義された関数とする．x が c に近づくとき，$f(x)$ は $f(c)$ に近づくとする．すなわち

$$\lim_{x \to c} f(x) = f(c)$$

が成り立つとする．このようなとき，$f(x)$ は $x = c$ で**連続**であるという．そうでないとき，$f(x)$ は $x = c$ で**不連続**であるという．$f(x)$ が定義される各点で $f(x)$ が連続であるとき，$f(x)$ は**連続関数**であるという．

例 13.1 (1) $f(x) = 2x + 3$ は連続関数である．曲線 $y = f(x)$ は次のようなものであり，グラフが「つながっている」様子が見てとれる．

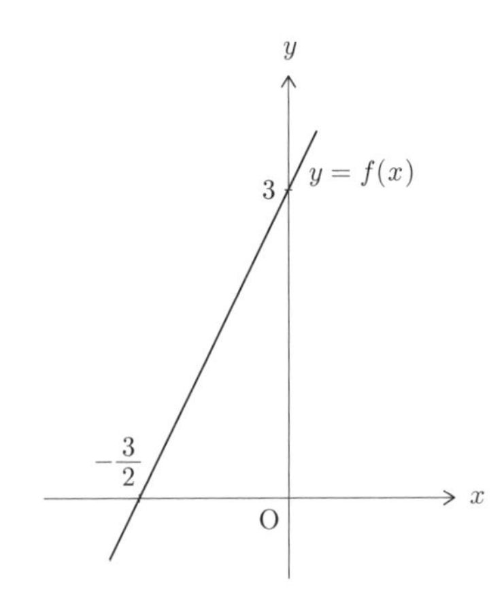

(2)　関数 $g(x)$ を

$$g(x) = \begin{cases} 0 & (x < 0 \text{ のとき}) \\ 1 & (x \geq 0 \text{ のとき}) \end{cases}$$

と定めると，$g(x)$ は $x = 0$ で不連続である．曲線 $y = g(x)$ は $x = 0$ の部分で「とぎれて」いる．

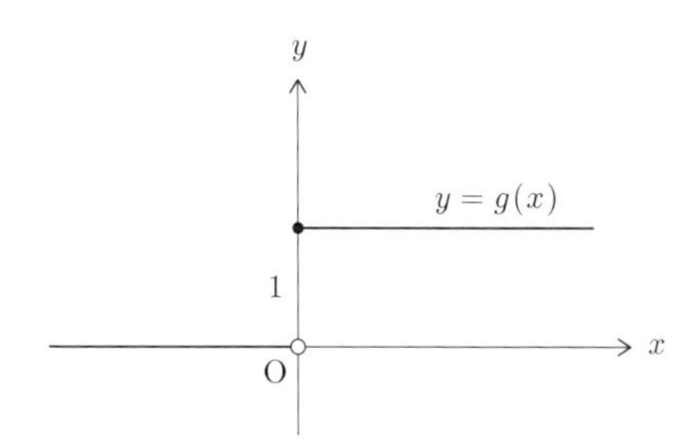

a, b は実数とし，$a < b$ とする．$f(x)$ は $a \leq x \leq b$ を満たす x に対して定義された連続関数とする．

$$a = x_0 < x_1 < x_2 < \cdots < x_{n-1} < x_n = b$$

を満たすように実数 $x_0, x_1, x_2, \ldots, x_n$ を選ぶ．さらに，各 i $(1 \leq i \leq n)$ に対して，

$$x_{i-1} \leq z_i \leq x_i$$

を満たす実数 z_i を選び

$$\sum_{i=1}^{n} f(z_i)(x_i - x_{i-1}) = f(z_1)(x_1 - x_0) + \cdots + f(z_n)(x_n - x_{n-1}) \tag{13.1}$$

を考える．いま，n を十分大きくし，x_{i-1} と x_i の差 $(1 \leq i \leq n)$ を 0 に近づけると，この値は一定の値 I に近づくことが知られている．この値 I を

$$\int_a^b f(x)\,dx$$

と表し，関数 $f(x)$ の a から b までの**定積分**とよぶ．また，便宜上

$$\int_b^a f(x)dx = -\int_a^b f(x)dx, \quad \int_a^a f(x)dx = 0$$

と定める．このように定めた定積分について，次の等式が成り立つ．

$$\int_a^b f(x)\,dx = \int_a^c f(x)\,dx + \int_c^b f(x)\,dx.$$

$\displaystyle\int_a^b f(x)\,dx$ という記号について，感覚的な説明を述べておこう．式 (13.1) において，$(x_i - x_{i-1})$ は「差」(difference) を表すので，これを Δx_i などと記すことがある．Δ はギリシャ文字の「デルタ」の大文字で，アルファベットの「D」に相当する．このとき，式 (13.1) は

$$\sum_{i=1}^{n} f(z_i)\Delta x_i \tag{13.2}$$

と表される．この値の極限が定積分 I である．

$$\sum_{i=1}^{n} f(z_i)\Delta x_i \longrightarrow \int_a^b f(x)\,dx.$$

このとき，2 つの記号がとてもよく似ており，$\sum$ が $\displaystyle\int$ に，Δx_i が dx にそれぞれ対応していることに気づくであろう．このような感覚を持つだけでも，積分に対する理解が深まると思われる．

定積分 $I = \displaystyle\int_a^b f(x)\,dx$ の図形的な意味を考えてみよう．

まず，つねに $f(x) \geq 0$ が成り立つ場合を考える．このとき，式 (13.2) (式 (13.1)) は次の図の斜線部分の面積と一致する．実際，この図において，左から i 番目の長

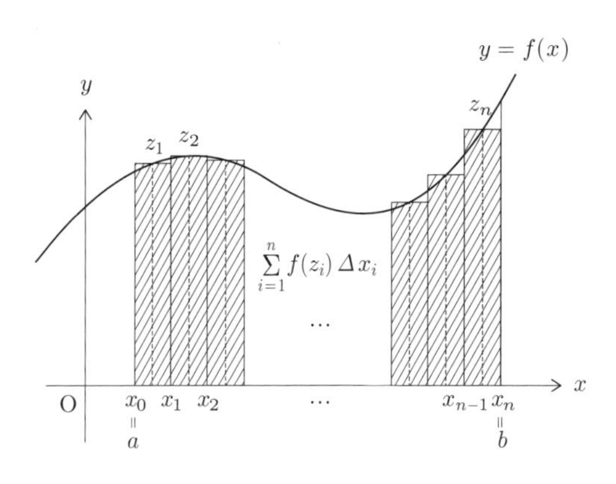

方形は，縦の長さが $f(z_i)$，横の長さが $\Delta x_i\,(= x_i - x_{i-1})$ であるので，その面積は $f(z_i)\Delta x_i$ である $(1 \leq i \leq n)$．したがって，斜線部分の面積は，それらの総和 $\sum_{i=1}^{n} f(z_i)\Delta x_i$ である．

ここで，下の図の斜線部分の面積を S としよう．上の図の分割を細かくしていけば，上の図の斜線部分の面積は S に近づく．したがって，この場合

$$I = S$$

であることがわかる．

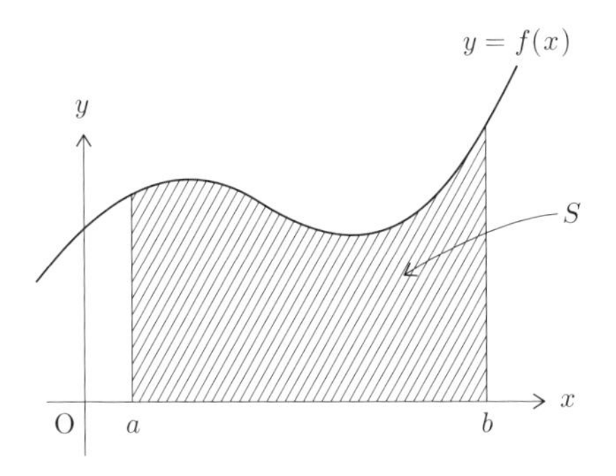

次に，つねに $f(x) \leq 0$ である場合を考えよう．このとき，次ページ上の図の斜線部分の面積を S とすれば

$$I = -S$$

となる．

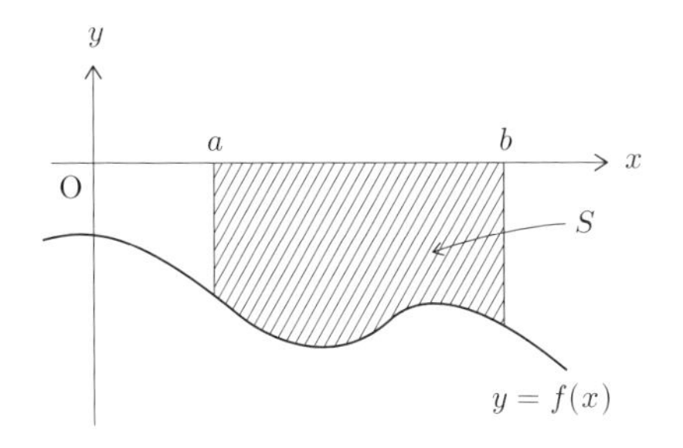

今度は，$y=f(x)$ が次の図のような場合を考えよう．図の 2 つの部分の面積をそれぞれ S_1, S_2 とすれば，この場合

$$I = S_1 - S_2$$

が成り立つ．

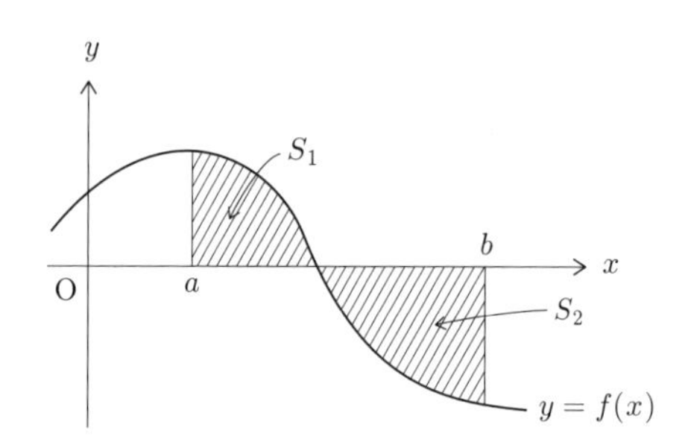

13.2　原始関数と不定積分

引き続き，a, b は実数とし，$a < b$ とする．また，$f(x)$ は $a \leq x \leq b$ を満たす x に対して定義された連続関数とする．このとき

$$\int_a^x f(x)\,dx$$

は x の関数である．この関数を $S(x)$ とおくと，次の関係式が成り立つ．

$$S'(x) = f(x) \tag{13.3}$$

簡単のため，つねに $f(x) \geq 0$ であると仮定して，式 (13.3) が成り立つ理由を考えよう．このとき，$S(x)$ は次の図の斜線部分の面積と一致する．

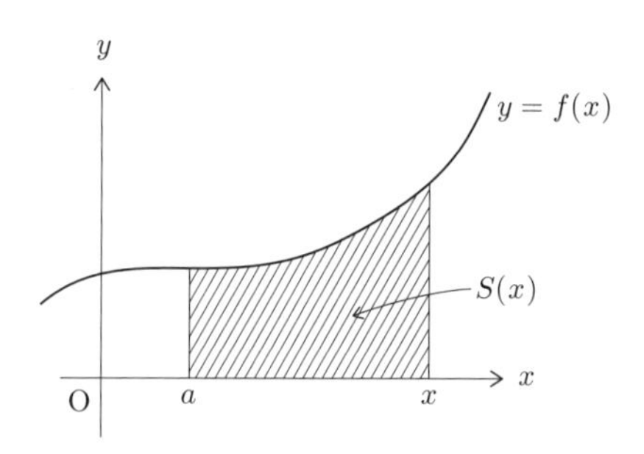

したがって，h を正の実数とするとき

$$S(x+h) - S(x) = \int_x^{x+h} f(x)\,dx$$

であり，これは次の図の斜線部分の面積と等しい．さらにそれは，縦の長さが $f(x)$，横の長さが h の長方形の面積とほぼ等しい．すなわち

$$S(x+h) - S(x) \approx hf(x)$$

が成り立つ．

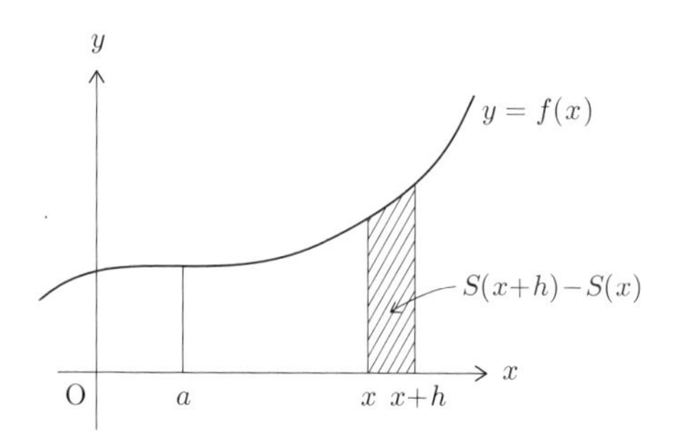

したがって

$$\frac{S(x+h) - S(x)}{h} \approx f(x)$$

が導かれる．h が 0 に近づくとき，この式の左辺は

$$\lim_{h \to 0} \frac{S(x+h) - S(x)}{h} = S'(x)$$

に近づく．よって，関係式 (13.3) が成り立つことがわかる．

一般に，連続関数 $f(x)$ に対して

$$F'(x) = f(x)$$

を満たす関数を $f(x)$ の**原始関数**とよぶ．

$F(x)$ が $f(x)$ の原始関数であるとき，定数 C に対して

$$F(x) + C$$

も $f(x)$ の原始関数である．また，$G(x)$, $H(x)$ がともに $f(x)$ の原始関数ならば，$G(x) - H(x)$ は定数であることも知られている．

さて，前述の関数 $S(x) = \int_a^x f(x)\,dx$ は $f(x)$ の原始関数であり

$$S(a) = \int_a^a f(x)\,dx = 0$$

を満たす．いま，$F(x)$ を $f(x)$ の任意の原始関数とすると

$$F(x) - S(x) = C \qquad (C \text{ は定数})$$

という関係式が成り立つ．この式に $x = a$ を代入し，$S(a) = 0$ に注意すれば

$$C = F(a) - S(a) = F(a)$$

が得られる．したがって

$$S(x) = F(x) - C = F(x) - F(a)$$

であることがわかる．特に，$x = b$ とすると

$$S(b) = \int_a^b f(x)\,dx = F(b) - F(a)$$

が得られる．このことを定理としてまとめておこう．

定理 13.2　連続関数 $f(x)$ の原始関数の 1 つを $F(x)$ とするとき

$$\int_a^b f(x)\,dx = F(b) - F(a) \tag{13.4}$$

が成り立つ．

高等学校で学んだように，式 (13.4) の右辺は，しばしば

$$\Big[F(x)\Big]_a^b$$

と表される．

不定積分についても述べておこう．

$$\int_a^x f(x)\,dx$$

のようなタイプの関数を総称して，$f(x)$ の**不定積分**といい

$$\int f(x)\,dx$$

と表す．$f(x)$ の不定積分は 1 つには定まらないが，定数の差を除けばただ 1 つに定まる．

連続関数の不定積分については，次の定理が成り立つ．

定理 13.3　連続関数 $f(x)$ の原始関数の 1 つを $F(x)$ とするとき

$$\int f(x)\,dx = F(x) + C \qquad (C \text{ は定数}) \tag{13.5}$$

が成り立つ．

式 (13.5) にあらわれる定数 C を**積分定数**とよぶ．

連続関数の不定積分と原始関数は，しばしば，区別なしに用いられる．本書でも今後，両者を区別しないことがある．

13.3　簡単な関数の原始関数

原始関数をとる操作は，導関数をとる操作の逆をたどるものである．

命題 10.4 (139 ページ) から次の命題が得られる．

命題 13.4　$f(x)$, $g(x)$ は連続関数とし，c は実数とする．このとき，不定積分に関して，次の式が成り立つ．ここで，C は積分定数である．

(1)　$\displaystyle\int (f(x) + g(x))\,dx = \int f(x)\,dx + \int g(x)\,dx + C.$

(2)　$\displaystyle\int (f(x) - g(x))\,dx = \int f(x)\,dx - \int g(x)\,dx + C.$

(3)　$\displaystyle\int cf(x)\,dx = c\int f(x)\,dx + C.$

証明　(1)　$F(x)$, $G(x)$ をそれぞれ $f(x)$, $g(x)$ の原始関数の 1 つとするとき，命題 10.4 (1) により

$$(F(x) + G(x))' = F'(x) + G'(x) = f(x) + g(x)$$

が成り立つことからしたがう (詳細な検討は読者にゆだねる)．

(2), (3)　命題 10.4 (2) と (3) を用いて，(1) と同様に証明される (詳細な検討は省略する).

□

導関数についての公式から，原始関数に関する公式を導くことができる.

公式 13.5　n を 0 以上の整数とするとき

$$\int x^n\,dx = \frac{1}{n+1}x^{n+1} + C \qquad (C\text{ は積分定数}).$$

実際，導関数に関する公式 10.7 (142 ページ) を x^{n+1} に対して適用すれば

$$(x^{n+1})' = (n+1)x^n$$

となるので，$\dfrac{1}{n+1}x^{n+1}$ が x^n の原始関数の 1 つであることがわかる.

公式 13.5 を一般化することを考えよう.

公式 11.32 (167 ページ) を x^{a+1} (a は実数) に対して適用することにより

$$(x^{a+1})' = (a+1)x^a$$

を得る.

$a \neq -1$ ならば，この式の両辺を $(a+1)$ で割ることにより

$$\left(\frac{1}{a+1}x^{a+1}\right)' = x^a$$

が得られ，$\dfrac{1}{a+1}x^{a+1}$ が x^a の原始関数の 1 つであることがわかる.

$a = -1$ の場合，公式 11.29 (166 ページ) によれば

$$(\log|x|)' = \frac{1}{x} = x^{-1}$$

であるので，$\log|x|$ が x^{-1} の原始関数の 1 つであることがわかる.

以上の考察をまとめれば，次の公式が得られる (C は積分定数).

公式 13.6 $\displaystyle\int x^a\,dx = \begin{cases} \dfrac{1}{a+1}x^{a+1} + C & (a \neq -1 \text{ のとき}), \\ \log|x| + C & (a = -1 \text{ のとき}). \end{cases}$

三角関数については，次の公式が成り立つ (C は積分定数).

公式 13.7 $\displaystyle\int \sin x\,dx = -\cos x + C, \quad \int \cos x\,dx = \sin x + C.$

実際，公式 11.3 (147 ページ) により，$(-\cos x)' = \sin x$ であるので，最初の式が成り立つ．また，$(\sin x)' = \cos x$ であるので，2 番目の式が成り立つ．

指数関数については，次の公式が成り立つ (C は積分定数).

公式 13.8 $\displaystyle\int e^x\,dx = e^x + C.$

実際，公式 11.7 (154 ページ) により，$(e^x)' = e^x$ である．

例題 13.9 次の不定積分を求めよ．

(1) $\displaystyle\int \sqrt{x}\,dx$ 　 (2) $\displaystyle\int \cos 3x\,dx$

[解答] (1) $\sqrt{x} = x^{\frac{1}{2}}$ であるので，$a = \dfrac{1}{2}$ に対して，公式 13.6 を適用する．$a+1 = \dfrac{3}{2}$, $\dfrac{1}{a+1} = \dfrac{2}{3}$ であるので

$$\int \sqrt{x}\,dx = \frac{2}{3}x^{\frac{3}{2}} + C = \frac{2}{3}x\sqrt{x} + C$$

である (C は積分定数).

(2) $(\sin 3x)' = 3\cos 3x$ であるので，両辺を 3 で割れば

$$\left(\frac{1}{3}\sin 3x\right)' = \cos 3x$$

が得られる．したがって

$$\int \cos 3x\, dx = \frac{1}{3}\sin 3x + C$$

である (C は積分定数)．　□

問 13.10　次の不定積分を求めよ．

(1) $\displaystyle\int \frac{dx}{\sqrt{x}}$　(2) $\displaystyle\int \sin\frac{x}{3}\, dx$　(3) $\displaystyle\int e^{2x}\, dx$

例題 13.9 (2)，問 13.10 (2), (3) の一般化として，次の公式を述べておこう．

> **公式 13.11**　$a \neq 0$ とする．$F(x)$ が $f(x)$ の原始関数であるとき
>
> $$\int f(ax)\, dx = \frac{1}{a}F(ax) + C \qquad (C \text{ は積分定数}).$$

実際，$\Phi(x) = F(ax)$ とおくと

$$\Phi'(x) = af(ax)$$

であるので (例 11.13 (3) (156 ページ) 参照)，この式を a で割った式を考えれば，$\dfrac{1}{a}F(ax)$ が $f(ax)$ の原始関数の 1 つであることがわかる．

例題 13.12　$I = \displaystyle\int_0^{\pi} \sin^2 x\, dx$ とおく．I を求めよ．

[解答]　三角関数の倍角の公式に着目する (例題 1.20 (2) (17 ページ) 参照)．

$$\cos 2x = 1 - 2\sin^2 x.$$

この式を変形すれば

$$\sin^2 x = \frac{1}{2} - \frac{1}{2}\cos 2x$$

が得られる (注意 1.21 (2) (18 ページ) の半角の公式を用いてもよい)．したがって

$$I = \int_0^\pi \left(\frac{1}{2} - \frac{1}{2}\cos 2x \right) dx = \left[\frac{1}{2}x - \frac{1}{4}\sin 2x \right]_0^\pi = \frac{\pi}{2}$$

である. □

問 13.13 $I = \int_0^\pi \cos^2 x \, dx$ とおく. I を求めよ.

第14章 部分積分法と置換積分法

積分を計算するにあたって，部分積分法と置換積分法という 2 つの方法が重要である．関数の積の導関数の公式から部分積分法が導かれ，合成関数の導関数の公式から置換積分法が導かれる．

14.1 部分積分法

次の定理を用いて積分を計算する方法を**部分積分法**とよぶ．

定理 14.1 $f(x)$ は微分可能な関数とする．$g(x)$ は連続関数とし，$G(x)$ は $g(x)$ の原始関数の 1 つとする．このとき

$$\int f(x)g(x)\,dx = f(x)G(x) - \int f'(x)G(x)\,dx + C \tag{14.1}$$

が成り立つ (C は積分定数)．また，$f(x)$, $g(x)$ が $a \leq x \leq b$ の範囲で定義されているとき，次の式が成り立つ．

$$\int_a^b f(x)g(x)\,dx = \Big[\,f(x)G(x)\,\Big]_a^b - \int_a^b f'(x)G(x)\,dx \tag{14.2}$$

証明の前に，部分積分法の実例にあたっておこう．

例 14.2 不定積分 $\displaystyle\int xe^x\,dx$ について考えてみよう．

$$f(x) = x, \qquad g(x) = e^x, \qquad G(x) = e^x$$

とすると，これらの関数は定理 14.1 の条件を満たす．また，$f'(x) = 1$ である．この場合，式 (14.1) は

$$\int xe^x\,dx = xe^x - \int e^x\,dx + C$$

となる．さらに

$$\int e^x\,dx = e^x + C_1 \qquad (C_1\text{ は積分定数})$$

であるので

$$\int xe^x\,dx = xe^x - (e^x + C_1) + C = xe^x - e^x + C - C_1$$

となるが，$C - C_1$ をあらためて C とおき直せば

$$\int xe^x\,dx = xe^x - e^x + C \qquad (C\text{ は積分定数}) \tag{14.3}$$

が得られる．実際，右辺の導関数は

$$(xe^x - e^x + C)' = (xe^x)' - (e^x)' = e^x + xe^x - e^x = xe^x$$

であるので，式 (14.3) が成り立つことが確かめられる．

部分積分法の考え方のポイントをまとめておこう．

- 被積分関数 (これから積分を求めたい関数) を 2 つの関数 $f(x)$ と $g(x)$ の積に分解する．
- 式 (14.1) の右辺は，積分定数を別とすれば，「(第 1 項) − (第 2 項)」の形である．第 1 項は，$g(x)$ の原始関数 $G(x)$ と $f(x)$ との積 $f(x)G(x)$ である．第 2 項は，$f(x)$ の導関数 $f'(x)$ と $G(x)$ との積 $f'(x)G(x)$ の不定積分 $\displaystyle\int f'(x)G(x)\,dx$ である．

例 14.3　$f(x) = \log x$, $g(x) = 1$ に式 (14.1) を適用しよう．$g(x)$ の原始関数として，$G(x) = x$ を選ぶ．このとき，$f'(x) = \dfrac{1}{x}$ であるので

$$\int \log x\,dx = x\log x - \int \frac{1}{x}\cdot x\,dx + C \qquad (C\text{ は積分定数})$$

が成り立つ．ここで

$$\int \frac{1}{x}\cdot x\,dx = \int 1\,dx = x + C_1 \qquad (C_1\text{ は積分定数})$$

であることを用い，$C - C_1$ をあらためて C とおけば，次の式が得られる．

$$\int \log x\,dx = x\log x - x + C \qquad (C\text{ は積分定数}).$$

例 14.3 で得られた式を公式としておこう．

公式 14.4 $\displaystyle\int \log x\,dx = x\log x - x + C$ （C は積分定数）．

問 14.5 $f(x)=\log x$, $g(x)=x$ に対して式 (14.1) を用いることにより，不定積分 $\displaystyle\int x\log x\,dx$ を求めよ．

定理 14.1 の証明には，関数の積の導関数の式を用いる．

定理 14.1 の証明 命題 10.5 (139 ページ) により

$$(f(x)G(x))' = f'(x)G(x) + f(x)G'(x) = f'(x)G(x) + f(x)g(x)$$

であるので

$$\int (f'(x)G(x) + f(x)g(x))\,dx = f(x)G(x) + C \qquad (C \text{ は積分定数})$$

が成り立つ．このとき，上の式の左辺が

$$\int f'(x)G(x)\,dx + \int f(x)g(x)\,dx + C_1 \qquad (C_1 \text{ は積分定数})$$

と等しいことに注意すれば

$$\int f'(x)G(x)\,dx + \int f(x)g(x)\,dx = f(x)G(x) + C - C_1$$

が得られる．$C - C_1$ をあらためて C とおき，$\displaystyle\int f'(x)G(x)\,dx$ を右辺に移項すれば，式 (14.1) が得られる．

式 (14.2) は式 (14.1) からしたがう． □

例題 14.6 不定積分 $\displaystyle\int x^2 e^x\,dx$ を求めよ．ただし，例 14.2 の式 (14.3) が成り立つことは用いてよい．

[解答] $f(x)=x^2$, $g(x)=e^x$ とおいて，部分積分法の式 (14.1) を用いると

$$\int x^2 e^x\,dx = x^2e^x - \int 2xe^x\,dx + C_1 = x^2e^x - 2\int xe^x\,dx + C_2$$

となる (C_1, C_2 は積分定数). さらに，式 (14.3) を用いれば

$$\int x^2 e^x\,dx = x^2e^x - 2(xe^x - e^x + C) + C_2 = (x^2 - 2x + 2)e^x + C_2 - 2C$$

を得る．$C_2 - 2C$ をあらためて C とおけば

$$\int x^2 e^x\,dx = (x^2 - 2x + 2)e^x + C \qquad (C \text{ は積分定数}) \tag{14.4}$$

が得られる．□

問 14.7　右辺の導関数を計算することにより，式 (14.4) を確かめよ．

問 14.8　不定積分 $\displaystyle\int x^3 e^x\,dx$ を求めよ．ただし，式 (14.4) は用いてよい．

例題 14.9　定積分 $\displaystyle\int_0^{\frac{\pi}{2}} x\sin x\,dx$ の値を求めよ．

[解答]　$f(x) = x$, $g(x) = \sin x$, $a = 0$, $b = \dfrac{\pi}{2}$ に対して，式 (14.2) を用いれば

$$\int_0^{\frac{\pi}{2}} x\sin x\,dx = \Big[-x\cos x\Big]_0^{\frac{\pi}{2}} + \int_0^{\frac{\pi}{2}} \cos x\,dx = 0 + \Big[\sin x\Big]_0^{\frac{\pi}{2}} = 1$$

が得られる．□

問 14.10　定積分 $\displaystyle\int_0^{\frac{\pi}{2}} x\cos x\,dx$ の値を求めよ．

例題 14.11　n は 0 以上の整数とし，$I_n = \displaystyle\int_0^{\frac{\pi}{2}} \sin^n x\,dx$ とおく．

(1)　I_0, I_1 を求めよ．

(2)　$n \geq 2$ とするとき

$$I_n = \frac{n-1}{n} I_{n-2} \tag{14.5}$$

が成り立つことを示せ．

(3) I_3, I_4 を求めよ．

[解答] (1) $I_0 = \int_0^{\frac{\pi}{2}} 1\,dx = \Big[x\Big]_0^{\frac{\pi}{2}} = \frac{\pi}{2}$, $I_1 = \int_0^{\frac{\pi}{2}} \sin x\,dx = \Big[-\cos x\Big]_0^{\frac{\pi}{2}}$
$= 1$.

(2) $f(x) = \sin^{n-1}x$, $g(x) = \sin x$, $a = 0$, $b = \frac{\pi}{2}$ に対して式 (14.2) を適用し，さらに $\cos^2 x = 1 - \sin^2 x$ を用いると

$$
\begin{aligned}
I_n &= \Big[-\sin^{n-1}x\cos x\Big]_0^{\frac{\pi}{2}} + \int_0^{\frac{\pi}{2}}(n-1)\sin^{n-2}x\cos^2 x\,dx \\
&= (n-1)\int_0^{\frac{\pi}{2}} \sin^{n-2}x\cos^2 x\,dx \\
&= (n-1)\int_0^{\frac{\pi}{2}} (1-\sin^2 x)\sin^{n-2}x\,dx \\
&= (n-1)\int_0^{\frac{\pi}{2}} \sin^{n-2}x\,dx - (n-1)\int_0^{\frac{\pi}{2}} \sin^n x\,dx \\
&= (n-1)I_{n-2} - (n-1)I_n
\end{aligned}
$$

が得られる．移項して整理すれば，$nI_n = (n-1)I_{n-2}$ となるので，式 (14.5) が成り立つことがわかる．

(3) $I_3 = \frac{2}{3}I_1 = \frac{2}{3}$, $I_4 = \frac{3}{4}I_2 = \frac{3}{4}\cdot\frac{1}{2}I_0 = \frac{3}{4}\cdot\frac{1}{2}\cdot\frac{\pi}{2} = \frac{3}{16}\pi$. □

問 14.12 $I = \int_0^{\pi} e^x \sin x\,dx$, $J = \int_0^{\pi} e^x \cos x\,dx$ とする．

(1) $f(x) = \sin x$, $g(x) = e^x$, $a = 0$, $b = \pi$ に対して式 (14.2) を適用することにより，$I = -J$ が成り立つことを示せ．

(2) $J = -e^{\pi} - 1 + I$ が成り立つことを示せ．

(3) I, J を求めよ．

14.2　置換積分法

ここでは，**置換積分法**とよばれる積分の計算方法について述べる．大まかにいえば，置換積分法とは，変数を「置き換える」ことを利用して積分を求める方法のこ

とである．

x の関数 $f(x)$ が与えられているとする．変数 x が変数 t の関数であり

$$x = g(t)$$

という関係が成り立っているとき，$f(x)$ に $x = g(t)$ を代入することによって，$f(x)$ を t の関数とみることができる．このような場合，正確にいえば，次のような合成関数を考えていることになる．

$$f(g(t)) = f \circ g(t).$$

たとえば，$f(x) = \dfrac{1}{\sqrt{x}(\sqrt{x}+1)}$ $(x > 0)$ としよう．いま，新たな変数 t を考え，2 つの変数 t と x の間に

$$x = (t-1)^2$$

という関係が成り立っているとする．ここで，$t > 1$ とする．このとき

$$\sqrt{x} = t - 1$$

となることに注意すれば

$$f(x) = \frac{1}{\sqrt{x}(\sqrt{x}+1)} = \frac{1}{(t-1)t}$$

が得られる．実際に，ここで

$$g(t) = (t-1)^2 \quad (t > 1)$$

とおけば，$x = g(t)$ が成り立ち

$$f(g(t)) = \frac{1}{(t-1)t}$$

となっていることがわかる (詳細な検討は読者にゆだねる)．

いま，x の関数 $f(x)$ の原始関数 $F(x)$ を求めるために，$F(g(t))$ を求めることにしよう．ここで注意すべきことは，一般に，「t の関数 $F(g(t))$ は t の関数 $f(g(t))$ の原始関数 ではない」ということである．

では，t の関数 $F(g(t))$ はどのような関数の原始関数となるのであろうか？ そのことを知るために，この関数の導関数を調べてみよう．

公式 11.12 (156 ページ) をいまの場合に適用し，$F'(x) = f(x)$ に注意すると

$$\frac{d}{dt}F(g(t)) = F'(g(t))\frac{d}{dt}g(t) = f(g(t))\frac{d}{dt}g(t) \qquad (14.6)$$

が得られる．ここで，混乱を避けるために，t の関数とみたときの導関数を $\dfrac{d}{dt}F(g(t))$, $\dfrac{d}{dt}g(t)$ などと表している．

式 (14.6) によれば，「$F(g(t))$ は t の関数 $f(g(t))\dfrac{d}{dt}g(t)$ の原始関数である」ということがわかる．すなわち，次の式が成り立つ．

$$\int f(g(t))\frac{d}{dt}g(t)\,dt = F(g(t)) + C \qquad (C\text{ は積分定数}). \qquad (14.7)$$

この考察をいまの場合に適用すると，$g(t) = (t-1)^2$ であるので

$$\frac{d}{dt}g(t) = 2(t-1)$$

である．よって

$$f(g(t))\frac{d}{dt}g(t) = \frac{1}{(t-1)t}\cdot 2(t-1) = \frac{2}{t}$$

となる．したがって，式 (14.7) の左辺については

$$\int f(g(t))\frac{d}{dt}g(t)\,dt = \int \frac{2}{t}\,dt = 2\log|t| + C_1$$

(C_1 は積分定数) が成り立つ．よって，必要ならば $f(x)$ の原始関数 $F(x)$ をとりかえることにより，

$$F(g(t)) = 2\log|t|$$

とすることができる．ここで，$t = \sqrt{x}+1$ であることに注意すれば

$$F(x) = 2\log|\sqrt{x}+1| = 2\log(\sqrt{x}+1)$$

が得られる．実際，こうして得られた $F(x)$ の導関数を計算すると

$$F'(x) = \frac{2}{\sqrt{x}+1}(\sqrt{x}+1)' = \frac{2}{\sqrt{x}+1}\cdot\frac{1}{2\sqrt{x}} = \frac{1}{\sqrt{x}(\sqrt{x}+1)} = f(x)$$

となるので，$F(x)$ が $f(x)$ の原始関数の 1 つであることが確かめられる．

以上の議論をまとめておこう．

- $f(x)$ の原始関数を求めたいが，一見しただけでは，わからないとしよう．たと

えば，上述の状況で，$f(x)=\dfrac{1}{\sqrt{x}(\sqrt{x}+1)}$ の原始関数は，一見しただけではわからない．

- $x=g(t)$ という式で表される変数変換によって，t の関数 $f(g(t))$ を作り，それに $\dfrac{d}{dt}g(t)$ をかけて
$$f(g(t))\frac{d}{dt}g(t)$$
を作ったとき，(t の関数として) その原始関数が求められたとする．上述の状況では，$g(t)=(t-1)^2$ とおくと
$$f(g(t))\frac{d}{dt}g(t)=\frac{2}{t}$$
であり，$2\log|t|$ がその原始関数の 1 つである．
- その関数は t の関数であるが，それを x の関数に戻したものは，最初に与えられた x の関数 $f(x)$ の原始関数である．上述の状況では
$$2\log(\sqrt{x}+1)$$
が $f(x)$ の原始関数の 1 つであることがわかる．

このように，変数変換を用いることによって積分を計算する方法が**置換積分法**である．

ここで得られたことを定理としてまとめておこう．

定理 14.13　$f(x)$ は連続関数とし，$g(t)$ は微分可能な関数とする．

(1)　不定積分に関して，次の等式が成り立つ．ただし，この式の左辺は x の関数であるが，これに $x=g(t)$ を代入することによって，t の関数とみる．
$$\int f(x)\,dx=\int f(g(t))\frac{d}{dt}g(t)\,dt+C \qquad (C \text{ は積分定数}). \tag{14.8}$$

(2)　定積分に関して，次の等式が成り立つ．ただし，$g(t)$ は $t=a$ から $t=b$ までの範囲で定義されているとし，$f(x)$ は $x=g(a)$ から $x=g(b)$ のまでの範囲で定義されているとする．
$$\int_{g(a)}^{g(b)} f(x)\,dx=\int_a^b f(g(t))\frac{d}{dt}g(t)\,dt. \tag{14.9}$$

証明　$F(x)$ を $f(x)$ の原始関数の 1 つとする．

(1)　すでに示した式 (14.7) からしたがう．

(2)　次のように示される．

$$\int_a^b f(g(t))\frac{d}{dt}g(t)\,dt = \Big[\,F(g(t))\,\Big]_a^b = F(g(b)) - F(g(a))$$

$$= \Big[\,F(x)\,\Big]_{g(a)}^{g(b)} = \int_{g(a)}^{g(b)} f(x)\,dx. \qquad \square$$

定理 14.13 の状況において，$y = f(x)$ とおき，$x = g(t)$ によって x を t の関数とみれば，式 (14.8) は

$$\int y\,dx = \int y\frac{dx}{dt}\,dt + C$$

と書き直される．このような形に表すと，印象に残りやすいであろう．

また，このとき，$\dfrac{dx}{dt} = g'(t)$ であるが，これを形式的に

$$dx = g'(t)\,dt$$

と書き直し，それを $\displaystyle\int y\,dx$ に「代入」することにより

$$\int y\,dx = \int yg'(t)\,dt\,(\,+C\,)$$

が得られる，と考えることもできる．この記法は，実際の計算の運用の際に便利である．

置換積分法を習得するには，いくつかの例に実際にあたってみるのがよい．

例 14.14　上述の議論を踏まえ，あらためて次の定積分を計算しよう．

$$I = \int_1^4 \frac{1}{\sqrt{x}(\sqrt{x}+1)}\,dx.$$

そのために，変数変換

$$x = g(t) = (t-1)^2 \qquad (t > 1)$$

をほどこす．このとき

$$g'(t) = \frac{dx}{dt} = 2(t-1)$$

である．このことは形式的に

$$dx = 2(t-1)\,dt$$

とも表される．

次に，$f(x)$ に $x=(t-1)^2$ を代入すると

$$f((t-1)^2) = \frac{1}{(t-1)t}$$

となる．ここで，$t>1$ であることを用いた．

さらに，$g(a)=1,\ g(b)=4$ を満たす a, b を求める．そのために，x と t の関係式を t について逆に解くと

$$t = \sqrt{x}+1$$

となるので

$$a = \sqrt{1}+1 = 2, \quad b = \sqrt{4}+1 = 3$$

であることがわかる．したがって，置換積分法により

$$\begin{aligned} I &= \int_2^3 f((t-1)^2)\frac{dx}{dt}\,dt = \int_2^3 \frac{1}{(t-1)t}\cdot 2(t-1)\,dt \\ &= \int_2^3 \frac{2}{t}\,dt = \Big[\, 2\log|t| \,\Big]_2^3 = 2\log 3 - 2\log 2 \end{aligned}$$

が得られる．

例 14.15　13.3 節の公式 13.11 (192 ページ) について，もう 1 度考えてみよう．

$$\int f(ax)\,dx \qquad (a \neq 0)$$

を求めるにあたって

$$x = \frac{1}{a}u$$

という変数変換を行うと，$u=ax,\ f(ax)=f(u)$ であり

$$dx = \frac{1}{a}\,du$$

となるので，置換積分法により

$$\int f(ax)\,dx = \frac{1}{a}\int f(u)\,du + C_1 \qquad (C_1 \text{ は積分定数})$$

が得られる．ここで，$F(x)$ を $f(x)$ の原始関数の 1 つとすると，定数の差は別とすれば，$\int f(u)\,du$ は，$F(u)\,(=F(ax))$ と一致する．このことから公式 13.11 が導かれる (詳細な検討は読者にゆだねる)．

例題 14.16　$I = \int_0^{\frac{1}{2}} \sqrt{1-x^2}\,dx$ とする．

$$x = \sin\theta \qquad \left(-\frac{\pi}{2} \leq \theta \leq \frac{\pi}{2}\right)$$

と変数変換することにより，I を求めよ．

[解答]　$-\frac{\pi}{2} \leq \theta \leq \frac{\pi}{2}$ のとき，$\cos\theta \geq 0$ であることに注意すれば

$$\sqrt{1-x^2} = \sqrt{1-\sin^2\theta} = \sqrt{\cos^2\theta} = \cos\theta$$

が成り立つことがわかる．また

$$\frac{dx}{d\theta} = \cos\theta \qquad (\,dx = \cos\theta\,d\theta\,)$$

である．さらに，$\theta = 0$ のとき $x = 0$ であり，$\theta = \frac{\pi}{6}$ のとき $x = \frac{1}{2}$ である．したがって

$$I = \int_0^{\frac{\pi}{6}} \cos\theta \cdot \cos\theta\,d\theta = \int_0^{\frac{\pi}{6}} \cos^2\theta\,d\theta$$

が成り立つ．ここで

$$\cos 2\theta = 2\cos^2\theta - 1, \quad \cos^2\theta = \frac{1+\cos 2\theta}{2}$$

であることを用いれば

$$I = \int_0^{\frac{\pi}{6}} \frac{1+\cos 2\theta}{2}\,d\theta = \left[\frac{1}{2}\theta + \frac{1}{4}\sin 2\theta\right]_0^{\frac{\pi}{6}} = \frac{\pi}{12} + \frac{\sqrt{3}}{8}$$

が得られる (例題 13.12，問 13.13 (192〜193 ページ) も参照せよ)．　□

例題 14.17　不定積分 $I = \int \sin^3 x \cos x \, dx$ を求めよ．

［解答］　次のような変数変換を考える．

$$\sin x = t. \tag{14.10}$$

このとき，$\dfrac{dt}{dx} = \cos x$ であるので，次の式が成り立つ．

$$\cos x \, dx = dt. \tag{14.11}$$

したがって

$$I = \int (\sin^3 x)(\cos x \, dx) = \int t^3 \, dt + C_1 = \frac{1}{4} t^4 + C_2 = \frac{1}{4} \sin^4 x + C_2$$

が得られる (C_1, C_2 は積分定数)．　□

注意 14.18　例題 14.17 の解答の中で用いた変数変換の式 (14.10) は

$$x = g(t)$$

のような形をしておらず，t が x の関数として表されている．つまり，$g(t)$ の逆関数 $\sin x$ が与えられている．この場合

$$\frac{dt}{dx} = \cos x \tag{14.12}$$

であるが，逆関数の導関数の式 (11.9) (161 ページ) によれば

$$\frac{dx}{dt} = \frac{1}{\cos x} \tag{14.13}$$

が成り立つ．よって，式 (14.12)，(14.13) のどちらからも式 (14.11) が導かれる．したがって，例題 14.17 の解答のような方法が可能である．

問 14.19　(1)　$x = \sin\theta \left(-\dfrac{\pi}{2} \leq x \leq \dfrac{\pi}{2}\right)$ と変換することにより，定積分

$$I_1 = \int_0^{\frac{1}{2}} \frac{1}{\sqrt{1-x^2}} \, dx$$

を求めよ．

(2)　$x = \tan\theta \left(-\dfrac{\pi}{2} < x < \dfrac{\pi}{2}\right)$ と変換することにより，定積分

$$I_2 = \int_0^1 \frac{1}{x^2+1}\,dx$$

を求めよ．

問 14.20　(1)　$\cos x = t$ と変換することにより，不定積分

$$J_1 = \int \tan x\,dx$$

を求めよ．

(2)　$x^2+1=t$ と変換することにより，不定積分

$$J_2 = \int \frac{x}{(x^2+1)^3}\,dx$$

を求めよ．

第15章 1変数関数の積分の発展と応用

関数の積分を求めることは，一般にはむずかしいことが多い．この章では，不定積分や定積分が求められる関数の例をいくつか扱う．次に，積分を利用して，図形の面積や回転体の体積，曲線の長さを求める方法を紹介する．

15.1 有理関数の積分

ここでは，有理関数の積分の実例にいくつかあたっておこう．

例題 15.1 不定積分 $I = \displaystyle\int \frac{5x-11}{(x-3)(x-1)}\,dx$ を求めたい．

(1) $\dfrac{5x-11}{(x-3)(x-1)} = \dfrac{a}{x-3} + \dfrac{b}{x-1}$ が成り立つように実数 a, b を定めよ．

(2) 不定積分 $\displaystyle\int \frac{1}{x-3}\,dx,\ \int \frac{1}{x-1}\,dx$ を求めよ．

(3) I を求めよ．

[解答] (1) $\dfrac{a}{x-3} + \dfrac{b}{x-1} = \dfrac{(a+b)x-(a+3b)}{(x-3)(x-1)}$ であるので，求める a, b は連立 1 次方程式

$$\begin{cases} a+b=5 \\ a+3b=11 \end{cases}$$

を満たす．これを解けば，$a=2, b=3$ が得られる．

(2) $x-3=t$ とおくと，$dx=dt$ であるので

$$\int \frac{1}{x-3}\,dx = \int \frac{1}{t}\,dt + C_1 = \log|t| + C_2 = \log|x-3| + C_2$$

である (C_1, C_2 は積分定数). 同様に

$$\int \frac{1}{x-1}\,dx = \log|x-1| + C_3 \qquad (C_3 \text{ は積分定数})$$

が成り立つ.

(3) $I = 2\log|x-3| + 3\log|x-1| + C$ (C は積分定数). □

問 15.2 不定積分 $I = \displaystyle\int \frac{3x+1}{x^2+x}\,dx$ を求めよ.

例題 15.3 不定積分 $I = \displaystyle\int \frac{2x+3}{(x+1)^2}\,dx$ を求めたい.

(1) $\dfrac{2x+3}{(x+1)^2} = \dfrac{a}{x+1} + \dfrac{b}{(x+1)^2}$ が成り立つように実数 a, b を定めよ.

(2) I を求めよ.

[解答] (1) $\dfrac{a}{x+1} + \dfrac{b}{(x+1)^2} = \dfrac{ax+a+b}{(x+1)^2}$ であるので

$$a = 2, \quad b = 1$$

とすればよい.

(2) $\log|x+1|$, $-\dfrac{1}{x+1}$ は, それぞれ $\dfrac{1}{x+1}$, $\dfrac{1}{(x+1)^2}$ の原始関数である. したがって

$$I = 2\log|x+1| - \frac{1}{x+1} + C \qquad (C \text{ は積分定数})$$

である. □

問 15.4 不定積分 $I = \displaystyle\int \frac{3x}{x^2-4x+4}\,dx$ を求めよ.

例題 15.5 $f(x) = x^2 - 2x + 2$, $g(x) = 2x$ とする. 定積分

$$I = \int_1^2 \frac{g(x)}{f(x)}\,dx = \int_1^2 \frac{2x}{x^2-2x+2}\,dx$$

を求めたい.

(1) $\dfrac{g(x)}{f(x)} = \dfrac{af'(x)+b}{f(x)}$ が成り立つように実数 a, b を定めよ.

(2) $\displaystyle\int_1^2 \frac{f'(x)}{f(x)}\,dx$ を求めよ.

(3) $\displaystyle\int_1^2 \frac{1}{f(x)}\,dx$ を求めよ.

(4) I を求めよ.

[解答] (1) $\dfrac{af'(x)+b}{f(x)} = \dfrac{a(2x-2)+b}{x^2-2x+2}$ であるので

$$a = 1, \quad b = 2$$

とすればよい.

(2) $f(x) = t$ と変数変換すると, $f'(x)\,dx = dt$ である. また, $f(1) = 1$, $f(2) = 2$ であるので, 次が得られる.

$$\int_1^2 \frac{f'(x)}{f(x)}\,dx = \int_1^2 \frac{1}{t}\,dt = \Big[\log|t|\Big]_1^2 = \log 2.$$

(3) $\displaystyle\int_1^2 \frac{1}{f(x)}\,dx = \int_1^2 \frac{1}{(x-1)^2+1}\,dx$ である. ここで

$$x - 1 = \tan\theta \qquad \left(-\frac{\pi}{2} < \theta < \frac{\pi}{2}\right)$$

と変数変換すると

$$dx = (1 + \tan^2\theta)\,d\theta$$

が成り立つ. また, $\theta = 0$ のとき $x = 1$ であり, $\theta = \dfrac{\pi}{4}$ のとき $x = 2$ であるので, 次が得られる.

$$\int_1^2 \frac{1}{f(x)}\,dx = \int_0^{\frac{\pi}{4}} \frac{1+\tan^2\theta}{1+\tan^2\theta}\,d\theta = \Big[\theta\Big]_0^{\frac{\pi}{4}} = \frac{\pi}{4}.$$

(3) $I = \log 2 + 2\cdot\dfrac{\pi}{4} = \log 2 + \dfrac{\pi}{2}.$ □

問 15.6 $I = \displaystyle\int_0^2 \frac{2x+1}{x^2+4}\,dx$ とする.

(1) $I_1 = \displaystyle\int_0^2 \frac{2x}{x^2+4}\,dx$ を求めよ．

(2) $x = 2\tan\theta \left(-\dfrac{\pi}{2} < \theta < \dfrac{\pi}{2}\right)$ と変数変換することにより

$$I_2 = \int_0^2 \frac{1}{x^2+4}\,dx$$

を求めよ．

(3) I を求めよ．

15.2　三角関数を含む関数の積分

三角関数を含む関数の積分を考える際に

$$\tan\frac{\theta}{2} = t$$

という変数変換がしばしば有効である．そのような実例を述べる．

例題 15.7　$I = \displaystyle\int \frac{1}{\sin\theta + \cos\theta}\,d\theta$ を求めたい．

(1) $\tan\dfrac{\theta}{2} = t$ と変数変換することによって，I を t の関数の不定積分の形に書き表せ．

(2) I を求めよ．

[解答]　(1)　$\dfrac{dt}{d\theta} = \dfrac{1}{2\cos^2\dfrac{\theta}{2}}$ であるので

$$d\theta = 2\cos^2\frac{\theta}{2}\,dt$$

が成り立つ．したがって

$$I = \int \frac{2\cos^2\dfrac{\theta}{2}}{\sin\theta + \cos\theta}\,dt + C_1 \qquad (C_1 \text{ は積分定数})$$

である．ここで，$\dfrac{2\cos^2\dfrac{\theta}{2}}{\sin\theta + \cos\theta}$ は変数変換を通じて t の関数とみる．いま

$$\sin\theta = 2\sin\frac{\theta}{2}\cos\frac{\theta}{2}, \qquad \cos\theta = 2\cos^2\frac{\theta}{2} - 1,$$

$$\tan\frac{\theta}{2} = \frac{\sin\dfrac{\theta}{2}}{\cos\dfrac{\theta}{2}}, \qquad \frac{1}{\cos^2\dfrac{\theta}{2}} = 1 + \tan^2\frac{\theta}{2}$$

であるので

$$\begin{aligned}
\frac{2\cos^2\dfrac{\theta}{2}}{\sin\theta+\cos\theta} &= \frac{2\cos^2\dfrac{\theta}{2}}{2\sin\dfrac{\theta}{2}\cos\dfrac{\theta}{2} + 2\cos^2\dfrac{\theta}{2} - 1} \\
&= \frac{2}{2\dfrac{\sin\dfrac{\theta}{2}}{\cos\dfrac{\theta}{2}} + 2 - \dfrac{1}{\cos^2\dfrac{\theta}{2}}} \\
&= \frac{2}{2\tan\dfrac{\theta}{2} + 2 - \left(1+\tan^2\dfrac{\theta}{2}\right)} \\
&= \frac{2}{2t+2-1-t^2} = \frac{-2}{t^2-2t-1}
\end{aligned}$$

が成り立つ．よって，I は次のような形に表される．

$$I = \int \frac{-2}{t^2-2t-1}\,dt + C_1 \qquad (C_1 \text{ は積分定数}).$$

(2)　$t^2-2t-1=0$ の解を α, β $(\alpha<\beta)$ とすると

$$\alpha = 1-\sqrt{2}, \qquad \beta = 1+\sqrt{2}, \qquad \alpha-\beta = -2\sqrt{2}$$

であり，$t^2-2t-1=(t-\alpha)(t-\beta)$ が成り立つ．このとき

$$\frac{1}{t-\alpha} - \frac{1}{t-\beta} = \frac{\alpha-\beta}{(t-\alpha)(t-\beta)} = \frac{-2\sqrt{2}}{t^2-2t-1}$$

であるので

$$\frac{-2}{t^2-2t-1} = \frac{1}{\sqrt{2}}\left(\frac{1}{t-\alpha} - \frac{1}{t-\beta}\right)$$

が成り立つ．したがって

$$
\begin{aligned}
I &= \int \frac{1}{\sqrt{2}}\left(\frac{1}{t-\alpha} - \frac{1}{t-\beta}\right) dt + C_1 \\
&= \frac{1}{\sqrt{2}} \log|t-\alpha| - \frac{1}{\sqrt{2}} \log|t-\beta| + C_2 \\
&= \frac{1}{\sqrt{2}} \log\left|\tan\frac{\theta}{2} - 1 + \sqrt{2}\right| - \frac{1}{\sqrt{2}} \log\left|\tan\frac{\theta}{2} - 1 - \sqrt{2}\right| + C_2
\end{aligned}
$$

が得られる (C_1, C_2 は積分定数). □

問 15.8　変数変換 $\tan\dfrac{\theta}{2} = t$ を利用して，不定積分

$$
I = \int \frac{1}{\sin\theta}\, d\theta
$$

を求めよ.

15.3　積分による図形の面積の計算

$f(x)$ は $a \leq x \leq b$ の範囲で定義され，つねに 0 以上の値をとる連続関数とする. このとき，定積分 $\displaystyle\int_a^b f(x)\,dx$ が次の図の斜線部分の面積と一致することはすでに述べた (13.1 節 (182 ページ) 参照).

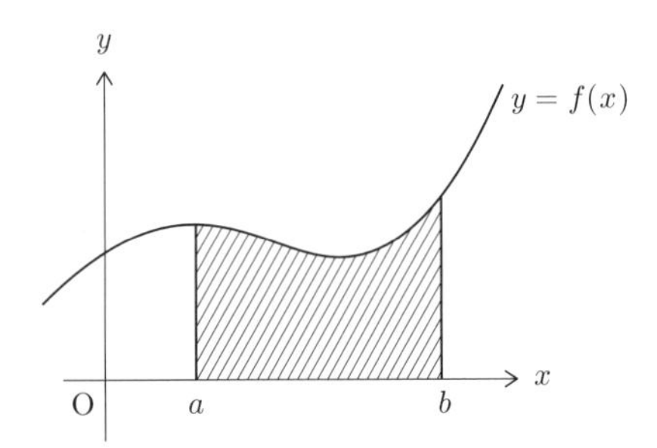

例題 15.9　r は正の実数とする. xy 平面において，曲線 $y = \sqrt{r^2 - x^2}$ と x 軸で囲まれた部分 (半径 r の半円) の面積を積分を用いて計算せよ.

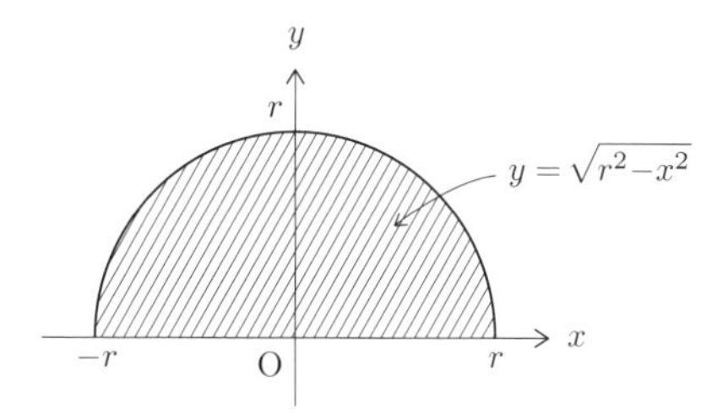

[解答]　求める面積を S とすると

$$S=\int_{-r}^{r}\sqrt{r^2-x^2}\ dx$$

である．いま

$$x=r\sin\theta \qquad \left(-\frac{\pi}{2}\leq\theta\leq\frac{\pi}{2}\right)$$

と変数変換する．このとき

$$dx=r\cos\theta\,d\theta$$

が成り立つ．

また，この θ の範囲では $\cos\theta\geq 0$ であることに注意すると

$$\sqrt{r^2-x^2}=\sqrt{r^2(1-\sin^2\theta)}=r\cos\theta$$

であることがわかる．

さらに，$\theta=-\dfrac{\pi}{2}$ のとき $x=-r$ であり，$\theta=\dfrac{\pi}{2}$ のとき $x=r$ であることを用いれば

$$\begin{aligned}S&=\int_{-\frac{\pi}{2}}^{\frac{\pi}{2}}r^2\cos^2\theta\,d\theta=r^2\int_{-\frac{\pi}{2}}^{\frac{\pi}{2}}\frac{1+\cos 2\theta}{2}\,d\theta\\&=r^2\Big[\,\frac{1}{2}\theta+\frac{1}{4}\sin 2\theta\,\Big]_{-\frac{\pi}{2}}^{\frac{\pi}{2}}=\frac{1}{2}\pi r^2\end{aligned}$$

が得られる (例題 14.16 (204 ページ) も参照せよ)．　□

問 15.10　(1)　xy 平面において，曲線 $y=x^2$ と x 軸と直線 $x=1$ で囲まれた部分の面積 S_1 を求めよ．

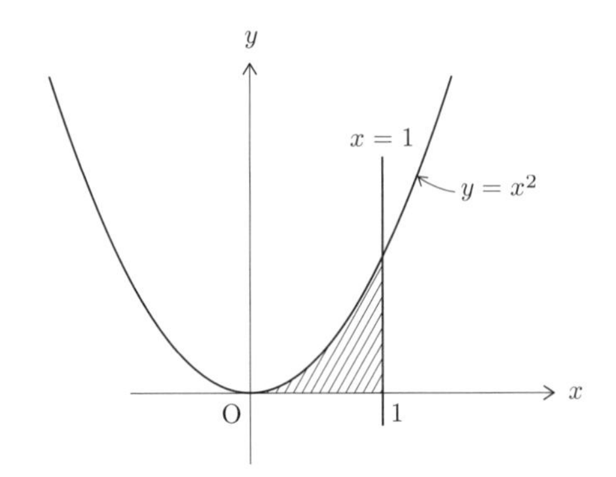

(2)　xy 平面において，曲線 $y = \dfrac{1}{x}$ と x 軸と 2 本の直線 $x = 1$, $x = 2$ で囲まれた部分の面積 S_2 を求めよ．

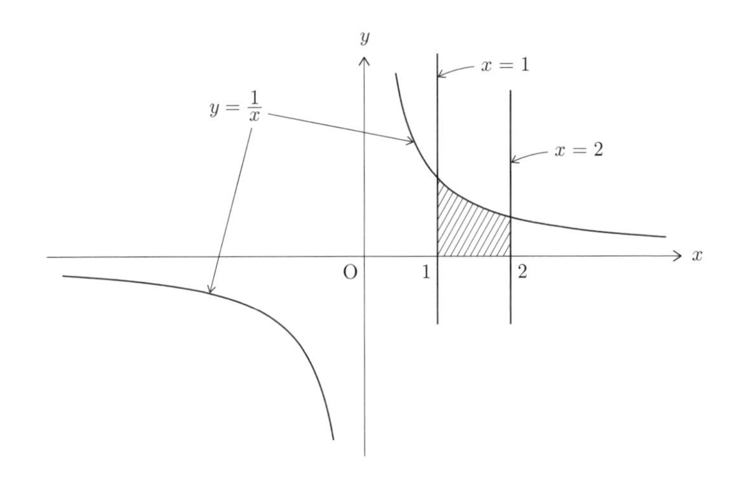

15.4　回転体の体積

円柱の体積は，(底面積) × (高さ) で与えられる．

底面が半径 r の円であり，高さが h の円柱を考えると，この円柱の底面積は πr^2 であるので，体積は $\pi r^2 h$ である (次ページ上の図参照)．

a, b は $a < b$ を満たす実数とし，$f(x)$ は $a \leq x \leq b$ の範囲で定義された連続関数であって，つねに $f(x) \geq 0$ であるものとする．xy 平面において，曲線 $y = f(x)$

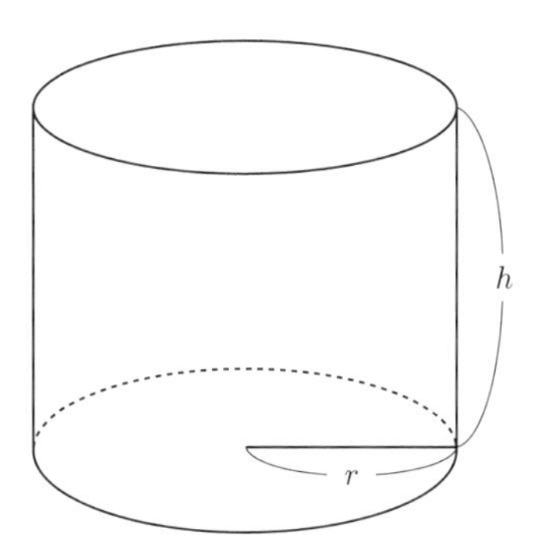

と x 軸と 2 本の直線 $x=a$, $x=b$ で囲まれた部分を x 軸の回りに 1 回転させてできる立体 (**回転体**) を P とし，P の体積を V とする．

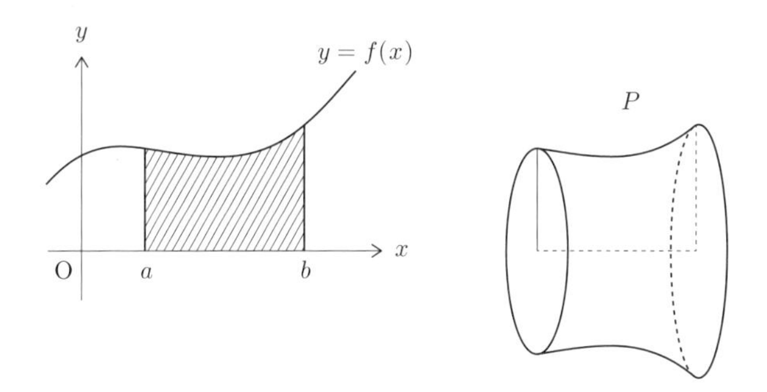

a から b までを

$$a = x_0 < x_1 < x_2 < \cdots < x_{n-1} < x_n = b$$

と分割し

$$\Delta x_i = x_i - x_{i-1} \qquad (1 \leq i \leq n)$$

とおく．回転体 P の中で，$x_{i-1} \leq x \leq x_i$ を満たす部分の体積は，底面が半径 $f(x_i)$ の円，高さが Δx_i の円柱の体積

$$\pi(f(x_i))^2 \Delta x_i$$

とほぼ等しい．

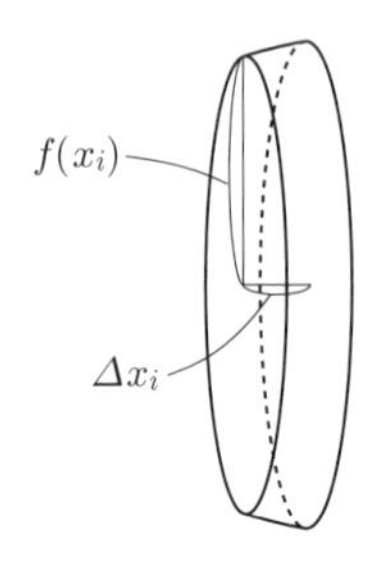

よって，V はそれらの総和

$$\sum_{i=1}^{n} \pi(f(x_i))^2 \Delta x_i$$

とほぼ等しい．分割を細かくしていくと，この値は $\displaystyle\int_a^b \pi(f(x))^2\,dx$ に近づく．

$$\sum_{i=1}^{n} \pi(f(x_i))^2 \Delta x_i \longrightarrow \int_a^b \pi(f(x))^2\,dx.$$

したがって，$V = \displaystyle\int_a^b \pi(f(x))^2\,dx = \pi\int_a^b (f(x))^2\,dx$ であると考えられる．

こうして，次の定理が得られた．

定理 15.11　a, b は $a < b$ を満たす実数とし，$f(x)$ は $a \leq x \leq b$ の範囲で定義された連続関数であって，つねに $f(x) \geq 0$ であるものとする．xy 平面において，曲線 $y = f(x)$ と x 軸と 2 本の直線 $x = a$, $x = b$ で囲まれた部分を x 軸の回りに 1 回転させてできる立体の体積を V とするとき

$$V = \pi\int_a^b (f(x))^2\,dx \tag{15.1}$$

が成り立つ．

この定理を用いて，いくつかの回転体の体積を求めてみよう．

例題 15.12　r は正の実数とする．xy 平面において，曲線 $y = \sqrt{r^2 - x^2}$ と x 軸で囲まれた部分を x 軸の回りに 1 回転させてできる立体 (半径 r の球) をの体積を V とする．式 (15.1) を用いて V を求めよ．

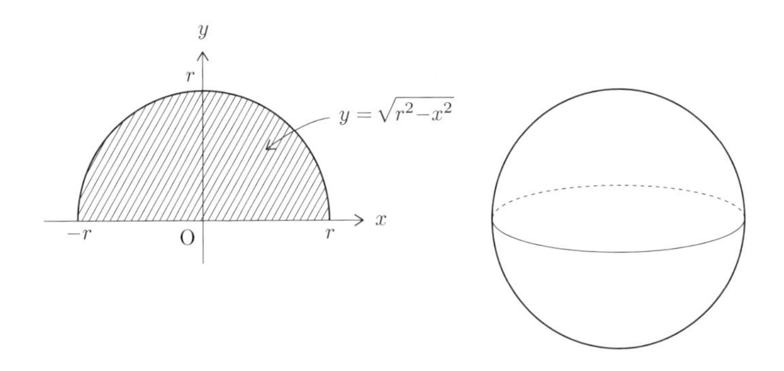

[解答]　次のような計算によって求められる.

$$\begin{aligned} V &= \pi\int_{-r}^{r}\left(\sqrt{r^2-x^2}\right)^2 dx = \pi\int_{-r}^{r}(r^2-x^2)\,dx \\ &= \pi\Big[\, r^2x-\frac{1}{3}x^3 \,\Big]_{-r}^{r} = \frac{4}{3}\pi r^3. \end{aligned}$$

□

例題 15.13　底面が半径 r の円, 高さが h の円錐を P とする. P の底面積を S とし, 体積を V とするとき

$$V=\frac{1}{3}Sh$$

が成り立つことを示せ.

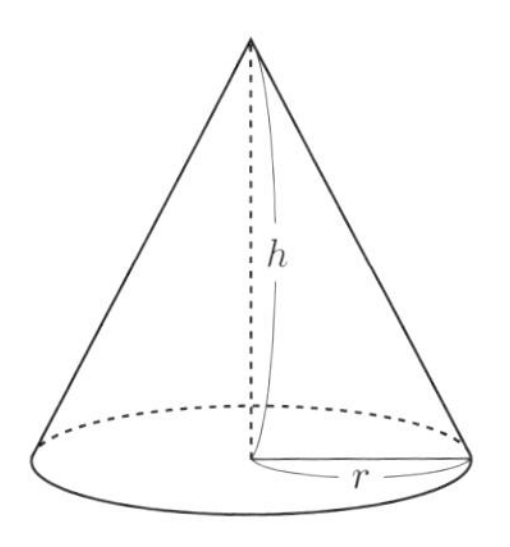

[解答]　xy 平面において, 直線 $y=\dfrac{r}{h}x$ と x 軸と直線 $x=h$ で囲まれた三角形を x 軸の回りに 1 回転させてできる立体は, P を横倒しにしたものである.

このとき, 式 (15.1) により

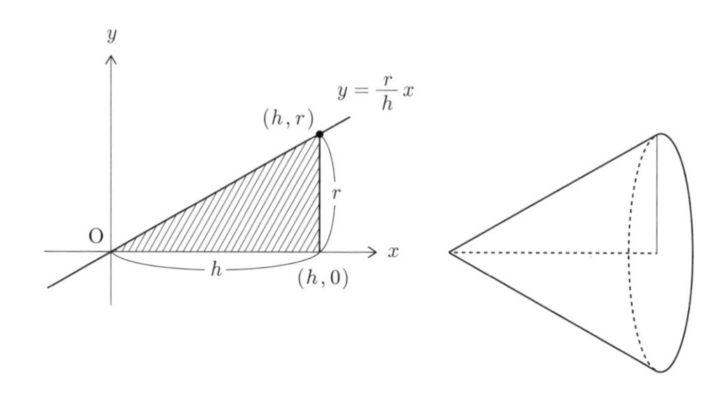

$$V = \pi\int_0^h \left(\frac{r}{h}x\right)^2 dx = \pi\frac{r^2}{h^2}\int_0^h x^2\,dx$$
$$= \pi\frac{r^2}{h^2}\left[\,\frac{1}{3}x^3\,\right]_0^h = \frac{1}{3}\pi r^2 h$$

が成り立つ．ここで，$S=\pi r^2$ であることに注意すれば

$$V = \frac{1}{3}(\pi r^2)h = \frac{1}{3}Sh$$

が示される． □

問 15.14 xy 平面において，曲線 $y=\dfrac{1}{x}$ と x 軸と 2 本の直線 $x=1$, $x=2$ で囲まれた部分を x 軸の回りに 1 回転させてできる立体の体積 V を求めよ．

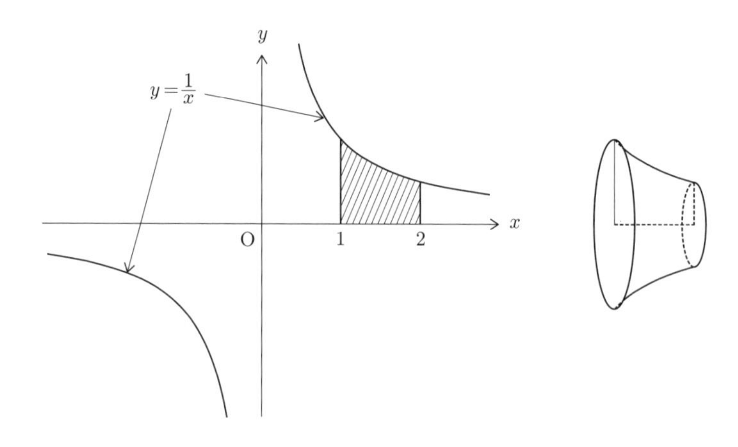

15.5　曲線の長さ

xy 平面内の点 $\mathrm{P}=(u,v)$ を通り，傾きが m の直線の方程式は

$$y=m(x-u)+v$$

で与えられる．この直線上の点 Q の x 座標が $u+\varDelta$ ($\varDelta$ は正の実数) であるとき，$\mathrm{Q}=(u+\varDelta,\, v+m\varDelta)$ である．

このとき，線分 PQ の長さを l とすると

$$l=\sqrt{\varDelta^2+(m\varDelta)^2}=\sqrt{1+m^2}\,\varDelta \tag{15.2}$$

である．

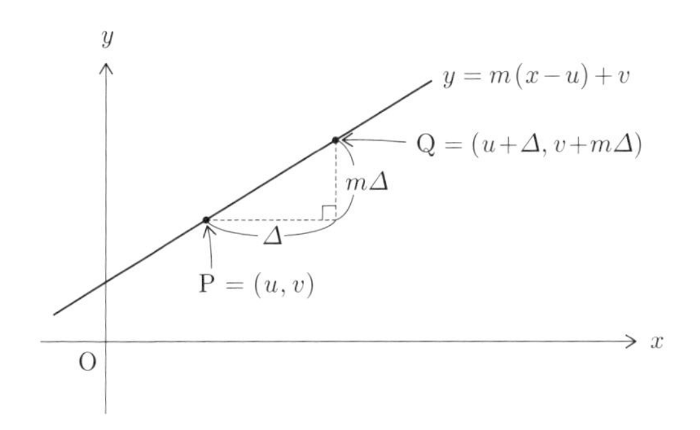

さて，a, b は $a<b$ を満たす実数とし，$f(x)$ は $a\leq x\leq b$ の範囲で定義された微分可能関数とする．さらに，導関数 $f'(x)$ は連続であるとする．このとき，曲線 $y=f(x)$ $(a\leq x\leq b)$ を C とし，C の長さを L とする．

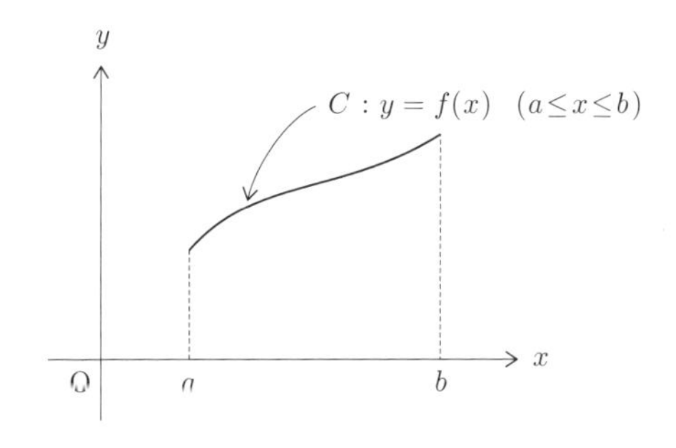

a から b までを

$$a = x_0 < x_1 < x_2 < \cdots < x_{n-1} < x_n = b$$

と分割し

$$\Delta x_i = x_i - x_{i-1} \qquad (1 \leq i \leq n)$$

とおく．曲線 C のうち，$x_{i-1} \leq x \leq x_i$ を満たす部分を考えると，それは，点 $(x_{i-1}, f(x_{i-1}))$ を通り，傾きが $f'(x_{i-1})$ の直線 (この点における C の接線) のうち，$x_{i-1} \leq x \leq x_i$ を満たす部分とほぼ一致するので，その長さは

$$\sqrt{1 + (f'(x_{i-1}))^2}\ \Delta x_i$$

とほぼ等しい (下の図と式 (15.2) 参照).

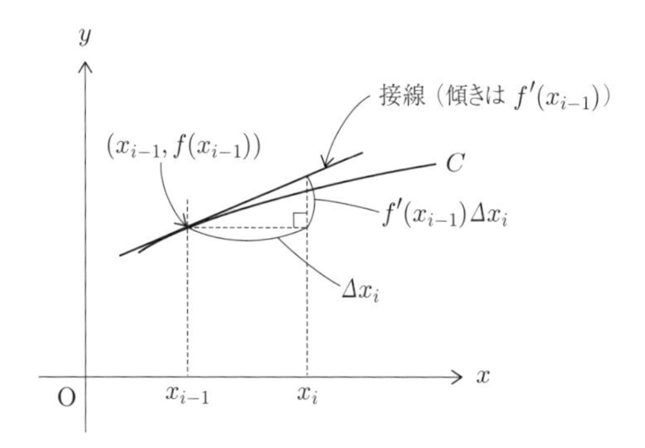

よって，L はそれらの総和

$$\sum_{i=1}^{n} \sqrt{1 + (f'(x_{i-1}))^2}\ \Delta x_i$$

とほぼ等しい．分割を細かくしていくと，この値は $\displaystyle\int_a^b \sqrt{1 + (f'(x))^2}\ dx$ に近づく．

$$\sum_{i=1}^{n} \sqrt{1 + (f'(x_{i-1}))^2}\ \Delta x_i \longrightarrow \int_a^b \sqrt{1 + (f'(x))^2}\ dx.$$

したがって，$L = \displaystyle\int_a^b \sqrt{1 + (f'(x))^2}\ dx$ であると考えられる．

こうして，次の定理が得られた．

定理 15.15　a, b は $a < b$ を満たす実数とし，$f(x)$ は $a \leq x \leq b$ の範囲で定義された微分可能関数とする．さらに，導関数 $f'(x)$ は連続であるとする．このとき，

曲線 $y = f(x)$ $(a \leq x \leq b)$ の長さを L とすると

$$L = \int_a^b \sqrt{1 + (f'(x))^2}\, dx \tag{15.3}$$

が成り立つ.

例題 15.16　r は正の実数とする. xy 平面において, 曲線 $y = \sqrt{r^2 - x^2}$ $(-r \leq x \leq r)$ の長さを L とする. 式 (15.3) を用いて L を求めよ.

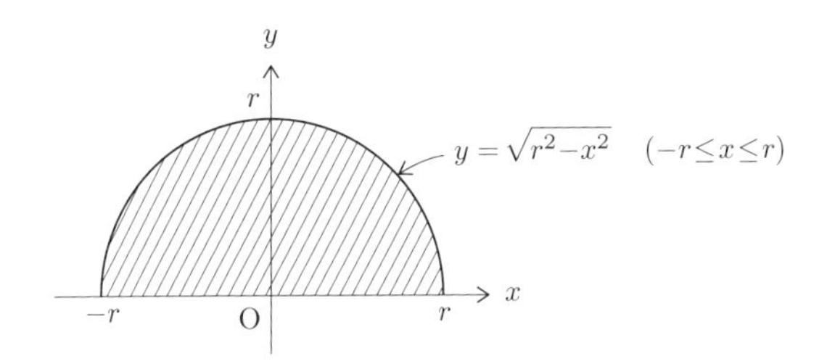

[解答]　$f(x) = \sqrt{r^2 - x^2} = (r^2 - x^2)^{\frac{1}{2}}$ とおくと

$$f'(x) = (-2x) \cdot \frac{1}{2}(r^2 - x^2)^{-\frac{1}{2}} = -\frac{x}{\sqrt{r^2 - x^2}},$$

$$1 + (f'(x))^2 = 1 + \frac{x^2}{r^2 - x^2} = \frac{r^2 - x^2 + x^2}{r^2 - x^2} = \frac{r^2}{r^2 - x^2},$$

$$\sqrt{1 + (f'(x))^2} = \frac{r}{\sqrt{r^2 - x^2}}$$

であるので

$$L = \int_{-r}^{r} \frac{r}{\sqrt{r^2 - x^2}}\, dx \tag{15.4}$$

が成り立つ. ここで, $x = r\sin\theta$ $\left(-\frac{\pi}{2} \leq \theta \leq \frac{\pi}{2}\right)$ と変数変換すると

$$dx = r\cos\theta\, d\theta,$$

$$\frac{r}{\sqrt{r^2 - x^2}} = \frac{r}{\sqrt{r^2(1 - \sin^2\theta)}} = \frac{r}{r\cos\theta} = \frac{1}{\cos\theta}$$

が成り立つ. したがって

$$L = \int_{-\frac{\pi}{2}}^{\frac{\pi}{2}} \frac{r\cos\theta}{\cos\theta}\,d\theta = \int_{-\frac{\pi}{2}}^{\frac{\pi}{2}} r\,d\theta = \Big[r\theta\Big]_{-\frac{\pi}{2}}^{\frac{\pi}{2}} = \pi r$$

が得られる．□

注意 15.17　式 (15.4) の右辺において，$x = \pm r$ のときには $\dfrac{r}{\sqrt{r^2 - x^2}}$ の値が定義されない．この場合，式 (15.4) の右辺は，正の実数 c を 0 に近づけたときの $\displaystyle\int_{-r+c}^{r-c} \frac{r}{\sqrt{r^2 - x^2}}\,dx$ の極限値であると解釈する．このようなものは**広義積分**とよばれる．

第16章

多変数関数の微分積分入門

変数を 2 つ以上含む関数の「微分」や「積分」について，その入り口を少しだけ覗いてみることにしよう．簡単のため，2 変数関数について述べる．

16.1　偏微分と関数の停留点

たとえば，関数 $f(x, y) = x^2 + y^2$ の最小値を求めたいとしよう．変数 y が一定の値 b をとるとき，$f(x, b)$ は x のみの関数である．そこで

$$g(x) = f(x, b) = x^2 + b^2$$

とおき，導関数を求めると

$$\frac{dg}{dx}(x) = 2x$$

である．$g(x)$ の増減表は次のようになる．

x		0	
$g'(x)$	$-$	0	$+$
$g(x)$	↘		↗

このことから，$f(x, y)$ が $x = a$, $y = b$ で最小値をとるとしたら，少なくとも $a = 0$ でなければならないことがわかる．

同様に，x が一定の値 a をとるとき，$h(y) = f(a, y)$ とおくと

$$\frac{dh}{dy}(y) = 2y$$

である．増減を調べることにより，$f(x, y)$ が $x = a$, $y = b$ で最小値をとるとしたら，少なくとも $b = 0$ でなければならないことがわかる．

実際，xyz 空間において，$z = f(x, y)$ は次の図のような曲面を定める．この図か

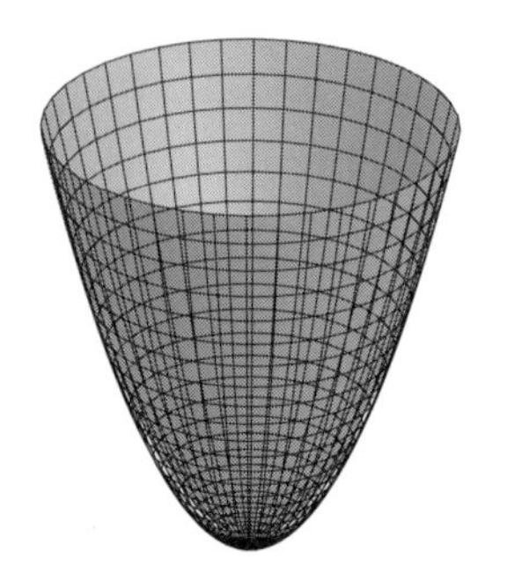

らもわかるように，$(x, y) = (0, 0)$ のとき，$f(x, y)$ は最小値 0 をとる．

ここで，**偏微分係数**，**偏導関数**という概念を導入しよう．

$f(x, y)$ は $(x, y) = (a, b)$ のまわりで定義された関数とする．

- $\displaystyle\lim_{h \to 0} \frac{f(a+h, b) - f(a, b)}{h}$ が存在するとき，この値を $(x, y) = (a, b)$ における $f(x, y)$ の x に関する**偏微分係数**とよび
$$\frac{\partial f}{\partial x}(a, b), \quad f_x(a, b)$$
などと表す．
- $\displaystyle\lim_{k \to 0} \frac{f(a, b+k) - f(a, b)}{k}$ が存在するとき，この値を $(x, y) = (a, b)$ における $f(x, y)$ の y に関する**偏微分係数**とよび
$$\frac{\partial f}{\partial y}(a, b), \quad f_y(a, b)$$
などと表す．
- $f_x(a, b)$, $f_y(a, b)$ が存在するとき，$f(x, y)$ は $(x, y) = (a, b)$ で**偏微分可能**であるという．
- $f(x, y)$ があらゆる点で偏微分可能であるとき，$f(x, y)$ は偏微分可能であるという．このとき，$f_x(x, y)$ を x, y の関数と考えることができる．この関数を $f(x, y)$ の x に関する**偏導関数**という．$f_x(x, y)$ は $\dfrac{\partial f}{\partial x}(x, y)$ とも表される．
- 同様に，$f(x, y)$ の y に関する偏導関数を考えることもでき，$f_y(x, y)$, $\dfrac{\partial f}{\partial y}(x, y)$ などと表す．

$f(x,y)$ の偏導関数 $f_x(x,y)$ は，y を定数とみなし，$f(x,y)$ を x の関数と考えたときの導関数にほかならない．同様に，$f_y(x,y)$ は，x を定数とみなし，$f(x,y)$ を y の関数と考えたときの導関数である．

例題 16.1　次の関数の x, y に関する偏導関数をそれぞれ求めよ．

(1)　$f(x,y) = 2x^2 + 3xy + 4y^2$.

(2)　$g(x,y) = e^{x-y}$.

[解答]　(1)　$f_x(x,y) = 4x + 3y$,　$f_y(x,y) = 3x + 8y$.

(2)　$g_x(x,y) = e^{x-y}$,　$g_y(x,y) = -e^{x-y}$.　□

問 16.2　次の関数の x, y に関する偏導関数をそれぞれ求めよ．

(1)　$f(x,y) = x^3y^2$.

(2)　$g(x,y) = \sin(3x - 2y)$.

次に，2 変数関数の極大・極小について述べよう．

$f(x,y)$ は $(x,y) = (a,b)$ のまわりで定義された関数とする．

(1)　(a,b) に十分近い点 (x,y) に対して，つねに $f(x,y) \leq f(a,b)$ が成り立つとき，$f(x,y)$ は $(x,y) = (a,b)$ において**極大**であるといい，$f(a,b)$ を $f(x,y)$ の**極大値**という．

(2)　(a,b) に十分近い点 (x,y) に対して，つねに $f(x,y) \geq f(a,b)$ が成り立つとき，$f(x,y)$ は $(x,y) = (a,b)$ において**極小**であるといい，$f(a,b)$ を $f(x,y)$ の**極小値**という．

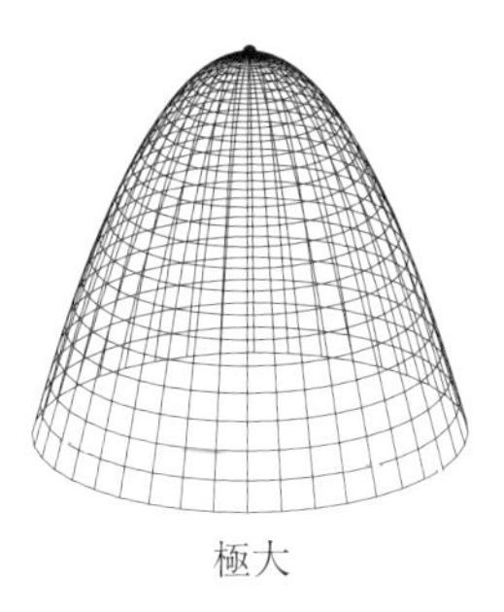

極大

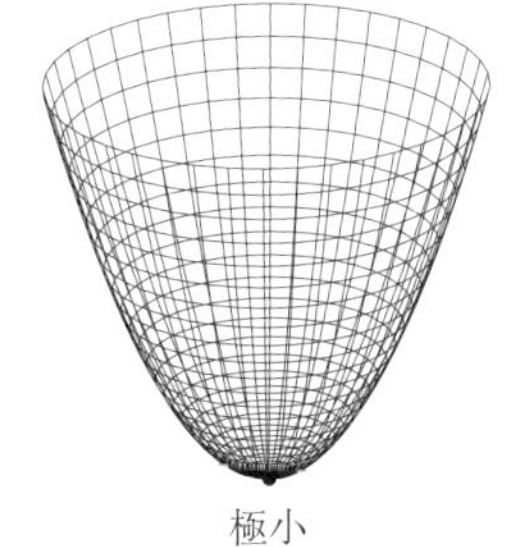

極小

偏微分可能な関数 $f(x,y)$ が $(x,y)=(a,b)$ において極大または極小であるとしよう．このとき，y は値 b を保ち，x のみが変動する関数

$$g(x)=f(x,b)$$

を考えると，$g'(a)=f_x(a,b)=0$ が成り立つ．同様に，$f_y(a,b)=0$ も成り立つ．よって，次の命題が導かれる．

命題 16.3　偏微分可能な関数 $f(x,y)$ が $(x,y)=(a,b)$ において極大または極小であるとする．このとき

$$f_x(a,b)=f_y(a,b)=0$$

が成り立つ．

一般に，$f_x(a,b)=f_y(a,b)=0$ であるとき，(a,b) は (x,y) の**停留点**であるという．命題 16.3 によれば，$f(x,y)$ が $(x,y)=(a,b)$ において極大または極小であるならば，(a,b) は停留点である．しかし，次の例からもわかるように，逆は成り立たない．

例 16.4　$f(x,y)=x^2-y^2$ とすると，$f_x(x,y)=2x$, $f_y(x,y)=-2y$ であるので，$f_x(0,0)=f_y(0,0)=0$ が成り立つ．したがって，$(0,0)$ は $f(x,y)$ の停留点である．ところが，

$$g(x)=f(x,0)=x^2, \qquad h(y)=g(0,y)=-y^2$$

とおくと，$g(x)$ は $x=0$ において極小であり，$h(y)$ は $y=0$ において極大である．よって，$f(x,y)$ は原点において極大でも極小でもない．

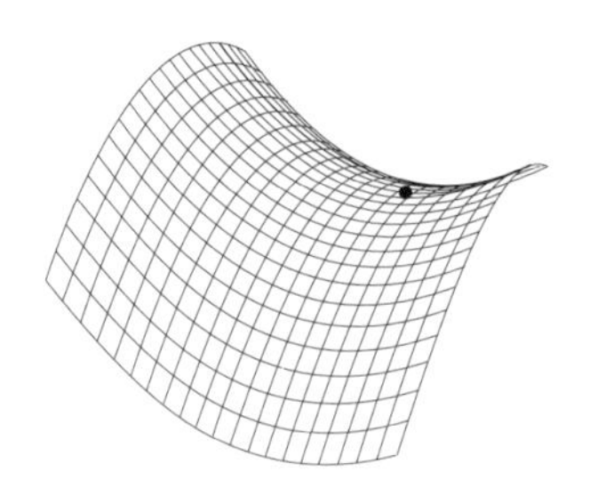

例題 16.5　関数 $f(x,y)=xye^{x+y}$ の停留点をすべて求めよ．

[解答]　$f(x,y)$ の偏導関数は次のように計算できる.

$$f_x(x,y) = ye^{x+y} + xye^{x+y} = (y+xy)e^{x+y},$$
$$f_y(x,y) = xe^{x+y} + xye^{x+y} = (x+xy)e^{x+y}.$$

$f_x(x,y) = f_y(x,y) = 0$ となるのは

$$\begin{cases} y + xy = 0, \\ x + xy = 0 \end{cases}$$

となるときである. このとき, $y = x$ であり, これを上の第 1 式に代入すれば, $x^2 + x = 0$ となる. このことより $x = 0,\ -1$ が得られる. したがって, 停留点は

$$(0,0), \quad (-1,-1)$$

の 2 点である. □

問 16.6　$f(x,y) = x^2 + 4xy + 5y^2 - 2x - 4y$ の停留点をすべて求めよ.

16.2　1 次式による関数の近似

$f(x,y)$ は $(x,y) = (a,b)$ のまわりで定義された偏微分可能な関数とする. いま, ある実数 p, q, r, および, ある連続関数 $g(x,y)$ に対して

$$f(x,y) = p\,(x-a) + q\,(y-b) + r + g(x,y), \tag{16.1}$$

$$\lim_{(x,y)\to(a,b)} \frac{g(x,y)}{\sqrt{(x-a)^2 + (y-b)^2}} = 0 \tag{16.2}$$

が成り立つとする. このようなことが成り立つとき, $f(x,y)$ は $(x,y) = (a,b)$ において**全微分可能**であるという.

式 (16.2) の意味について少し考えておこう.

$$r(x,y) = \sqrt{(x-a)^2 + (y-b)^2}$$

とおくと, $r(x,y)$ は, xy 平面内の点 (x,y) と点 (a,b) の間の距離を表す. 式 (16.2) によれば, (x,y) が (a,b) に近づくと, $g(x,y)$ の値も 0 に近づく. 式 (16.2) は, さらに,「$g(x,y)$ のほうが $r(x,y)$ よりも 0 に近づく度合いが強い」ことを表している. 要するに,「$g(x,y)$ は (a,b) のまわりでは非常に 0 に近い」ということになる.

さて, このとき, p, q, r の値を求めてみよう.

まず，$g(a,b)=0$ であることに注意する．式 (16.1) の両辺に $(x,y)=(a,b)$ を代入すると

$$f(a,b)=p\cdot 0+q\cdot 0+r+0=r$$

が得られる．そこで，$r=f(a,b)$ を式 (16.1) に代入して変形すると

$$f(x,y)-f(a,b)=p\,(x-a)+q\,(y-b)+g(x,y)$$

となる．さらに，$x-a=h$ とおき，$y=b$ を代入すると

$$f(a+h,b)-f(a,b)=ph+g(a+h,b)$$

が得られる ($x=a+h$ を用いた)．そこで，この式の両辺を h で割ると

$$\frac{f(x,y)-f(a,b)}{h}=p+\frac{g(a+h,b)}{h}$$

となる．このことより

$$f_x(a,b)=\lim_{h\to 0}\frac{f(a+h,b)-f(a,b)}{h}=p+\lim_{h\to 0}\frac{g(a+h,b)}{h} \tag{16.3}$$

が成り立つことがわかる．

一方，式 (16.2) において $x=a+h,\ y=b$ とおくと

$$\sqrt{(x-a)^2+(y-b)^2}=\sqrt{h^2+0}=|h|$$

であることに注意すれば

$$\lim_{h\to 0}\frac{g(a+h,b)}{|h|}=0 \tag{16.4}$$

が得られる．式 (16.3) と式 (16.4) をあわせて考えれば

$$p=f_x(a,b)$$

であることがわかる．同様に

$$q=f_y(a,b)$$

であることもわかる (詳細な検討は読者にゆだねる)．

以上のことをまとめると

$$f(x,y)=f_x(a,b)(x-a)+f_y(a,b)(y-b)+f(a,b)+g(x,y)$$

が得られる．結局，次のような近似式が得られたことになる．

$$f(x,y)\approx f_x(a,b)(x-a)+f_y(a,b)(y-b)+f(a,b).$$

16.3　重積分入門

2 変数以上の関数の「積分」も考えることができる．そのような積分を**重積分**とよぶ．2 変数関数の重積分に少しだけ触れてみよう．

a, b, c, d は実数とし，$a < b, c < d$ を満たすとする．不等式

$$\begin{cases} a \leq x \leq b, \\ c \leq y \leq d \end{cases}$$

の定める集合を D とする．D は図のような長方形である．

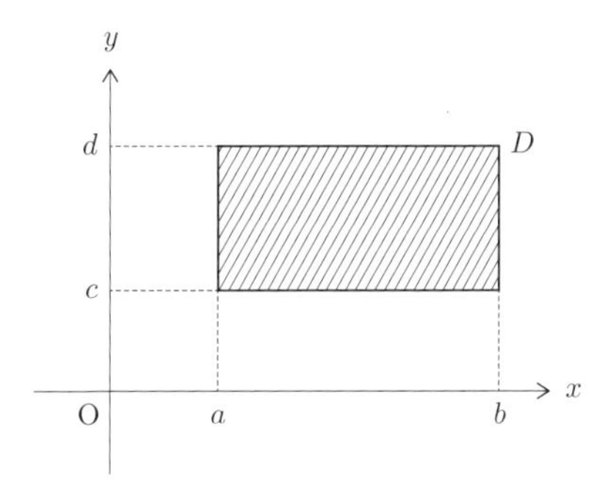

$f(x, y)$ は D 上で定義された連続関数とする．いま，a から b までを

$$a = x_0 < x_1 < x_2 < \cdots < x_{n-1} < x_n = b$$

と分割し，$\Delta x_i = x_i - x_{i-1}$ $(1 \leq i \leq n)$ とおく．同様に，c から d までを

$$c = y_0 < y_1 < y_2 < \cdots < y_{m-1} < y_m = d$$

と分割し，$\Delta y_j = y_j - y_{j-1}$ $(1 \leq j \leq m)$ とおく．さらに，i, j の組合せ (i, j) $(1 \leq i \leq n,\ 1 \leq j \leq m)$ に対して，u_{ij}, v_{ij} を

$$x_{i-1} \leq u_{ij} \leq x_i, \quad y_{j-1} \leq v_{ij} \leq y_j$$

を満たすように選び

$$\sum_{i=1}^{n} \sum_{j=1}^{m} f(u_{ij}, v_{ij}) \Delta x_i \Delta y_j \tag{16.5}$$

を考える．

注意 16.7　式 (16.5) にはシグマ記号が 2 つ並んでいる．$\sum_{i=1}^{n}\sum_{j=1}^{m}$ という記号は，$1 \leq i \leq n, 1 \leq j \leq m$ を満たすすべての i, j の組合せにわたって和をとることを意味する．

ここで，n, m を大きくして分割を細かくし，Δx_i, Δy_j を 0 に近づけると，式 (16.5) の値は，分割の仕方や u_{ij}, v_{ij} の選び方によらず，一定の値に近づくことが知られている．この値を

$$\iint_D f(x,y)\,dxdy$$

と表し，$f(x,y)$ の D 上の**重積分**とよぶ．

$$\sum_{i=1}^{n}\sum_{j=1}^{m} f(u_{ij}, v_{ij})\Delta x_i \Delta y_j \longrightarrow \iint_D f(x,y)\,dxdy.$$

長方形以外の集合上の重積分も考えられるが，本書では立ち入らない．

16.4　累次積分法による重積分の計算

重積分 $\iint_D f(x,y)\,dxdy$ は次の手順で計算できることが知られている．

(1)　y を定数とみなし，$f(x,y)$ を x の関数と考えて，定積分

$$\int_a^b f(x,y)\,dx$$

を計算する．この積分は y の値ごとに定まるので，これを y の関数とみることができる．そこで

$$h(y) = \int_a^b f(x,y)\,dx$$

とおく．

(2)　y の関数 $h(y)$ の定積分

$$\int_c^d h(y)\,dy = \int_c^d \left(\int_a^b f(x,y)\,dx\right) dy$$

を計算すれば，それが重積分 $\iint_D f(x,y)\,dxdy$ と一致する．

あるいは，次のように計算してもよい．

(1′)　x を定数とみなし，$f(x,y)$ を y の関数と考えて，定積分

$$\int_c^d f(x,y)\,dy$$

を計算する．この積分は x の関数とみることができる．

(2′)　さらに，定積分

$$\int_a^b \left(\int_c^d f(x,y)\,dy\right) dx$$

を計算すれば，それが重積分 $\displaystyle\iint_D f(x,y)\,dxdy$ と一致する．

どちらの方法を選んでも，同じ計算結果が得られる．これらの方法は**累次積分法**とよばれる．この方法によって重積分が正しく計算できる理由の説明は省略する．

例題 16.8　不等式

$$\begin{cases} 0 \leq x \leq 1, \\ 0 \leq y \leq 2 \end{cases}$$

の定める集合を D とし，$f(x,y) = xy^2$ とする．

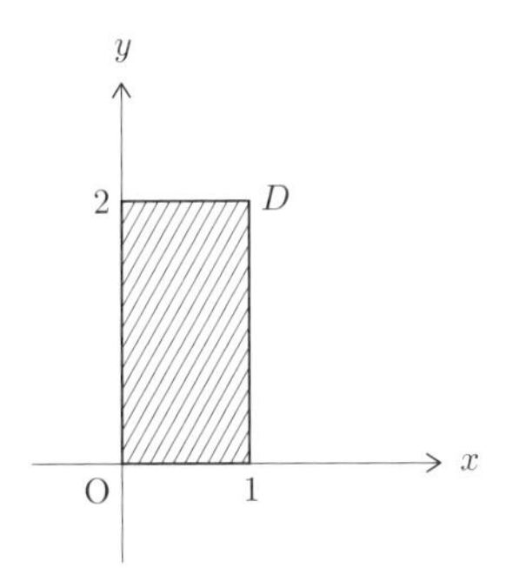

$f(x,y)$ をまず x の関数とみて定積分を計算し，その計算結果を y の関数とみて定積分を計算する，という方法によって，重積分

$$I = \iint_D f(x,y)\,dxdy$$

を計算せよ．

[解答] $h(y) = \int_0^1 f(x, y)\,dx$ とおくと

$$h(y) = \left[\,\frac{1}{2}x^2y^2\,\right]_{x=0}^{x=1} = \frac{1}{2}y^2 \tag{16.6}$$

である．したがって

$$I = \int_0^2 \frac{1}{2}y^2\,dy = \left[\,\frac{1}{6}y^3\,\right]_{y=0}^{y=2} = \frac{4}{3} \tag{16.7}$$

が得られる． □

注意 16.9 式 (16.6) と式 (16.7) の中で

$$\left[\,\frac{1}{2}x^2y^2\,\right]_{x=0}^{x=1}, \quad \left[\,\frac{1}{6}y^3\,\right]_{y=0}^{y=2}$$

という記号を用いたのは，どの変数に着目しているかを明示するためである．

問 16.10 例題 16.8 の状況において，$f(x, y)$ をまず y の関数とみて定積分を計算し，その計算結果を x の関数とみて定積分を計算する，という方法によって，重積分 I を計算せよ．

問の解答

本文中の主な問題の解答の概略を紹介する．ここに書かれていないものや，詳細が省略されたものも各自確認されたい．

問 1.2 $750 = 360 \cdot 2 + 30$ であるので，点 P は $(1, 0)$ から反時計回りに $30°$ 回転した位置にある．

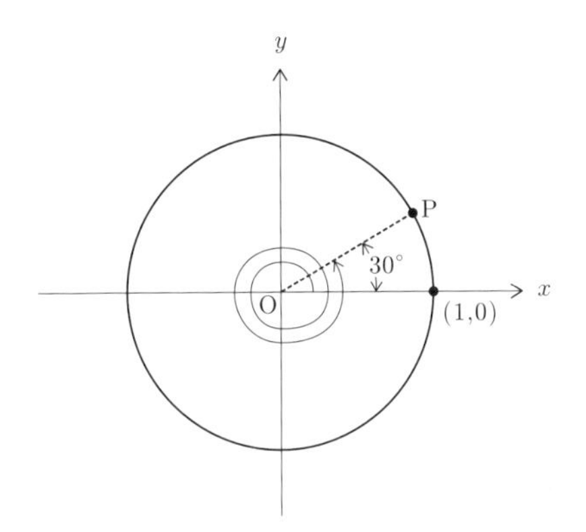

問 1.6 (1) $\left(\dfrac{360}{\pi}\right)^\circ$　(2) $120°$　(3) $\dfrac{\pi}{10}$ ラジアン　(4) $\dfrac{3}{2}\pi$ ラジアン

問 1.9 次のような直角二等辺三角形 OAB を考える．$\mathrm{OB} = \mathrm{AB} = 1$ とすると

$$\mathrm{OA} = \sqrt{\mathrm{OB}^2 + \mathrm{AB}^2} = \sqrt{2}$$

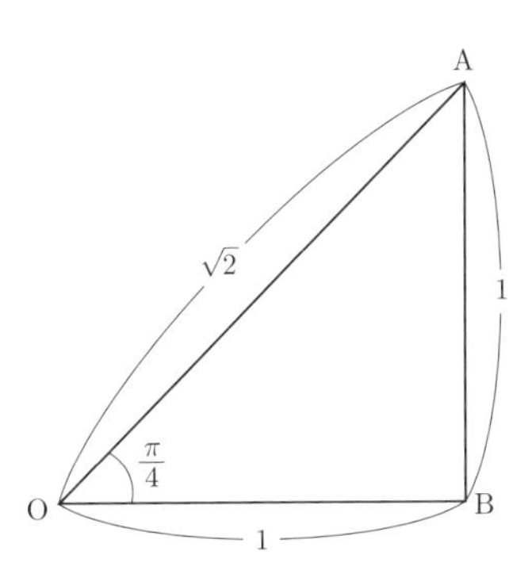

である．$\angle \mathrm{AOB} = \dfrac{\pi}{4}$ であるので

$$\sin\frac{\pi}{4} = \frac{\mathrm{AB}}{\mathrm{OA}} = \frac{1}{\sqrt{2}}, \qquad \cos\frac{\pi}{4} = \frac{\mathrm{OB}}{\mathrm{OA}} = \frac{1}{\sqrt{2}}, \qquad \tan\frac{\pi}{4} = \frac{\sin\frac{\pi}{4}}{\cos\frac{\pi}{4}} = 1.$$

問 1.11　原点 O を中心とする半径 1 の円を考える．点 $(1,0)$ をこの円に沿って反時計回りに角度 α 回転させた点と，角度 $(-\alpha)$ 回転させた点とは，x 軸に関して線対称な位置にある．これらの点の x 座標は等しく，y 座標は符号が逆になることから，求める関係式がしたがう．

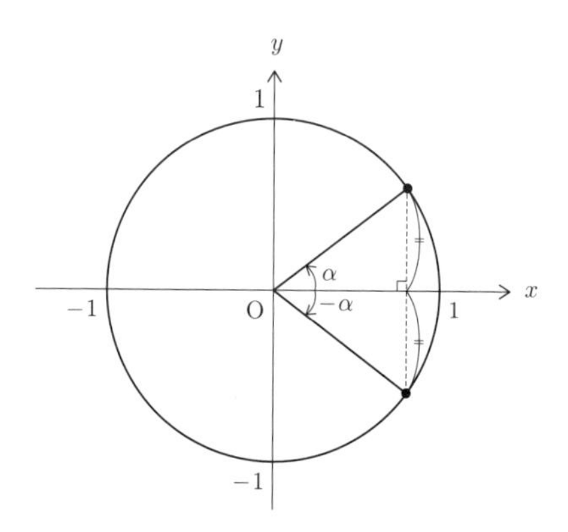

問 1.14　$1+\tan^2\alpha = 1 + \dfrac{\sin^2\alpha}{\cos^2\alpha} = \dfrac{\cos^2\alpha+\sin^2\alpha}{\cos^2\alpha} = \dfrac{1}{\cos^2\alpha}.$

問 1.22　(1)　$\sin(-\beta) = -\sin\beta,\ \cos(-\beta)=\cos\beta$ であるので

$$\begin{aligned}\sin(\alpha-\beta) = \sin(\alpha+(-\beta)) &= \sin\alpha\cos(-\beta)+\cos\alpha\sin(-\beta)\\ &= \sin\alpha\cos\beta - \cos\alpha\sin\beta.\end{aligned}$$

(2)　小問 (1) と同様にして，次のように示される．

$$\begin{aligned}\cos(\alpha-\beta) = \cos(\alpha+(-\beta)) &= \cos\alpha\cos(-\beta)-\sin\alpha\sin(-\beta)\\ &= \cos\alpha\cos\beta+\sin\alpha\sin\beta.\end{aligned}$$

問 2.6　$\overrightarrow{\mathrm{AR}} = \overrightarrow{\mathrm{OR}} - \overrightarrow{\mathrm{OA}} = \left(\dfrac{1}{3}\boldsymbol{a}+\dfrac{1}{3}\boldsymbol{b}\right) - \boldsymbol{a} = -\dfrac{2}{3}\boldsymbol{a}+\dfrac{1}{3}\boldsymbol{b}$ である．一方，$\overrightarrow{\mathrm{RQ}} = \overrightarrow{\mathrm{OQ}} - \overrightarrow{\mathrm{OR}} = \dfrac{1}{2}\boldsymbol{b} - \left(\dfrac{1}{3}\boldsymbol{a}+\dfrac{1}{3}\boldsymbol{b}\right) = -\dfrac{1}{3}\boldsymbol{a}+\dfrac{1}{6}\boldsymbol{b}$ である．したがって，$2\overrightarrow{\mathrm{RQ}} = -\dfrac{2}{3}\boldsymbol{a}+\dfrac{1}{3}\boldsymbol{b} = \overrightarrow{\mathrm{AR}}$ が成り立つ．よって，辺 AR と辺 RQ の長さの比は $2:1$ である．

問 2.8　有向線分 $\overrightarrow{\mathrm{BC}}$ を平行移動して，始点が A になるようにしたときの終点を D とすると，$\overrightarrow{\mathrm{BC}} = \overrightarrow{\mathrm{AD}}$ である．AB と AD のなす角は $\dfrac{2\pi}{3}$ であるので

$$(\overrightarrow{\mathrm{AB}}, \overrightarrow{\mathrm{BC}}) = (\overrightarrow{\mathrm{AB}}, \overrightarrow{\mathrm{AD}}) = \|\overrightarrow{\mathrm{AB}}\|\|\overrightarrow{\mathrm{AD}}\| \cos\frac{2\pi}{3} = -\frac{1}{2}.$$

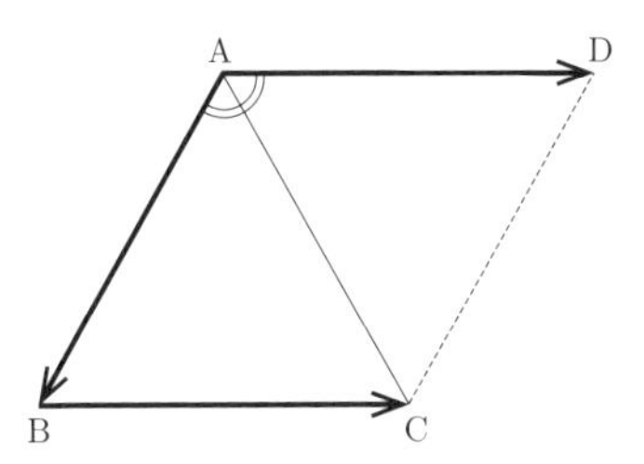

問 3.2 $\begin{pmatrix} 1 \\ -6 \\ 9 \end{pmatrix}$

問 3.5 (1) $\|\boldsymbol{a}\| = \sqrt{3}$, $\|\boldsymbol{b}\| = 2\sqrt{6}$, $(\boldsymbol{a}, \boldsymbol{b}) = 3\sqrt{2}$.

(2) $\cos\theta = \dfrac{(\boldsymbol{a}, \boldsymbol{b})}{\|\boldsymbol{a}\|\|\boldsymbol{b}\|} = \dfrac{1}{2}$ より，$\theta = \dfrac{\pi}{3}$.

問 3.6 次のような計算によって示される.

$$\begin{aligned}\|\boldsymbol{a}+\boldsymbol{b}\|^2 &= (\boldsymbol{a}+\boldsymbol{b}, \boldsymbol{a}+\boldsymbol{b}) = (\boldsymbol{a}, \boldsymbol{a}+\boldsymbol{b}) + (\boldsymbol{b}, \boldsymbol{a}+\boldsymbol{b}) \\ &= (\boldsymbol{a}, \boldsymbol{a}) + (\boldsymbol{a}, \boldsymbol{b}) + (\boldsymbol{b}, \boldsymbol{a}) + (\boldsymbol{b}, \boldsymbol{b}) \\ &= \|\boldsymbol{a}\|^2 + 2(\boldsymbol{a}, \boldsymbol{b}) + \|\boldsymbol{b}\|^2.\end{aligned}$$

問 3.8 $\|\boldsymbol{a}\| = 3$, $\|\boldsymbol{b}\| = 5$, $(\boldsymbol{a}, \boldsymbol{b}) = 14$ であり，次の不等式が成り立つ.

$$|(\boldsymbol{a}, \boldsymbol{b})| = 14 \leq 3 \cdot 5 = \|\boldsymbol{a}\|\|\boldsymbol{b}\|.$$

問 3.10 $x + y + z = 6$.

問 3.12 $\boldsymbol{a}+\boldsymbol{b} = \begin{pmatrix} 3 \\ 5 \\ 3 \\ 3 \end{pmatrix}$, $3\boldsymbol{a} = \begin{pmatrix} 6 \\ 9 \\ -3 \\ 0 \end{pmatrix}$, $(\boldsymbol{a}, \boldsymbol{b}) = 4$, $\|\boldsymbol{a}\| = \sqrt{14}$.

問 4.2 (1) $(3, 4)$ 型　(2) $\begin{pmatrix} 2 & 1 & 4 & 9 \end{pmatrix}$　(3) $\begin{pmatrix} 5 \\ 4 \\ 0 \end{pmatrix}$　(4) 4

問 4.5 (1) $\begin{pmatrix} 6 & 4 & 2 \\ 8 & 6 & 12 \end{pmatrix}$　(2) $\begin{pmatrix} 12 & 7 & 11 \\ 11 & 21 & 33 \end{pmatrix}$　(3) $\begin{pmatrix} -10 & -7 & -1 \\ -15 & -7 & -17 \end{pmatrix}$

問 4.7 $C = \begin{pmatrix} c_{11} & c_{12} & c_{13} & c_{14} \\ c_{21} & c_{22} & c_{23} & c_{24} \end{pmatrix}$

問 4.9 (1) $\begin{pmatrix} 2x_1 - x_2 \\ -4x_1 + 7x_2 \end{pmatrix}$ (2) $\begin{pmatrix} 5 \\ -5 \end{pmatrix}$ (3) $\begin{pmatrix} x_1 \\ x_2 \end{pmatrix}$ (4) $\begin{pmatrix} 11 \\ 16 \end{pmatrix}$

問 4.14 (1) $\begin{pmatrix} 23 \\ 19 \end{pmatrix}$ (2) $\begin{pmatrix} 16 \\ -2 \\ 28 \end{pmatrix}$

問 4.19 (1) $\begin{pmatrix} 10 & 3 \\ 19 & 7 \end{pmatrix}$ (2) $\begin{pmatrix} 4 & 3 \\ 13 & 13 \end{pmatrix}$

問 4.20 $BC = \begin{pmatrix} c_{11} & c_{12} \\ 2c_{11} + c_{21} & 2c_{12} + c_{22} \end{pmatrix}$ であるので

$$A(BC) = \begin{pmatrix} 4c_{11} + 3(2c_{11} + c_{21}) & 4c_{12} + 3(2c_{12} + c_{22}) \\ 5c_{11} + 7(2c_{11} + c_{21}) & 5c_{12} + 7(2c_{12} + c_{22}) \end{pmatrix}$$

$$= \begin{pmatrix} 10c_{11} + 3c_{21} & 10c_{12} + 3c_{22} \\ 19c_{11} + 7c_{21} & 19c_{12} + 7c_{22} \end{pmatrix}$$

である．一方，$AB = \begin{pmatrix} 10 & 3 \\ 19 & 7 \end{pmatrix}$ であるので

$$(AB)C = \begin{pmatrix} 10c_{11} + 3c_{21} & 10c_{12} + 3c_{22} \\ 19c_{11} + 7c_{21} & 19c_{12} + 7c_{22} \end{pmatrix}$$

である．よって，$A(BC) = (AB)C$ が成り立つ．

問 4.23 (1) BA は $(3,3)$ 型行列である．

(2) $1 \cdot 2 + 2 \cdot 4 = 10$.

(3) $2 \cdot 1 + 1 \cdot (-2) = 0$.

(4) $BA = \begin{pmatrix} 10 & 3 & -3 \\ 8 & 6 & 0 \\ 6 & 9 & 3 \end{pmatrix}$.

問 4.24 (1) $\begin{pmatrix} -1 & 29 & 2 \\ 3 & 20 & 33 \end{pmatrix}$

(2) $\begin{pmatrix} a_{11} + 2a_{21} + 3a_{31} & a_{12} + 2a_{22} + 3a_{32} & a_{13} + 2a_{23} + 3a_{33} \\ a_{21} + 2a_{31} & a_{22} + 2a_{32} & a_{23} + 2a_{33} \\ a_{11} + 3a_{21} + a_{31} & a_{12} + 3a_{22} + a_{32} & a_{13} + 3a_{23} + a_{33} \end{pmatrix}$

(3) $\begin{pmatrix} a_{11} & a_{12} & a_{13} \\ a_{21} & a_{22} & a_{23} \\ a_{31} & a_{32} & a_{33} \end{pmatrix}$ (4) $\begin{pmatrix} a_{11} & a_{12} & a_{13} \\ a_{21} & a_{22} & a_{23} \\ a_{31} & a_{32} & a_{33} \end{pmatrix}$

問 5.2　(1)　省略.　　(2)　$\boldsymbol{x} = B\boldsymbol{b} = \begin{pmatrix} 2 & -\frac{1}{2} \\ -1 & \frac{1}{2} \end{pmatrix} \begin{pmatrix} 8 \\ 22 \end{pmatrix} = \begin{pmatrix} 5 \\ 3 \end{pmatrix}$.

問 5.6　A の (i, j) 成分を a_{ij} と表すと

$$a_{11} = 1, \qquad a_{12} = 1, \qquad a_{21} = 2, \qquad a_{22} = 4$$

であり，$a_{11}a_{22} - a_{21}a_{12} = 1 \cdot 4 - 2 \cdot 1 = 2$ である．このとき

$$A^{-1} = \frac{1}{a_{11}a_{22} - a_{21}a_{12}} \begin{pmatrix} a_{22} & -a_{12} \\ -a_{21} & a_{11} \end{pmatrix} = \frac{1}{2} \begin{pmatrix} 4 & -1 \\ -2 & 1 \end{pmatrix} = B.$$

問 5.8　(1)　$AB = \begin{pmatrix} 2 & 5 \\ 3 & 7 \end{pmatrix}$.

(2)　$A^{-1} = \begin{pmatrix} -4 & 3 \\ 3 & -2 \end{pmatrix}$，$B^{-1} = \begin{pmatrix} 1 & -1 \\ 0 & 1 \end{pmatrix}$，$(AB)^{-1} = \begin{pmatrix} -7 & 5 \\ 3 & -2 \end{pmatrix}$．$B^{-1}A^{-1} = \begin{pmatrix} 1 & -1 \\ 0 & 1 \end{pmatrix} \begin{pmatrix} -4 & 3 \\ 3 & -2 \end{pmatrix} = \begin{pmatrix} -7 & 5 \\ 3 & -2 \end{pmatrix} = (AB)^{-1}$.

問 5.10　$\begin{pmatrix} \frac{1}{3} & 0 & 0 \\ 0 & \frac{1}{2} & 0 \\ 0 & 0 & \frac{1}{2} \end{pmatrix}$.

問 5.13　(1)　$P^{-1} = \begin{pmatrix} 1 & -1 \\ 0 & 1 \end{pmatrix}$，$B = \begin{pmatrix} 1 & 0 \\ 0 & -1 \end{pmatrix}$.

(2)　$A^k = \begin{pmatrix} 1 & (-1)^k - 1 \\ 0 & (-1)^k \end{pmatrix}$.

問 5.16　もし B が正則行列ならば，$AB = O$ の両辺に右から B^{-1} をかければ $A = O$ となり，仮定に反する．よって，B は正則行列でない．

問 6.3　(1)　$\mathrm{P}'' = (1, 3)$，$\mathrm{Q}'' = (5, 4)$，$\mathrm{R}'' = (4, 1)$.

(2)　$\overrightarrow{\mathrm{OQ}''} = \begin{pmatrix} 5 \\ 4 \end{pmatrix} = \begin{pmatrix} 1 \\ 3 \end{pmatrix} + \begin{pmatrix} 4 \\ 1 \end{pmatrix} = \overrightarrow{\mathrm{OP}''} + \overrightarrow{\mathrm{OR}''}$ であるので，四角形 $\mathrm{OP''Q''R''}$ は平行四辺形である．

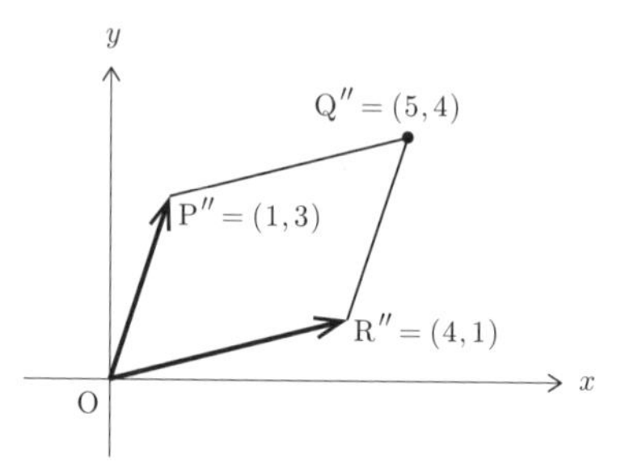

問 6.5　4 点 $(0,0)$ $(3,0)$, $(3,2)$, $(0,2)$ を結んでできる長方形にうつされる.

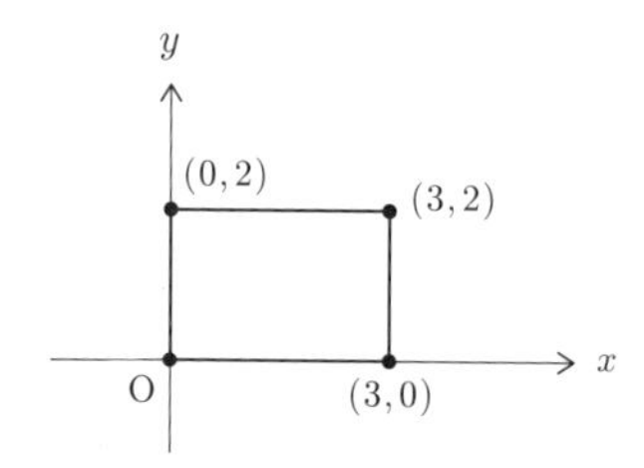

問 6.7　$\boldsymbol{y}' = \begin{pmatrix} \dfrac{1}{2} & -\dfrac{\sqrt{3}}{2} \\ \dfrac{\sqrt{3}}{2} & \dfrac{1}{2} \end{pmatrix} \begin{pmatrix} 1 \\ 1 \end{pmatrix} = \begin{pmatrix} \dfrac{1-\sqrt{3}}{2} \\ \dfrac{1+\sqrt{3}}{2} \end{pmatrix}.$

問 6.9　$A = \begin{pmatrix} \cos 2\alpha & \sin 2\alpha \\ \sin 2\alpha & -\cos 2\alpha \end{pmatrix}$ とする.

$$\begin{aligned} A^2 &= \begin{pmatrix} \cos 2\alpha & \sin 2\alpha \\ \sin 2\alpha & -\cos 2\alpha \end{pmatrix} \begin{pmatrix} \cos 2\alpha & \sin 2\alpha \\ \sin 2\alpha & -\cos 2\alpha \end{pmatrix} \\ &= \begin{pmatrix} \cos^2 2\alpha + \sin^2 2\alpha & \cos 2\alpha \sin 2\alpha - \sin 2\alpha \cos 2\alpha \\ \sin 2\alpha \cos 2\alpha - \cos 2\alpha \sin 2\alpha & \sin^2 2\alpha + \cos^2 2\alpha \end{pmatrix} \\ &= \begin{pmatrix} 1 & 0 \\ 0 & 1 \end{pmatrix} = E_2. \end{aligned}$$

問 7.2　(1)　係数行列は $\begin{pmatrix} 1 & 2 & 1 \\ 2 & 5 & 3 \\ 1 & 1 & 1 \end{pmatrix}$, 拡大係数行列は $\begin{pmatrix} 1 & 2 & 1 & 7 \\ 2 & 5 & 3 & 18 \\ 1 & 1 & 1 & 6 \end{pmatrix}$.

(2) 係数行列は $\begin{pmatrix} 1 & -1 & -1 \\ 2 & -2 & -1 \\ 1 & -1 & 1 \end{pmatrix}$, 拡大係数行列は $\begin{pmatrix} 1 & -1 & -1 & -1 \\ 2 & -2 & -1 & 1 \\ 1 & -1 & 1 & 5 \end{pmatrix}$.

(3) 係数行列は $\begin{pmatrix} 1 & 1 & -3 & -1 \\ -2 & -1 & 6 & 3 \\ 0 & 2 & 0 & 3 \end{pmatrix}$, 拡大係数行列は $\begin{pmatrix} 1 & 1 & -3 & -1 & 5 \\ -2 & -1 & 6 & 3 & -4 \\ 0 & 2 & 0 & 3 & 14 \end{pmatrix}$.

問 7.11　B_1 は次のように変形される.

$$B_1 = \begin{pmatrix} 0 & 1 & 2 & 1 \\ 1 & 1 & 3 & 3 \\ 1 & 3 & 8 & 5 \end{pmatrix} \xrightarrow{R_1 \leftrightarrow R_2} \begin{pmatrix} 1 & 1 & 3 & 3 \\ 0 & 1 & 2 & 1 \\ 1 & 3 & 8 & 5 \end{pmatrix}$$
$$\xrightarrow{R_3 - R_1} \begin{pmatrix} 1 & 1 & 3 & 3 \\ 0 & 1 & 2 & 1 \\ 0 & 2 & 5 & 2 \end{pmatrix}$$
$$\xrightarrow[R_3 - 2R_2]{R_1 - R_2} \begin{pmatrix} 1 & 0 & 1 & 2 \\ 0 & 1 & 2 & 1 \\ 0 & 0 & 1 & 0 \end{pmatrix}$$
$$\xrightarrow[R_2 - 2R_3]{R_1 - R_3} \begin{pmatrix} 1 & 0 & 0 & 2 \\ 0 & 1 & 0 & 1 \\ 0 & 0 & 1 & 0 \end{pmatrix}.$$

B_2 は次のように変形される.

$$B_2 = \begin{pmatrix} 0 & 0 & 1 & 2 \\ 1 & 3 & 1 & 6 \\ 1 & 3 & 4 & 12 \end{pmatrix} \xrightarrow{R_1 \leftrightarrow R_2} \begin{pmatrix} 1 & 3 & 1 & 6 \\ 0 & 0 & 1 & 2 \\ 1 & 3 & 4 & 12 \end{pmatrix}$$
$$\xrightarrow{R_3 - R_1} \begin{pmatrix} 1 & 3 & 1 & 6 \\ 0 & 0 & 1 & 2 \\ 0 & 0 & 3 & 6 \end{pmatrix}$$
$$\xrightarrow[R_3 - 3R_2]{R_1 - R_2} \begin{pmatrix} 1 & 3 & 0 & 4 \\ 0 & 0 & 1 & 2 \\ 0 & 0 & 0 & 0 \end{pmatrix}.$$

B_3 は次のように変形される.

$$B_3 = \begin{pmatrix} 0 & 0 & 1 & 2 \\ 1 & 3 & 1 & 6 \\ 1 & 3 & 4 & 13 \end{pmatrix} \xrightarrow{R_1 \leftrightarrow R_2} \begin{pmatrix} 1 & 3 & 1 & 6 \\ 0 & 0 & 1 & 2 \\ 1 & 3 & 4 & 13 \end{pmatrix}$$

$$\xrightarrow{R_3 - R_1} \begin{pmatrix} 1 & 3 & 1 & 6 \\ 0 & 0 & 1 & 2 \\ 0 & 0 & 3 & 7 \end{pmatrix}$$

$$\xrightarrow[R_3 - 3R_2]{R_1 - R_2} \begin{pmatrix} 1 & 3 & 0 & 4 \\ 0 & 0 & 1 & 2 \\ 0 & 0 & 0 & 1 \end{pmatrix}$$

$$\xrightarrow[R_2 - 2R_3]{R_1 - 4R_3} \begin{pmatrix} 1 & 3 & 0 & 0 \\ 0 & 0 & 1 & 0 \\ 0 & 0 & 0 & 1 \end{pmatrix}.$$

問 7.14　B_1 を拡大係数行列とする連立 1 次方程式は

$$\begin{cases} x_2 + x_3 = 1 \\ x_1 + x_2 + 3x_3 = 3 \\ x_1 + 3x_2 + 8x_3 = 5 \end{cases}$$

であり，解は $x_1 = 2$, $x_2 = 1$, $x_3 = 0$ である．

B_2 を拡大係数行列とする連立 1 次方程式は

$$\begin{cases} x_3 = 2 \\ x_1 + 3x_2 + x_3 = 6 \\ x_1 + 3x_2 + 4x_3 = 12 \end{cases}$$

であり，一般解は $x_1 = 4 - 3\alpha$, $x_2 = \alpha$, $x_3 = 2$ (α は任意定数).

B_3 を拡大係数行列とする連立 1 次方程式は

$$\begin{cases} x_3 = 2 \\ x_1 + 3x_2 + x_3 = 6 \\ x_1 + 3x_2 + 4x_3 = 13 \end{cases}$$

である．この方程式には解がない．

問 7.16　拡大係数行列に次のような行基本変形をほどこす．

$$\begin{pmatrix} 1 & 2 & 4 & 0 \\ 0 & 1 & 2 & 0 \\ 1 & 3 & 7 & 1 \end{pmatrix} \xrightarrow{R_3-R_1} \begin{pmatrix} 1 & 2 & 4 & 0 \\ 0 & 1 & 2 & 0 \\ 0 & 1 & 3 & 1 \end{pmatrix}$$

$$\xrightarrow[R_3-R_2]{R_1-2R_2} \begin{pmatrix} 1 & 0 & 0 & 0 \\ 0 & 1 & 2 & 0 \\ 0 & 0 & 1 & 1 \end{pmatrix}$$

$$\xrightarrow{R_2-2R_3} \begin{pmatrix} 1 & 0 & 0 & 0 \\ 0 & 1 & 0 & -2 \\ 0 & 0 & 1 & 1 \end{pmatrix}.$$

よって，$z_1 = 0, z_2 = -2, z_3 = 1$，$\boldsymbol{z} = \begin{pmatrix} 0 \\ -2 \\ 1 \end{pmatrix}$ である．

問 7.18　(1) $\begin{pmatrix} -9 & 5 & -3 \\ -6 & 3 & -1 \\ 4 & -2 & 1 \end{pmatrix}$　(2) $\begin{pmatrix} 1 & -a & a^2 \\ 0 & 1 & -a \\ 0 & 0 & 1 \end{pmatrix}$

問 8.8　(1) 2　(2) -2　(3) 2

問 8.12　
$$\begin{aligned}(\text{左辺}) &= (a_{11} + ca_{12})a_{22} - (a_{21} + ca_{22})a_{12} \\ &= a_{11}a_{22} + ca_{12}a_{22} - a_{21}a_{12} - ca_{12}a_{22} \\ &= a_{11}a_{22} - a_{21}a_{12} = (\text{右辺}).\end{aligned}$$

問 8.14　(1) -12　(2) $a^3 - a$

問 8.15

$$\begin{aligned}&\begin{vmatrix} a_{11} & 0 & 0 \\ a_{21} & a_{22} & a_{23} \\ a_{31} & a_{32} & a_{33} \end{vmatrix} \\ &= a_{11}a_{22}a_{33} + a_{21}a_{32} \cdot 0 + a_{31} \cdot 0 \cdot a_{23} - a_{11}a_{32}a_{23} - a_{21} \cdot 0 \cdot a_{33} - a_{31}a_{22} \cdot 0 \\ &= a_{11}(a_{22}a_{33} - a_{32}a_{23}) = a_{11}\begin{vmatrix} a_{22} & a_{23} \\ a_{32} & a_{33} \end{vmatrix}.\end{aligned}$$

$$\begin{aligned}&\begin{vmatrix} a_{11} & a_{12} & a_{13} \\ 0 & a_{22} & a_{23} \\ 0 & a_{32} & a_{33} \end{vmatrix} \\ &= a_{11}a_{22}a_{33} + 0 \cdot a_{32}a_{13} + 0 \cdot a_{12}a_{23} - a_{11}a_{32}a_{23} - 0 \cdot a_{12}a_{33} - 0 \cdot a_{22}a_{13}\end{aligned}$$

$$= a_{11}(a_{22}a_{33} - a_{32}a_{23}) = a_{11}\begin{vmatrix} a_{22} & a_{23} \\ a_{32} & a_{33} \end{vmatrix}.$$

問 8.16　$AB = \begin{pmatrix} 3 & 3 & 4 \\ 3 & 6 & 8 \\ 3 & 8 & 10 \end{pmatrix}$, $\det A = 3$, $\det B = -2$, $\det(AB) = -6$ であるので，$\det(AB) = \det A \det B$ が成り立つ．

問 8.20　$\begin{vmatrix} 1 & -1 & 1 \\ 2 & 2 & 5 \\ 6 & 3 & 7 \end{vmatrix} \overset{\substack{R_2 - 2R_1 \\ R_3 - 6R_1}}{=} \begin{vmatrix} 1 & -1 & 1 \\ 0 & 4 & 3 \\ 0 & 9 & 1 \end{vmatrix} = 1 \cdot \begin{vmatrix} 4 & 3 \\ 9 & 1 \end{vmatrix} = -23.$

問 8.22　(1) 0　(2) -9

問 9.5　(1) たとえば，$P = \begin{pmatrix} 1 & -1 \\ 2 & 1 \end{pmatrix}$ とすれば，$P^{-1}A_1P = \begin{pmatrix} 3 & 0 \\ 0 & 6 \end{pmatrix}$.

(2) たとえば，$Q = \begin{pmatrix} 1 & 1 \\ 0 & 1 \end{pmatrix}$ とすれば，$Q^{-1}A_2Q = \begin{pmatrix} 2 & 0 \\ 0 & 0 \end{pmatrix}$.

問 10.1　$y = 2(x-1) + 5$ を変形して，$y = 2x + 3$.

問 10.9　$y = 9x - 16$

問 11.2　$\varphi'(x) = \dfrac{x^2 + 3 - 2x(x+1)}{(x^2+3)^2} = -\dfrac{(x+3)(x-1)}{(x^2+3)^2}$ である．増減表は

x		-3		1	
$\varphi'(x)$	$-$	0	$+$	0	$-$
$\varphi(x)$	↘		↗		↘

となる．$\lim_{x\to\infty} \varphi(x) = 0$, $\lim_{x\to-\infty} \varphi(x) = 0$ であるので，$\varphi(x)$ は $x = 1$ のとき，最大値 $\varphi(1) = \dfrac{1}{2}$ をとり，$x = -3$ のとき，最小値 $\varphi(-3) = -\dfrac{1}{6}$ をとる．

問 11.6　(1)

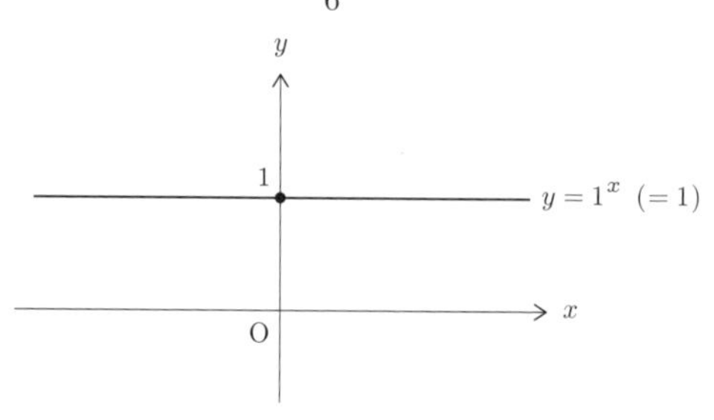

(2)

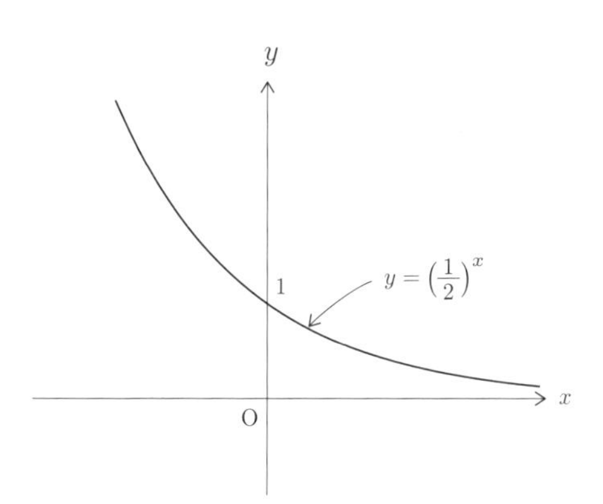

問 11.10　(1)　$g \circ f(x) = \sin^2 x$　　(2)　$g \circ f(x) = \sin(x^2)$

問 11.16　(1)　$\psi_1'(x) = n(x-a)^{n-1}$　　(2)　$\psi_2'(x) = 3(1+\tan^2 3x)$
(3)　$\psi_3'(x) = -4\cos^3 x \sin x$　　(4)　$\psi_4'(x) = e^{\sin x}\cos x$

問 11.19　$y = 2x - 5$ を x について解くと，$x = \dfrac{1}{2}(y+5)$ となる．よって，$g(y) = \dfrac{1}{2}(y+5)$ である．

問 11.25　(1)　1　　(2)　$\dfrac{1}{3}$　　(3)　-4

問 11.28　$\log x = y$ とおくと，$e^y = x$ である．この式に $y = \log x$ を代入すれば，$e^{\log x} = x$ が得られる．

問 11.35　(1)　$\log x$　　(2)　$\dfrac{\cos x}{\sin x}$　　(3)　$\dfrac{1}{\sqrt{x^2-1}}$

問 11.40　(1)　$\dfrac{x\cos x - \sin x}{x^2}$　　(2)　$\left(\dfrac{1}{x}+1\right)e^{\log x + x}$
(3)　$-3\sin 3x \sin 4x + 4\cos 3x \cos 4x$

問 12.1　$f'(x) = 4x^3 - 6x^2 + 3$，$f''(x) = 12x^2 - 12x = 12x(x-1)$ である．

x		0		1	
$f''(x)$	+	0	−	0	+
$f'(x)$	↗		↘		↗
$f(x)$	下に凸		上に凸		下に凸

$x = 0$ と $x = 1$ が $f(x)$ の変曲点である．

問 12.7　$\cos x = 1 - \dfrac{1}{2}x^2 + \dfrac{1}{24}x^4 + R_5$.

問 13.10　(1)　$2\sqrt{x} + C$　　(2)　$-3\cos\dfrac{x}{3} + C$　　(3)　$\dfrac{1}{2}e^{2x} + C$　(C は積分定数)

問 13.13　$\dfrac{\pi}{2}$

問 14.5 $\displaystyle\int x\log x\,dx = \frac{1}{2}x^2\log x - \int \frac{1}{2}x^2\cdot\frac{1}{x}\,dx + C$

$$= \frac{1}{2}x^2\log x - \frac{1}{4}x^2 + C' \qquad (C,\ C' \text{ は積分定数}).$$

問 14.8 $\displaystyle\int x^3e^x\,dx = x^3e^x - \int 3x^2e^x\,dx + C$

$$= x^3e^x - 3(x^2-2x+2)e^x + C'$$
$$= (x^3-3x^2+6x-6)e^x + C' \qquad (C,\ C' \text{ は積分定数}).$$

問 14.10 $\displaystyle\int_0^{\frac{\pi}{2}} x\cos x\,dx = \Big[x\sin x\Big]_0^{\frac{\pi}{2}} - \int_0^{\frac{\pi}{2}}\sin x\,dx$

$$= \frac{\pi}{2} + \Big[\cos x\Big]_0^{\frac{\pi}{2}} = \frac{\pi}{2} - 1.$$

問 14.12 (1) $\displaystyle I = \Big[e^x\sin x\Big]_0^{\pi} - \int_0^{\pi} e^x\cos x\,dx = -\int_0^{\pi} e^x\cos x\,dx = -J.$

(2) $\displaystyle J = \Big[e^x\cos x\Big]_0^{\pi} + \int_0^{\pi} e^x\sin x\,dx = -e^{\pi} - 1 + I.$

(3) $\displaystyle I = \frac{1}{2}(e^{\pi}+1),\ \ J = -\frac{1}{2}(e^{\pi}+1).$

問 14.19 (1) $x = \sin\theta\ \left(-\dfrac{\pi}{2} \le \theta \le \dfrac{\pi}{2}\right)$ と変数変換すると

$$dx = \cos\theta\,d\theta, \quad \sqrt{1-x^2} = \sqrt{1-\sin^2\theta} = \sqrt{\cos^2\theta} = \cos\theta$$

である．ここで，$\cos\theta \ge 0$ を用いた．また，$\theta = 0$ のとき $x = 0$，$\theta = \dfrac{\pi}{6}$ のとき $x = \dfrac{1}{2}$ であるので

$$I_1 = \int_0^{\frac{\pi}{6}} \frac{\cos\theta}{\cos\theta}\,d\theta = \Big[\theta\Big]_0^{\frac{\pi}{6}} = \frac{\pi}{6}.$$

(2) $x = \tan\theta\ \left(-\dfrac{\pi}{2} < \theta < \dfrac{\pi}{2}\right)$ と変数変換すると

$$dx = (1+\tan^2\theta)\,d\theta, \quad \frac{1}{x^2+1} = \frac{1}{1+\tan^2\theta}$$

である．また，$\theta = 0$ のとき $x = 0$，$\theta = \dfrac{\pi}{4}$ のとき $x = 1$ であるので

$$I_2 = \int_0^{\frac{\pi}{4}} \frac{1+\tan^2\theta}{1+\tan^2\theta}\,d\theta = \Big[\theta\Big]_0^{\frac{\pi}{4}} = \frac{\pi}{4}.$$

問 14.20 (1) $\cos x = t$ と変数変換すると，$-\sin x\,dx = dt$ であるので

$$J_1 = \int \frac{\sin x}{\cos x}\,dx = \int\left(-\frac{1}{t}\right)dt + C_1 = -\log|t| + C_2 = -\log|\cos x| + C_2$$

である (C_1, C_2 は積分定数).

(2) $x^2+1=t$ と変数変換すると，$2x\,dx=dt$ より，$x\,dx=\dfrac{1}{2}dt$ であるので

$$J_2=\int\frac{1}{2t^3}\,dt+C_1=-\frac{1}{4}t^{-2}+C_2=-\frac{1}{4(x^2+1)^2}+C_2$$

である (C_1, C_2 は積分定数).

問 15.2 $\dfrac{3x+1}{x^2+x}=\dfrac{1}{x}+\dfrac{2}{x+1}$ であるので

$$I=\log|x|+2\log|x+1|+C \quad (C\ \text{は積分定数}).$$

問 15.4 $\dfrac{3x}{x^2-4x+4}=\dfrac{3}{x-2}+\dfrac{6}{(x-2)^2}$ であるので

$$I=3\log|x-2|-\frac{6}{x-2}+C \quad (C\ \text{は積分定数}).$$

問 15.6 (1) $I_1=\displaystyle\int_0^2\frac{(x^2+4)'}{x^2+4}\,dx=\Big[\log(x^2+4)\Big]_0^2=\log 8-\log 4=\log 2.$

(2) $dx=2(1+\tan^2\theta)\,d\theta$ である．また，$\theta=0$ のとき $x=0$ であり，$\theta=\dfrac{\pi}{4}$ のとき $x=2$ であるので

$$I_2=\int_0^{\frac{\pi}{4}}\frac{2(1+\tan^2\theta)}{4\tan^2\theta+4}\,d\theta=\Big[\frac{\theta}{2}\Big]_0^{\frac{\pi}{4}}=\frac{\pi}{8}.$$

(3) $I=\log 2+\dfrac{\pi}{8}.$

問 15.8 $d\theta=2\cos^2\dfrac{\theta}{2}\,dt$ であるので

$$\begin{aligned}I&=\int\frac{2\cos^2\frac{\theta}{2}}{2\sin\frac{\theta}{2}\cos\frac{\theta}{2}}\,dt+C_1=\int\frac{1}{\tan\frac{\theta}{2}}\,dt+C_1\\&=\int\frac{1}{t}\,dt+C_1=\log|t|+C_2=\log\left|\tan\frac{\theta}{2}\right|+C_2\end{aligned}$$

である (C_1, C_2 は積分定数).

問 15.10 (1) $S_1=\displaystyle\int_0^1 x^2\,dx=\Big[\frac{1}{3}x^3\Big]_0^1=\frac{1}{3}.$

(2) $S_2=\displaystyle\int_1^2\frac{1}{x}\,dx=\Big[\log x\Big]_1^2=\log 2.$

問 15.14 $V=\displaystyle\int_1^2\pi\Big(\frac{1}{x}\Big)^2dx=\pi\Big[-\frac{1}{x}\Big]_1^2=\frac{\pi}{2}.$

問 16.2 (1) $f_x(x,y)=3x^2y^2$, $f_y(x,y)=2x^3y.$

(2) $g_x(x,y)=3\cos(3x-2y)$, $g_y(x,y)=-2\cos(3x-2y).$

問 16.6　$f_x(x,y)=2x+4y-2$, $f_y(x,y)=4x+10y-4$ である．連立 1 次方程式 $f_x(x,y)=f_y(x,y)=0$ の解を求めれば，停留点が $(1,0)$ であることがわかる．

問 16.10　$\displaystyle\int_0^2 f(x,y)\,dy=\left[\frac{1}{3}xy^3\right]_{y=0}^{y=2}=\frac{8}{3}x$ であるので

$$I=\int_0^1\frac{8}{3}x\,dx=\left[\frac{4}{3}x^2\right]_0^1=\frac{4}{3}.$$

索引

◎た行

◎な行

◎は行

◎ま行

◎や行

◎ら行

海老原 円 (えびはら・まどか)

1962 年　東京生まれ.

1987 年　東京大学大学院理学系研究科修了.

学習院大学を経て，現在，埼玉大学大学院理工学研究科准教授.

専門は代数幾何学.

著書に『線形代数』(テキスト理系の数学 3，数学書房，2010)，
『14日間でわかる代数幾何学事始』(日本評論社，2011)，
『詳解と演習 大学院入試問題 数学』(共著，数理工学社，2015)，
『例題から展開する線形代数』(サイエンス社，2016)，
『例題から展開する線形代数演習』(サイエンス社，2017)，
『代数学教本』(数学書房，2018)，
『例題から展開する集合・位相』(サイエンス社，2018)，
『じっくり速習 線形代数と微分積分 大学理系篇』(数学書房，2019)，
『じっくり味わう代数学』(オーム社，2021)，
『複素数のつくりかた』(オーム社，2021) がある.

文系学部(ぶんけいがくぶ)のための線形代数(せんけいだいすう)と微分積分(びぶんせきぶん)

2022 年 2 月 25 日　第 1 版第 1 刷発行

著　者　海 老 原 円

発行所　株式会社 日 本 評 論 社

〒170-8474 東京都豊島区南大塚 3-12-4

電話　(03) 3987-8621 [販売]

(03) 3987-8599 [編集]

印　刷　藤原印刷株式会社

製　本　井上製本所

装　釘　銀山宏子

Printed in Japan

ISBN 978-4-535-78967-8